系统集成项目管理工程师考试32小时通关（第二版）

主　编　薛大龙

副主编　上官绪阳　赵德端　王　红

中国水利水电出版社
www.waterpub.com.cn
·北京·

内 容 提 要

系统集成项目管理工程师考试是全国计算机技术与软件专业技术资格（水平）考试（简称“软考”）中的中级资格考试，通过系统集成项目管理工程师考试可获得中级工程师职称。

软考目前已经变为机考，本书在全面分析知识点的基础之上，结合第3版考试大纲对机考的要求，对整个内容架构进行了科学重构，可以极大地提高考生的学习效率。尤其是针对单选题、案例分析题的核心考点，分别从理论与实践方面进行了重点梳理。通过学习本书，考生可掌握考试的重点，熟悉试题形式及解答问题的方法和技巧等。

本书可供备考系统集成项目管理工程师考试的考生学习参考，也可供各类培训班使用。

图书在版编目（CIP）数据

系统集成项目管理工程师考试32小时通关 / 薛大龙主编. -- 2版. -- 北京 : 中国水利水电出版社, 2024.3（2024.7 重印）
ISBN 978-7-5226-2405-1

Ⅰ. ①系… Ⅱ. ①薛… Ⅲ. ①系统集成技术－项目管理－资格考试－自学参考资料 Ⅳ. ①TP311.5

中国国家版本馆CIP数据核字(2024)第063484号

策划编辑：周春元　　责任编辑：王开云　　封面设计：李　佳

书　名	系统集成项目管理工程师考试32小时通关（第二版） XITONG JICHENG XIANGMU GUANLI GONGCHENGSHI KAOSHI 32 XIAOSHI TONGGUAN
作　者	主　编　薛大龙 副主编　上官绪阳　赵德端　王　红
出版发行	中国水利水电出版社 （北京市海淀区玉渊潭南路1号D座　100038） 网址：www.waterpub.com.cn E-mail：mchannel@263.net（答疑） sales@mwr.gov.cn 电话：（010）68545888（营销中心）、82562819（组稿）
经　售	北京科水图书销售有限公司 电话：（010）68545874、63202643 全国各地新华书店和相关出版物销售网点
排　版	北京万水电子信息有限公司
印　刷	三河市德贤弘印务有限公司
规　格	184mm×240mm　16开本　18印张　431千字
版　次	2018年9月第1版　2018年9月第1次印刷 2024年3月第2版　2024年7月第2次印刷
印　数	3001—6000册
定　价	68.00元

全国计算机技术与软件专业技术资格（水平）考试辅导用书

编委会

前　言

为什么选择本书

机考改革后，系统集成项目管理工程师考试的全国平均通过率为 10%左右，其涉及的知识范围较广，而考生一般又多忙于工作，在有限时间内很难领略及把握考试的重点和难点。

本书是基于机考环境下，系统集成项目管理工程师第 3 版考试大纲编写的，本书的第 1 版，累计重印 20 余次，历经超过十万名考生的培训检验。与其他教材相比，本书在保证知识系统性与完整性的基础上，在易学性、注重考生学习有效性等方面有了大幅度改进和提高。

全书在全面分析知识点的基础之上，对整个学习架构进行了科学重构，可以极大地提高考生学习的有效性。尤其是针对单选题、案例分析题机考环境下的核心考点，分别从理论与实践方面进行了重点梳理。

通过学习本书，考生可掌握考试的重点，熟悉试题形式及解答问题的方法和技巧等。

本书作者不一般

本书由薛大龙担任主编，由上官绪阳、赵德端、王红担任副主编，各人负责章节如下：第 1、2、19～22 章由薛大龙负责，第 3～8 章由赵德端负责，第 9～14 章由上官绪阳负责，第 15～18 章由王红负责，全书由薛大龙确定架构，由上官绪阳统稿，由薛大龙定稿。

薛大龙，北京理工大学博士研究生，多所大学客座教授，工信部中国智库专家，财政部政府采购评审专家，北京市评标专家，软考课程面授及网校名师，其授课通俗易懂、深入浅出，善于把握考试要点、总结规律及理论联系实际，深受学员好评。

上官绪阳，软考面授讲师，项目管理经验丰富，具有丰富的企业和高校带教经验。精于知识要点及考点的提炼和研究，方法独特，善于运用生活案例传授知识要点，轻松有趣，易于理解，颇受学员推崇和好评。

赵德端，软考新锐讲师，授课学员近十万人次。专业基础扎实，授课思路清晰，擅长提炼总结高频考点，举例通俗易懂，化繁为简。深知考试套路，熟知解题思路。教学风格生动活泼，灵活有趣，擅长运用口诀联系实际进行授课，充满趣味性，深受学员喜爱。

王红，软考资深讲师，PMP、系统集成项目管理工程师。丰富的软考和项目管理实战与培训经验，对软考有深刻研究，专业知识扎实，授课方法精妙，经常采用顺口溜记忆法和一些常识引发考生的理解与记忆；风格干净利落，温和中不失激情，极富感染力，深受学员好评。非常熟悉题目要求、题目形式、题目难度、题目深度等，曾在北京、上海、广东、湖北等地进行公开课和企业内训。

给读者的学习提示

路虽远，行则将至；事虽难，做则必成。系统集成项目管理工程师考试虽然不易，但只要考生有愚公移山的志气、滴水穿石的毅力，脚踏实地去看书，认认真真学习，积跬步以至千里，积小流以成江海，就一定能够把宏伟目标变为美好现实，使自己真正成为践行中华民族伟大复兴的信息化人才。

致谢

感谢中国水利水电出版社有限公司的周春元编辑在本书的策划、选题的申报、写作大纲的确定以及编辑出版等方面付出的辛勤劳动和智慧，以及他给予我们的很多帮助。

编　者

2024年于北京

推荐的学习时间安排

信息技术基础（第 1～8 小时，建议每章学习 1 小时，共 8 小时）
第 1 章　信息化发展
第 2 章　信息技术发展
第 3 章　信息技术服务
第 4 章　信息系统架构
第 5 章　软件工程
第 6 章　数据工程
第 7 章　软硬件系统集成
第 8 章　信息安全工程
项目管理基础（第 9～20 小时，建议每章学习 2 小时，共 12 小时）
第 9 章　项目管理概论
第 10 章　启动过程组
第 11 章　规划过程组
第 12 章　执行过程组
第 13 章　监控过程组
第 14 章　收尾过程组
项目管理保障（第 21～24 小时，建议每章学习 1 小时，共 4 小时）
第 15 章　组织保障
第 16 章　监理基础知识
第 17 章　法律法规和标准规范
第 18 章　职业道德规范
项目管理综合应用（第 25～32 小时，建议每章学习 2 小时，共 8 小时）
第 19 章　成本类计算
第 20 章　项目进度类计算
第 21 章　单项选择题
第 22 章　案例分析题

目　录

第1章 信息化发展

1.0 章节考点分析

第1章主要学习信息与信息化、现代化基础设施、产业现代化、数字中国、数字化转型与元宇宙等内容。

根据考试大纲，本章知识点会涉及单项选择题，按以往的出题规律约占6～10分。本章内容属于基础知识范畴，考查的知识点主要来源于教材。本章的架构如图1-1所示。

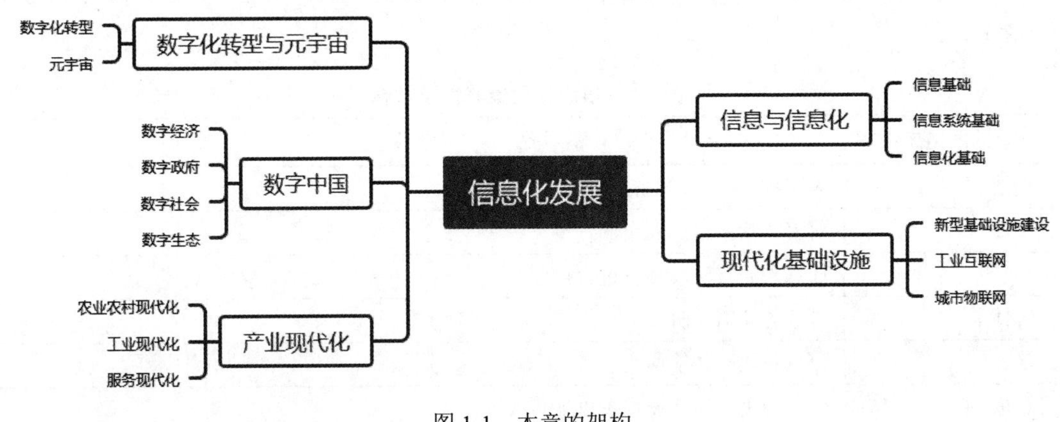

图1-1　本章的架构

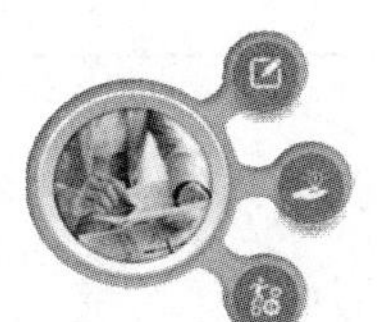

【导读小贴士】

信息化是依赖于智能化工具的新型科技生产力，代表了一种信息技术被高度应用、信息资源被高度共享、原有业务和行为被重塑和重新诠释的崭新业态。本章所要讲述的信息化发展知识，只是整本书的一个开篇，虽然仅仅是基础知识，但信息量不小，需要好好掌握。

1.1 信息与信息化

【基础知识点】

1. 信息基础

（1）信息的定义。

1）信息论的奠基者香农的描述：信息用来“消除不确定的因素”。

2）香农用概率来定量描述信息的公式如下：

$$H = -\sum_{i=1}^{n} p(x_i)\log_2 p(x_i)$$

式中，x_i代表 n 个状态中的第 i 个状态；$p(x_i)$代表出现第 i 个状态的概率；H 代表用以消除系统不确定性所需的信息量，即以比特为单位的负熵。

（2）信息的特征。信息的特征有客观性、普遍性、无限性、动态性、相对性、依附性、变换性、传递性、层次性、系统性和转化性等。

（3）信息的质量。信息的质量属性有精确性、完整性、可靠性、及时性、经济性、可验证性和安全性等。

信息的质量属性速记词：精完可及经验安，多读几遍，读顺口即可记住。信息的质量属性及解释见表 1-1。

表 1-1　信息的质量属性及解释

信息的质量属性	解释
精确性	对事物状态描述的精准程度
完整性	对事物状态描述的全面程度
可靠性	信息来源合法，传输过程可信
及时性	信息的获得及时
经济性	信息获取、传输成本经济
可验证性	信息的主要质量属性可以证实或证伪
安全性	信息可以被非授权访问的可能性，可能性越低，安全性越高

信息的应用场合不同，其侧重面也不一样。例如，对于软考真题和答案而言，在开考前，其最重要的特性是安全性；在考试结束后考生核对答案时，其最重要的特性是及时性。

（4）信息的传输模型。信息的传输通常包括信源、信宿、信道、编码器、译码器和噪声等，信息只有流动起来，才能体现其价值。

信息的传输模型如图 1-2 所示。

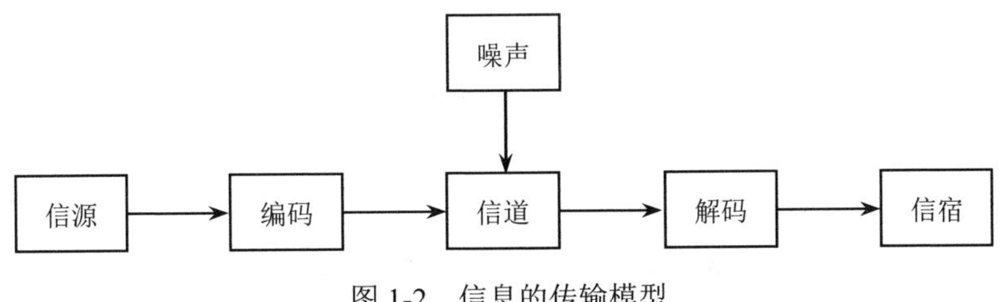

图 1-2 信息的传输模型

2. 信息系统基础

信息系统是由相互联系、相互依赖、相互作用的事物或过程组成的具有整体功能和综合行为的统一体。

（1）信息系统及其特性。信息系统是管理模型、信息处理模型和系统实现条件的结合，其抽象模型如图 1-3 所示。

1）管理模型。指系统服务对象领域的专门知识，以及分析和处理该领域问题的模型，又称为对象的处理模型。

2）信息处理模型。指系统处理信息的结构和方法。

3）系统实现条件。指可供应用的计算机技术和通信技术、从事对象领域工作的人员，以及对这些资源的控制与融合。

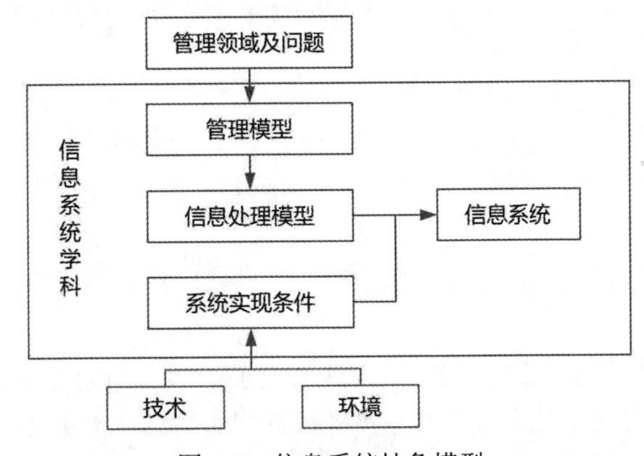

图 1-3 信息系统抽象模型

（2）组成部件。包括硬件、软件、数据库、网络、存储设备、感知设备、外设、人员以及把数据处理成信息的规程等。对于信息系统而言，信息系统的开放性、脆弱性和健壮性会表现得比较突出。

（3）生命周期。通常包括可行性分析与项目开发计划、需求分析、概要设计、详细设计、编码、测试、维护等阶段。可以简化为系统规划（可行性分析与项目开发计划）、系统分析（需求分析）、系统设计（概要设计、详细设计）、系统实施（编码、测试）、系统运行和维护等阶段。

3. 信息化基础

（1）信息化的核心是要通过全体社会成员的共同努力，在经济和社会各个领域充分应用基于信息技术的先进社会生产工具（表现为各种信息系统或软硬件产品），提高信息时代的社会生产力，并推动生产关系和上层建筑的改革（表现为法律、法规、制度、规范、标准、组织结构等），使国家的综合实力、社会的文明程度和人民的生活质量全面提升。

（2）信息化的内涵包括信息网络体系、信息产业基础、社会运行环境、效用积累过程等。

（3）信息化的体系包括信息技术应用、信息资源、信息网络、信息技术和产业、信息化人才、信息化政策法规和标准规范六个要素，如图 1-4 所示。

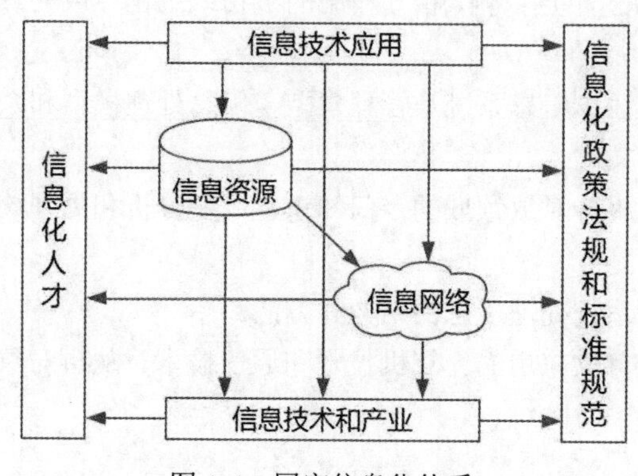

图 1-4　国家信息化体系

速记词：上鹰下鸡左人右龟，中间织网。

其中，信息资源是核心、信息技术应用是龙头、信息网络是基础设施、信息技术和产业是国家信息化建设基础、信息化人才是关键、信息化政策法规和标准规范是保障。

（4）信息化趋势。

1）组织信息化趋势。呈现出产品信息化、产业信息化、社会生活信息化和国民经济信息化等趋势和方向。

产品信息化：物质产品的特征向信息产品的特征迈进；产品具有越来越强的信息处理功能。

产业信息化：农业、工业、服务业等传统产业广泛利用信息技术实现产业内各种资源、要素的优化与重组，从而实现产业的升级。

社会生活信息化：整个社会体系采用先进的信息技术，建立各种互联网平台和网络，生活获得各种便利。

国民经济信息化：指在经济大系统内实现统一的信息大流动，使金融、贸易、投资、计划、营销等组成一个信息大系统，生产、流通、分配、消费等经济的四个环节通过信息进一步连成一个整体。国民经济信息化是世界各国急需实现的目标。

2）国家信息化规划。《"十四五"国家信息化规划》明确了，今后一段时间，我国信息化发展重点主要聚焦在数据治理、密码区块链技术、信息互联互通、智能网联和网络安全方面。

1.2 现代化基础设施

【基础知识点】

1. 新型基础设施建设

2018年中央经济工作会议提出“加快5G商用步伐，加强人工智能、工业互联网、物联网等新型基础设施建设”，简称“新基建”。主要包括如下三方面（速记词：信融创）：

（1）信息基础设施。基于新一代信息技术演化生成的基础设施，包括通信网络基础设施（5G、物联网、工业互联网、卫星互联网。速记词：带“网”的为网络基础设施）。新技术基础设施（人工智能、云计算、区块链。速记词：人云去）。算力基础设施（数据中心、智能计算中心。速记词：带“中心”的为算力）。信息基础设施包括内容的速记词：通心算。

（2）融合基础设施。深度应用互联网、大数据、人工智能等技术，支撑传统基础设施转型升级，进而形成的融合基础设施。包括智能交通基础设施、智慧能源基础设施（速记词：交能融，交通能源属于融合基础设施）。

（3）创新基础设施。支撑科学研究、技术开发、产品研制的具有公益属性的基础设施。包括重大科技基础设施、科教基础设施、产业技术创新基础设施。强调“平台新”（速记词：产科创，产业、科技、科教属于创新基础设施）。

2. 工业互联网

（1）内涵和外延。

1）工业互联网是实现人、机、物全面互联的新型网络基础设施，形成智能化发展的新兴业态和应用模式。

2）工业互联网是新一代信息通信技术与工业经济深度融合的新型基础设施，是第四次工业革命的重要基石。

3）从工业经济发展角度看，工业互联网为制造强国建设提供关键支撑。

4）从网络设施发展角度看，工业互联网是网络强国建设的重要内容。

（2）其平台体系具有四大层级：网络是基础，平台是中枢，数据是要素，安全是保障。

（3）融合应用形成了六大类典型应用模式：平台化设计、智能化制造、网络化协同、个性化定制、服务化延伸、数字化管理。

3. 城市物联网

（1）物联网是指通过信息传感设备，按约定的协议，将任意物体与网络相连接，进行信息交换和通信，以实现智能化识别、定位、跟踪、监管等功能。

（2）智慧城市是指在城市规划、设计、建设、管理与运营等领域中，通过物联网、云计算、大数据、空间地理信息集成等智能计算技术的应用，使得城市管理、教育、医疗、房地产、交通运输、公用事业和公众安全等城市组织的关键基础设施组件和服务更互联、高效和智能，从而为我们提供更美好的生活和工作服务，为企业创造更有利的商业发展环境，为政府赋能更高效的运营与管理机制。

（3）城市物联网应用场景。智慧城市是物联网解决方案的主要应用场景之一，物联网技术采集特定数据，然后数据被用于改善城市的营运，优化城市服务的效率并与市民连接。典型的应用领域包括智慧物流、智能交通、智能安防、智慧能源环保、智能医疗、智慧建筑、智能家居和智能零售等。

1.3 产业现代化

【基础知识点】

1．农业农村现代化

农业现代化是用现代工业装备农业，用现代科学技术改造农业，用现代管理方法管理农业，用现代科学文化知识提高农民素质的过程。

乡村振兴战略聚焦数字赋能农业农村现代化建设，重点建设基础设施、发展智慧农业和建设数字乡村等方面。

2．工业现代化

（1）两化融合。

1）两化融合是信息化和工业化的高层次的深度结合，是指以信息化带动工业化、以工业化促进信息化，走新型工业化道路。

2）两化融合的核心就是信息化支撑，追求可持续发展模式。

3）信息化与工业化在技术、产品、业务、产业四个方面进行融合。

（2）智能制造。

1）智能制造是基于新一代信息通信技术与先进制造技术的深度融合，贯穿于设计、生产、管理、服务等制造活动的各个环节，具有自感知、自学习、自决策、自执行、自适应等功能的新型生产方式，是一种由智能机器和人类专家共同组成的人机一体化智能系统，它在制造过程中能进行智能活动。

2）智能制造能力成熟度模型。智能制造的建设是一项持续性的系统工程，涵盖企业的方方面面。《智能制造能力成熟度模型》（GB/T 39116）明确了智能制造能力建设服务覆盖的能力要素、能力域和能力子域。成熟度等级自低向高分别是一级（规划级）、二级（规范级）、三级（集成级）、四级（优化级）和五级（引领级）。速记词是：化饭极有瘾。

3．服务现代化

（1）现代化服务业包括四大类，分别是基础服务、生产和市场服务、个人消费服务、公共服务。

（2）在工业化后期，服务业内部结构调整加快，新型业态开始出现，广告和咨询等中介服务业、房地产、旅游、娱乐等服务业发展较快，生产和生活服务业互动发展，催生了先进制造业与现代服务业的融合。

（3）消费互联网是以个人为用户，以日常生活为应用场景的应用形式，为满足消费者在互联网中的消费需求而生的互联网类型。消费互联网本质是个人虚拟化，以消费者为服务中心。消费互联网的基本属性包括媒体属性和产业属性。

1.4 数字中国

【基础知识点】

数字中国是新时代国家信息化发展的新战略，是满足人民日益增长的美好生活需要的新举措，是驱动引领经济高质量发展的新动力，涵盖经济、政治、文化、社会、生态等各领域信息化建设，主要包括宽带中国、互联网+、大数据、云计算、人工智能、数字经济、电子政务、新型智慧城市、数字乡村等内容。

1. 数字经济

数字经济是继农业经济、工业经济之后的更高级经济形态，是以数字技术与实体经济融合驱动的产业梯次转型和经济创新发展的主引擎，在基础设施、生产要素、产业结构和治理结构上表现出与农业经济、工业经济显著不同的新特点。

（1）从产业构成来看，数字经济包括数字产业化和产业数字化两大部分。数字产业化发展重点包括云计算、大数据、物联网、工业互联网、区块链、人工智能、虚拟现实和增强现实。产业数字化是指在新一代数字科技支撑和引领下，以数据为关键要素，以价值释放为核心，以数据赋能为主线，对产业链上下游的全要素数字化升级、转型和再造的过程。

（2）从整体构成上看，数字经济包括数字产业化、产业数字化、数字化治理和数据价值化四个部分。

2. 数字政府

数字政府通常是指以新一代信息技术为支撑，以“业务数据化、数据业务化”为着力点，通过数据驱动重塑政务信息化管理架构、业务架构和组织架构，形成“用数据决策、数据服务、数据创新”的现代化治理模式。

（1）数字政府既是“互联网+政务”深度发展的结果，也是大数据时代政府自觉转型升级的必然，其核心目的是以人为本，实施路径是共创、共享、共建、共赢的生态体系。

（2）数字政府被赋予了新的特征：协同化、云端化、智能化、数据化、动态化。

（3）数字政府建设关键词：共享、互通、便利。

（4）从面向社会大众政务服务视角来看，主要内容重点体现在“一网通办”“跨省通办”“一网统管”。其中“一网统管”强调：一网、一屏、联动、预警、创新。

3. 数字社会

数字社会包含以下内容。

（1）数字民生。重点强调：普惠、赋能、利民。

（2）**智慧城市**。智慧城市是运用信息通信技术，有效整合各类城市管理系统，实现城市各系统间信息资源共享和业务协同，推动城市管理和服务智慧化，提升城市运行管理和公共服务水平，提高城市居民幸福感和满意度，实现可持续发展的一种创新型城市。

1）五个核心能力要素。

a. **数据治理**：围绕数据这一新的生产要素进行能力构建，包括数据责权利管控、全生命周期管理及其开发利用等。

b. **数字孪生**：围绕现实世界与信息世界的互动融合进行能力构建，包括社会孪生、城市孪生和设备孪生等，将推动城市空间摆脱物理约束，进入数字空间。

c. **边际决策**：基于决策算法和信息应用等进行能力构建，强化执行端的决策能力，从而达到快速反应、高效决策的效果，满足对社会发展的敏捷需求。

d. **多元融合**：强调社会关系和社会活动的动态性及其融合的高效性等，实现服务可编排和快速集成，从而满足各项社会发展的创新需求。

e. **态势感知**：围绕对社会状态的本质反映及模拟预测等进行能力构建，洞察可变因素与不可见因素对社会发展的影响，从而提升生活质量。

2）发展成熟度划分为规划级、管理级、协同级、优化级、引领级五个等级。速记词：龟管协有瘾。

（3）数字乡村。《数字乡村发展战略纲要》指出：立足新时代国情农情，要将数字乡村作为数字中国建设的重要方面，加快信息化发展，整体带动和提升农业农村现代化发展。到 21 世纪中叶，全面建成数字乡村。

（4）数字生活。依托互联网和一系列数字科学技术应用为基础的一种生活方式，可以方便快捷地带给人们更好的生活体验和工作便利。数字生活主要体现在生活工具数字化、生活方式数字化、生活内容数字化三个方面。

4. 数字生态

数字生态为加快建设数字经济、数字社会、数字政府提供了良好的环境和有力的支撑。

（1）数据要素市场。就是将尚未完全由市场配置的数据要素转向由市场配置的动态过程。

1）目的是形成以市场为根本调配机制，实现数据流动的价值或者数据在流动中产生价值。

2）数据作为新型生产要素，具有劳动工具和劳动对象的双重属性。

3）数据要素市场化配置是一种结果，而不是手段。

（2）数字营商环境。国家工业信息安全发展研究中心 2021 年 12 月提出的全球数字营商环境评价指标体系，包含五个一级指标：数字支撑体系、数据开发利用与安全、数字市场准入、数字市场规则、数字创新环境。

（3）网络安全防护。《中华人民共和国网络安全法》《中华人民共和国数据安全法》《中华人民共和国个人信息保护法》《关键信息基础设施安全保护条例》等法律法规的颁布，以及网络安全等级保护 2.0 标准体系的发布，使我国的网络安全法律法规和制度标准更加健全。

1.5 数字化转型与元宇宙

【基础知识点】

1. 信息空间

信息空间成长为第三空间，并与物理空间和社会空间共同构成人类社会的三元空间。

2. 数字化转型

（1）数字化转型是建立在数字化转换、数字化升级的基础上，对组织活动、流程、业务模式和员工能力等方方面面进行重新定义的一种高层次转型。

（2）驱动因素。

1）生产力飞升：第四次科技革命。

2）生产要素变化：数据要素的诞生。

3）信息传播效率突破：社会互联网新格局。社交网络信息传输具有永生性、无限性、即时性以及方向性的特征。

4）社会“智慧主体”规模：快速复制与“智能+”。

（3）基本原理。传统发展竞争力的不足，主要体现在决策瓶颈、变革制约、知识资产流失、需求响应延迟，组织的数字化转型则基于组织既有的治理与管理体系、工艺路径和产品技术、服务活动定义等，打造更加高效的决策效率、更灵活的工艺调度、更多元的产品与服务技术应用和更丰富的业务模式等。

（4）智慧转移。

1）数字化转型基本原理揭示了个体智慧（知识、技能和经验等）由“自然人”个体，转移到组织智慧（计算机、信息系统等掌握的）的必要性和重要性。

2）S8D 模型构筑了“智慧-数据”“数据-智慧”两大过程的 8 个转化活动。数据是筑底构建可计算智慧的关键，如图 1-5 所示。

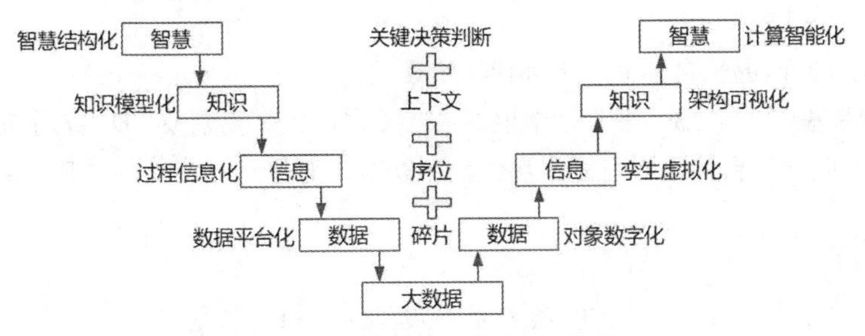

图 1-5 智慧转移的 S8D 模型

3）计算智能完成了智慧载体由自然人到计算机和信息系统的转移，其价值不仅仅可实现智慧的不间断在线，更可以实现“智慧挤压”（多方法多维度综合判断）和更高级别的“智慧萃取”（新智慧的生成），进一步实现智慧的可复制。这一过程也是第四科学范式的基本框架，是第四次科技革命的触发逻辑。

（5）持续迭代。数字化组织每个能力因子数字化“封装”的持续迭代主要包含四项活动：信息物理世界（也称数字孪生，Cyber Physical System，CPS）建设、决策能力边际化（Power to Edge，PtoE）部署、科学社会物理赛博机制构筑（Cyber-Physical-Social Systems，CPSS）、数字框架与信息调制（Digital Frame and Information Modulation，DFIM）。针对能力因子的持续迭代可以从任何一项活动开始实施四项活动，形成持续迭代闭环。

3．元宇宙（Metaverse）

（1）元宇宙是一个新兴概念，是一大批技术的集成。

（2）主要特征。

1）**沉浸式体验**：元宇宙的发展主要基于人们对互联网体验的需求，这种体验就是即时信息基础上的沉浸式体验。

2）**虚拟身份**：人们已经拥有大量的互联网账号，未来人们在元宇宙中，随着账号内涵和外延的进一步丰富，将会发展成为一个或若干个数字身份，这种身份就是数字世界的一个或一组角色。

3）**虚拟经济**：虚拟身份的存在就促使元宇宙具备了开展虚拟社会活动的能力，而这些活动需要一定的经济模式展开，即虚拟经济。

4）**虚拟社会治理**：元宇宙中的经济与社会活动也需要一定的法律法规和规则的约束，就像现实世界一样，元宇宙也需要社区化的社会治理。

1.6 考点实练

1．信息化的内涵不包括（ ）。

A．信息网络体系　　B．信息产业基础

C．信息采集发布　　D．效用积累过程

解析：信息化的内涵包括信息网络体系、信息产业基础、社会运行环境、效用积累过程等。

答案：C

2．关于工业互联网的平台体系，下列说法错误的是（ ）。

A．网络是基础　　B．平台是中枢　　C．设备是要素　　D．安全是保障

解析：工业互联网平台体系具有四大层级，它以网络为基础，平台为中枢，数据为要素，安全为保障。

答案：C

3．两化融合是信息化和工业化的高层次的深度结合，核心就是（ ）。

A．信息化支撑　　B．工业化升级　　C．制造数字化　　D．工具智能化

解析：两化融合是信息化和工业化的高层次的深度结合，是指以信息化带动工业化、以工业化促进信息化，走新型工业化道路；两化融合的核心就是信息化支撑，追求可持续发展模式。

答案：A

4．智慧城市的核心能力要素不包括（　　）。

A．多元融合　　B．态势感知　　C．数据治理　　D．中心决策

解析：智慧城市的五个核心能力要素包括：

（1）**数据治理**：围绕数据这一新的生产要素进行能力构建，包括数据责权利管控、全生命周期管理及其开发利用等。

（2）**数字孪生**：围绕现实世界与信息世界的互动融合进行能力构建，包括社会孪生、城市孪生和设备孪生等，将推动城市空间摆脱物理约束，进入数字空间。

（3）**边际决策**：基于决策算法和信息应用等进行能力构建，强化执行端的决策能力，从而达到快速反应、高效决策的效果，满足对社会发展的敏捷需求。

（4）**多元融合**：强调社会关系和社会活动的动态性及其融合的高效性等，实现服务可编排和快速集成，从而满足各项社会发展的创新需求。

（5）**态势感知**：围绕对社会状态的本质反映及模拟预测等进行能力构建，洞察可变因素与不可见因素对社会发展的影响，从而提升生活质量。

答案：D

5．（　　）不是元宇宙的主要特征。

A．沉浸式体验　　B．虚拟身份　　C．虚拟经济　　D．虚拟政府

解析：元宇宙的主要特征有：

（1）**沉浸式体验**：元宇宙的发展主要基于人们对互联网体验的需求，这种体验就是即时信息基础上的沉浸式体验。

（2）**虚拟身份**：人们已经拥有大量的互联网账号，未来人们在元宇宙中，随着账号内涵和外延的进一步丰富，将会发展成为一个或若干个数字身份，这种身份就是数字世界的一个或一组角色。

（3）**虚拟经济**：虚拟身份的存在就促使元宇宙具备了开展虚拟社会活动的能力，而这些活动需要一定的经济模式展开，即虚拟经济。

（4）**虚拟社会治理**：元宇宙中的经济与社会活动也需要一定的法律法规和规则的约束，就像现实世界一样，元宇宙也需要社区化的社会治理。

答案：D

6．$H(X)=-\sum_{i=1}^{n} p_i \log p_i$ 公式是由（　　）提出的。

A．香农博士　　B．维纳博士　　C．薛大龙博士　　D．中本聪博士

解析：该公式是定量描述信息的公式，由信息化的奠基者香农提出。

答案：A

第2章 信息技术发展

2.0 章节考点分析

第 2 章主要学习信息技术及其发展、新一代信息技术及应用等内容。

根据考试大纲，本章知识点会涉及单项选择题，按以往的出题规律，约占 5～6 分。本章内容属于基础知识范畴，考查的知识点主要来源于教材。本章的架构如图 2-1 所示。

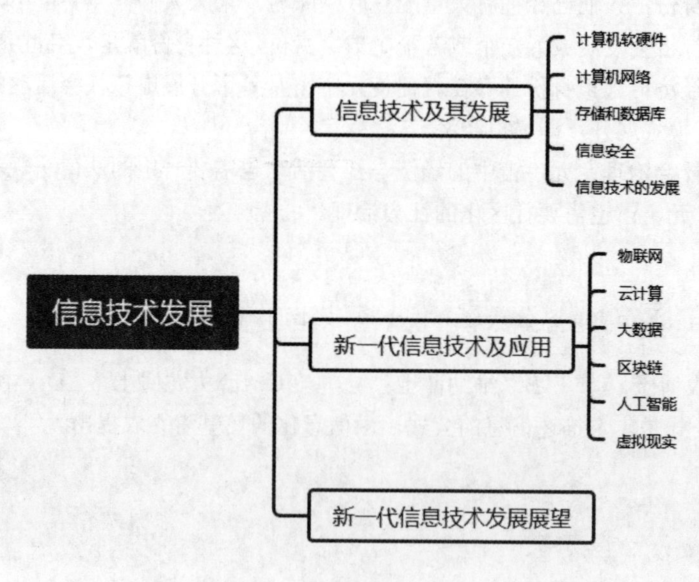

图 2-1　本章的架构

【导读小贴士】

在信息化项目建设过程中，会涉及大量的技术和应用，有的技术对项目的成败影响是至关重要的。本章所要讲述的内容偏重于概念知识，重要知识点有：OSI、TCP/IP、信息安全、存储技术、物联网、大数据、云计算、区块链等。

2.1 信息技术及其发展

【基础知识点】

1. 计算机软硬件

（1）计算机硬件是指计算机系统中由电子、机械和光电元件等组成的各种物理装置的总称，为计算机软件运行提供物质基础。

（2）计算机软件是指计算机系统中的程序及其文档，程序是计算任务的处理对象和处理规则的描述；文档是为了便于了解程序所需的阐明性资料。

（3）硬件和软件互相依存，协同发展。硬件是软件赖以工作的物质基础，软件的正常工作是硬件发挥作用的唯一途径。计算机系统必须要配备完善的软件系统才能正常工作，且充分发挥其硬件的各种功能。两者密切交织发展，缺一不可。

2. 计算机网络

（1）定义。计算机网络是将地理位置不同，并具有独立功能的多个计算机系统通过通信设备和线路连接起来，且以功能完善的网络软件（网络协议、信息交换方式及网络操作系统等）实现网络资源共享的系统。

（2）分类。从网络的作用范围划分为个人局域网（PAN）、局域网（LAN）、城域网（MAN）、广域网（WAN）。从网络使用者角度可以将网络分为公用网、专用网。

（3）网络协议。为计算机网络中进行数据交换而建立的规则、标准或约定的集合。由三个要素即语义、语法和时序组成，语义表示要做什么，语法表示要怎么做，时序表示做的顺序。

（4）网络标准协议（Open Systems Interconnection，OSI）。OSI是一个标准的协议框架，采用分层设计的技术，共分为七层，每层提供一个规范和指引，由各厂家分别提出具体的协议来实现，具体见表2-1，这七层的速记词为：巫术忘传会飙鹰。

表 2-1　OSI 七层的主要功能和详细说明

层的名称	主要功能	详细说明	代表协议
应用层	处理网络应用	直接为终端用户服务，提供各类应用过程的接口和用户接口	FTP、SMTP、HTTP、TELNET
表示层	管理数据表示方式	使应用层可以根据其服务解释数据的含义。通常包括数据编码的约定、本地句法的转换，使不同类型的终端可以互相通信，例如数据加解密、压缩和格式转换等	GIF、JPEG、DES、ASCII、MPEG
会话层	建立和维护会话连接	负责管理远程用户或进程间的通信，通过安全验证和退出机制确保上下文环境的安全，重建中断的会话场景，维持双方的同步	SQL、NFS、RPC
传输层	端到端传输	实现发送端和接收端的端到端的数据透明传送，TCP 协议保证数据包无差错、按顺序、无丢失和无冗余地传输。其服务访问点为端口	TCP、UDP、SPX
网络层	在源节点和目的节点之间传输	将网络地址（例如，IP 地址）翻译成对应的物理地址（例如，MAC 地址），并决定如何将数据从发送方路由到接收方，以及对网络的诊断等	IP、ICMP、IGMP、ARP、RARP
数据链路层	提供点到点的帧传输	将网络层报文数据分割封装成帧，建立、维持和释放网络实体之间的数据链路，在链路上传输帧并进行差错控制、流量控制等	HDLC、PPP、ATM、IEEE 802.3/.2
物理层	在物理链路上传输比特流	通过一系列协议定义了物理链路所具备的机械特性、电气特性、功能特性以及规程特性	FDDI、RS232、RJ-45

（5）TCP/IP 协议，是 Internet 的核心，与 OSI 体系结构的对应关系如图 2-2 所示。

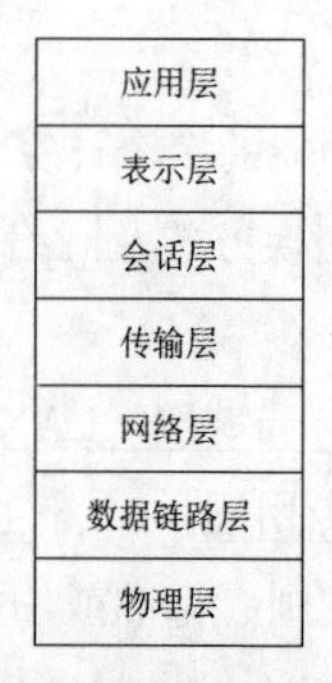

（a）OSI 体系结构

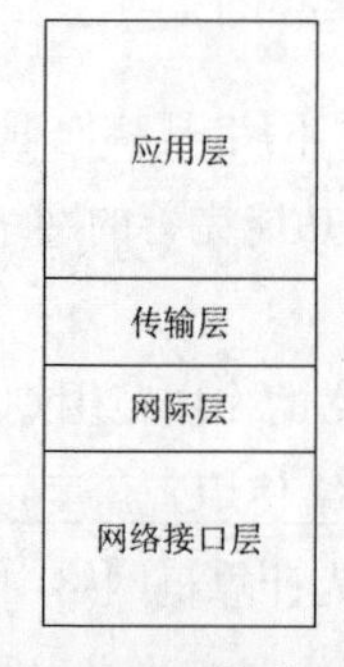

（b）TCP/IP 体系结构

图 2-2　OSI 体系结构与 TCP/IP 体系结构的对应关系

（6）软件定义网络（Software Defined Network，SDN）。

1）SDN 是一种新型网络创新架构，是网络虚拟化的一种实现方式，它可通过软件编程的形式定义和控制网络，其通过将网络设备的控制面与数据面分离开来，从而实现了网络流量的灵活控制，使网络变得更加智能，为核心网络及应用的创新提供了良好的平台。

2）SDN 的整体架构由下到上（由南到北）分为数据平面、控制平面和应用平面。

a. 数据平面由交换机等网络通用硬件组成，各个网络设备之间通过不同规则形成的 SDN 数据通路连接。

b. 控制平面包含了逻辑上为中心的 SDN 控制器，它掌握着全局网络信息，负责各种转发规则的控制。

c. 应用平面包含着各种基于 SDN 的网络应用，用户无须关心底层细节就可以编程、部署新应用。

3）SDN 中的接口具有开放性，以控制器为逻辑中心，南向接口负责与数据平面进行通信，北向接口负责与应用平面进行通信，东西向接口负责多控制器之间的通信。

（7）第五代移动通信技术（5G）。

1）5G 是具有高速率、低时延特点的新一代移动通信技术。

2）国际电信联盟（ITU）定义了 5G 的三大类应用场景，即增强移动宽带、超高可靠低时延通信和海量机器类通信。

3. *存储和数据库*

（1）存储技术的分类。外挂存储根据连接的方式分为直连式存储（Direct-Attached Storage，DAS）和网络化存储（Fabric-Attached Storage，FAS）。网络化存储根据传输协议又分为网络接入存储（Network Attached Storage，NAS）和存储区域网络（Storage Area Network，SAN）。常用存储模式的技术与应用对比见表 2-2。

表 2-2 常用存储模式的技术与应用对比

对比项	DAS	NAS	SAN
安装难易度	不一定	简单	复杂
数据传输协议	SCSI/FC/ATA	TCP/IP	FC
传输对象	数据块	文件	数据块
使用标准文件共享协议	否	是（NFS/CIFS…）	否
异种操作系统文件共享	否	是	需要转换设备
集中式管理	不一定	是	需要管理工具
管理难易度	不一定	以网络为基础，容易	不一定，但通常很难
提高服务器效率	否	是	是
灾难忍受度	低	高	高，专有方案
适合对象	中小组织服务器 捆绑磁盘（JBOD）	中小组织 SOHO 族 组织部门	大型组织 数据中心
应用环境	局域网 文档共享程度低 独立操作平台 服务器数量少	局域网 文档共享程度高 异质格式存储需求高	光纤通道储域网 网络环境复杂 文档共享程度高 异质操作系统平台 服务器数量多

续表

对比项	DAS	NAS	SAN
业务模式	一般服务器	Web 服务器 多媒体资料存储 文件资料共享	大型资料库 数据库等
档案格式复杂度	低	中	高
容量扩充能力	低	中	高

（2）存储虚拟化（Storage Virtualization）。

1）存储虚拟化是“云存储”的核心技术之一。它带给人们直接的好处是提高了存储利用率，降低了存储成本，简化了大型、复杂、异构的存储环境的管理工作。

2）存储虚拟化使存储设备能够转换为逻辑数据存储，隐藏了每个存储设备的特性，形成一个统一的模型，为虚拟机提供磁盘。

3）存储虚拟化技术帮助系统管理虚拟基础架构存储资源，提高资源利用率和灵活性，提高应用正常运行时间。

（3）绿色存储（Green Storage）。

1）绿色存储是一个系统设计方案，贯穿于整个存储设计过程，包含存储系统的外部环境、存储架构、存储产品、存储技术、文件系统和软件配置等多方面因素。

2）绿色存储技术的最终目的是提高所有网络存储设备的能源效率，用最少的存储容量来满足业务需求，从而消耗最低的能源。以绿色理念为指导的存储系统最终是存储容量、性能、能耗三者的平衡。

3）存储分享技术通过删除重复数据、自动精简配置，可以提高存储利用率、降低建设成本和运行成本。

（4）数据结构模型。

1）数据结构模型是数据库系统的核心，描述了在数据库中结构化和操纵数据的方法。

a. 模型的结构部分规定了数据如何被描述（例如树、表等）。

b. 模型的操纵部分规定了数据的添加、删除、显示、维护、打印、查找、选择、排序和更新等操作。

2）常见的数据结构模型有三种：层次模型、网状模型和关系模型，层次模型和网状模型又统称为格式化数据模型，关系模型则是非格式化数据模型。

a. 层次模型是数据库系统最早使用的一种模型，它用“树”结构表示实体集之间的关联，其中实体集（用矩形框表示）为节点，而树中各节点之间的连线表示它们之间的关联。

b. 网状数据库系统采用网状模型作为数据的组织方式。网状模型用网状结构表示实体类型及其实体之间的联系。网状模型是一种可以灵活地描述事物及其之间关系的数据库模型。

c. 关系模型是在关系结构的数据库中用二维表格的形式表示实体以及实体之间的联系的模

型。关系模型中无论是实体还是实体间的联系均由单一的结构类型关系来表示。

3）数据库根据存储方式，可以分为关系型数据库（Structured Query Language，SQL）和非关系型数据库（Not Only SQL，NoSQL）。

a. 主流的关系型数据库有 Oracle、DB2、MySQL、Microsoft SQL Server、Microsoft Access 等，支持事务的 ACID 原则，即原子性（Atomicity）、一致性（Consistency）、隔离性（Isolation）、持久性（Durability），这四种原则保证在事务过程当中数据的正确性。

b. NoSQL 是分布式的、非关系型的、不保证遵循 ACID 原则的数据存储系统。NoSQL 数据存储不需要固定的表结构，通常也不存在连接操作。在大数据存取上具备关系型数据库无法比拟的性能优势。常见的 NoSQL 分为键值数据库、列存储数据库、面向文档数据库和图形数据库四种。常用存储数据库的优缺点见表 2-3。

表 2-3 常用存储数据库的优缺点

数据库类型	特点类型	描述
关系型数据库	优点	（1）容易理解。 （2）使用方便。 （3）易于维护
	缺点	（1）数据读写必须经过 SQL 解析，大量数据、高并发下读写性能不足。 （2）具有固定的表结构，因此扩展困难。 （3）多表的关联查询导致性能欠佳
非关系型数据库	优点	（1）高并发，读取能力强。 （2）基本支持分布式。 （3）简单
	缺点	（1）事务支持较弱。 （2）通用性差。 （3）无完整约束，复杂业务场景支持较差

（5）数据仓库。

1）定义。数据仓库是一个面向主题的、集成的、非易失的且随时间变化的数据集合，用于支持管理决策。

2）数据仓库的基础概念包括：ETL（清洗/转换/加载）、元数据、粒度、分割、数据集市、操作数据存储（Operational Data Store，ODS）、数据模型、人工关系等。

3）数据源。数据源是数据仓库系统的基础，是整个系统的数据源泉。

4）数据的存储与管理。数据的存储与管理是整个数据仓库系统的核心和真正关键。

5）联机分析处理（On-Line Analytical Processing，OLAP），OLAP 对分析需要的数据进行有效集成，按多维模型予以组织，以便进行多角度、多层次的分析，并发现趋势。

6）前端工具。前端工具主要包括各种查询工具、报表工具、分析工具、数据挖掘工具以及各种基于数据仓库或数据集市的应用开发工具。其中数据分析工具主要针对 OLAP 服务器，报表工具、数据挖掘工具主要针对数据仓库。

4. 信息安全

（1）信息安全强调信息（数据）本身的安全属性，主要包括：

1）保密性：信息不被未授权者知晓的属性。

2）完整性：信息是正确的、真实的、未被篡改的、完整无缺的属性。

3）可用性：信息可以随时正常使用的属性。

（2）信息必须依赖其存储、传输、处理及应用的载体（媒介）而存在，因此针对信息系统，安全可以划分为四个层次：设备安全、数据安全、内容安全、行为安全。

（3）信息系统安全主要包括计算机设备安全、网络安全、操作系统安全、数据库系统安全和应用系统安全等。而网络安全技术主要包括：防火墙、入侵检测与防护、VPN、安全扫描、网络蜜罐技术、用户和实体行为分析技术等。

（4）加密技术包括两个元素：算法和密钥。

（5）发信者将明文数据加密成密文，只给合法收信者分配密钥。合法收信者接收到密钥和密文后，实行与加密变换相逆的变换恢复出明文，这一过程称为解密（Decryption）。解密在解密密钥的控制下进行。用于解密的一组数学变换称为解密算法。

（6）密钥加密技术的密码体制分为对称密钥体制和非对称密钥体制两种。对称加密的加密密钥和解密密钥相同，而非对称加密的加密密钥和解密密钥不同。

（7）Web 威胁防护技术主要包括：Web 访问控制技术、单点登录技术、网页防篡改技术和 Web 网络安全等。

（8）用户和实体行为分析（User and Entity Behavior Analytics，UEBA）以用户和实体为对象，利用大数据，结合规则以及机器学习模型，并通过定义此类基线，对用户和实体行为进行分析和异常检测，尽可能快速地感知内部用户和实体的可疑或非法行为。UEBA 系统通常包括数据获取层、算法分析层和场景应用层。

（9）网络安全态势感知是一种基于环境的、动态的、整体的洞悉安全风险的能力。安全态势感知的前提是安全大数据。

（10）网络安全态势感知的关键技术主要包括：

1）海量多元异构数据的汇聚融合技术。

2）面向多类型的网络安全威胁评估技术。

3）网络安全态势评估与决策支撑技术。

4）网络安全态势可视化等。

5. 信息技术的发展

（1）计算机硬件技术将向超高速、超小型、平行处理、智能化的方向发展，计算机硬件设备的体积越来越小、速度越来越高、容量越来越大、功耗越来越低、可靠性越来越高。

（2）计算机软件越来越丰富，功能越来越强大，“软件定义一切”的概念成为当前发展的主流。

2.2 新一代信息技术及应用

【基础知识点】

新一代信息技术与信息资源充分开发利用形成的新模式、新业态等，是信息化发展的主要趋势，也是信息系统集成领域未来的重要业务范畴。

1. 物联网（Internet of Things，IoT）

（1）物联网是指通过信息传感设备，按约定的协议将任何物品与互联网相连接，进行信息交换和通信，以实现智能化识别、定位、跟踪、监控和管理的网络。

（2）物联网主要解决物品与物品、人与物品、人与人，或者人与人、人与机器、机器与机器的互连。

（3）物联网架构可分为三层：感知层、网络层和应用层。

（4）物联网的关键技术主要涉及传感器技术、传感网和应用系统框架等。

2. 云计算（Cloud Computing）

（1）云计算指的是通过网络“云”将巨大的数据计算处理程序分解成无数个小程序，然后通过由多部服务器组成的系统进行处理和分析得到结果并返回给用户。

（2）云计算是分布式计算、效用计算、负载均衡、并行计算、网络存储、热备份冗余和虚拟化等计算机技术混合演进并跃升的结果。

（3）云计算实现了“快速、按需、弹性”的服务。

（4）按照服务提供的资源层次，云计算可以分为：IaaS、PaaS、SaaS。它们的主要区别是：IaaS 提供虚拟的硬件，PaaS 提供行业无关的软件服务，SaaS 提供行业有关的软件应用。

（5）云计算的关键技术主要涉及虚拟化技术、云存储技术、多租户和访问控制管理、云安全技术等。

3. 大数据（Big Data）

（1）大数据是具有体量大、结构多样、时效性强等特征的数据，处理大数据需要采用新型计算架构和智能算法等新技术。

（2）大数据的主要特征包括：

1）数据海量：大数据的数据体量巨大，从 TB 级别跃升到 PB 级别（1PB=1024TB）、EB 级别（1EB=1024PB），甚至达到 ZB 级别（1ZB=1024EB）。

2）数据类型多样：大数据的数据类型繁多，一般分为结构化数据和非结构化数据。

3）数据价值密度低：数据价值密度的高低与数据总量的大小成反比。

4）数据处理速度快：为了从海量的数据中快速挖掘数据价值，要求要对不同类型的数据进行快速的处理。

（3）大数据关键技术主要包含大数据获取技术、分布式数据处理技术和大数据管理技术，以及大数据应用和服务技术。

4. 区块链（Blockchain）

（1）区块链技术提供了开放、分散和容错的事务机制，成为新一代匿名在线支付、汇款和数字资产交易的核心。

（2）区块链概念可以理解为以非对称加密算法为基础，以改进的默克尔树（Merkle Tree）为数据结构，使用共识机制、点对点网络、智能合约等技术结合而成的一种分布式存储数据库技术。

（3）区块链分为公有链、联盟链、私有链和混合链四大类。

（4）区块链的典型特征：多中心化、多方维护、时序数据、智能合约、不可篡改、开放共识、安全可信。

（5）关键技术。

1）分布式账本。其核心思想是交易记账，由分布在不同地方的多个节点共同完成，而且每一个节点保存一个唯一、真实账本的副本，它们可以参与监督交易合法性，同时也可以共同为其作证；账本里的任何改动都会在所有的副本中被反映出来，理论上除非所有的节点被破坏，否则整个分布式账本系统是非常稳健的，从而保证了账目数据的安全性。

2）加密算法。一般分为散列（哈希）算法和非对称加密算法。典型的散列算法有 MD5、SHA-1/SHA-2 和 SM3，目前区块链主要使用 SHA-2 中的 SHA-256 算法。常用的非对称加密算法包括 RSA、ElGamal、D-H、ECC（椭圆曲线加密算法）等。

3）共识机制。可基于合规监管、性能效率、资源消耗、容错性等技术进行分析。

5. 人工智能

（1）人工智能（Artificial Intelligence，AI）是指研究和开发用于模拟、延伸和扩展人类智能的理论、方法、技术及应用系统的一门技术科学。

（2）关键技术主要涉及机器学习、自然语言处理、专家系统等技术。

1）机器学习：是一种自动将模型与数据匹配，并通过训练模型对数据进行“学习”的技术。

2）自然语言处理：它研究能实现人与计算机之间用自然语言进行有效通信的各种理论和方法。

3）专家系统：是一种模拟人类专家解决领域问题的计算机程序系统。

6. 虚拟现实

（1）虚拟现实是一种可以创立和体验虚拟世界的计算机系统。

（2）虚拟现实技术的主要特征包括沉浸性、交互性、多感知性、构想性（也称想象性）和自主性。

（3）随着虚拟现实技术的快速发展，按照其“沉浸性”程度的高低和交互程度的不同，虚拟现实技术已经从桌面虚拟现实系统、沉浸式虚拟现实系统、分布式虚拟现实系统等，向着增强式虚拟现实系统和元宇宙的方向发展。

（4）关键技术。

1）人机交互技术：利用 VR 眼镜、控制手柄等传感器设备，能让用户真实感受到周围事物存在的一种三维交互技术。

2）传感器技术：是 VR 技术更好地实现人机交互的关键。

3）动态环境建模技术：利用三维数据建立虚拟环境模型。

4）系统集成技术：包括信息同步、数据转换、模型标定、识别和合成等。

2.3 新一代信息技术发展展望

【基础知识点】

《“十四五”国家信息化规划》明确指出，“十四五”时期，信息化进入加快数字化发展、建设数字中国的新阶段，为未来信息技术的发展指明了方向。

（1）泛在智能的网络连接设施将是网络技术的发展重点。

（2）大数据技术将继续成为未来发展主流。

（3）新一代信息技术的持续创新将成为国家战略。

（4）从信息化技术转向数字化技术，将是未来国家、社会、产业数字化转型的重要支撑。

（5）新一代信息技术将继续深入与产业结合，引领产业数字化转型发展。

（6）新一代信息技术的发展，将有效支撑社会治理现代化的发展。

（7）新一代信息技术的融合发展，将会打造协同高效的数字政府服务体系。

（8）信息技术发展落脚点将更加聚焦“以信息技术健全基本公共服务体系，改善人民生活品质，让人民群众共享信息化发展成果”。

（9）积极参与全球网络空间治理体系改革，推动数字丝绸之路高质量发展，数字领域国际规则研究制定等。

（10）信息技术有序发展的治理体系是基础，网络安全、信息安全、数据安全的监管技术，数字技术的应用审查机制、监管法律体系、网络安全保障体系和技术能力的建设将会成为技术和管理融合的重要方向。

2.4 考点实练

1．网络层的代表协议不包含（　）。

A．ARP　　B．RARP　　C．IGMP　　D．HTTP

解析：网络层的代表协议包含 IP、ICMP、IGMP、ARP 和 RARP 等。HTTP 是应用层的协议。

答案：D

2．软件定义网络中的接口以控制器为逻辑中心，南向接口负责与（　）进行通信。

A．控制平面　　B．数据平面

C．多控制器之间　　D．应用平面

解析：软件定义网络中的接口具有开放性，以控制器为逻辑中心，南向接口负责与数据平面进行通信，北向接口负责与应用平面进行通信，东西向接口负责多控制器之间的通信。

答案：B

3．加密技术包括算法与（　）。

A．加密设备　　B．明文　　C．密钥　　D．密文

解析：加密技术包括算法与密钥。通常的做法是公开算法，但对密钥保密。

答案：C

4．淘宝提供商家快速注册服务，属于云计算中的（　）。

A．IaaS　　B．PaaS　　C．SaaS　　D．DaaS

解析：淘宝允许商家通过快速注册创建在线商铺，属于电子商务行业的软件应用。因此属于 SaaS。

答案：C

5．区块链的典型特征不包括（　）。

A．集中维护　　B．智能合约　　C．不可篡改　　D．开放共识

解析：区块链的典型特征包括：多中心化、多方维护、时序数据、智能合约、不可篡改、开放共识、安全可信。

答案：A

6．薛大龙博士在课堂授课中，利用 VR 眼镜、控制手柄等传感器设备，使学员真实感受到周围事物存在的一种三维交互技术属于（　）。

A．人机交互技术　　B．传感器技术

C．动态环境建模技术　　D．系统集成技术

解析：虚拟现实的关键技术中，人机交互技术是指利用 VR 眼镜、控制手柄等传感器设备，能让用户真实感受到周围事物存在的一种三维交互技术。传感器技术是 VR 技术更好地实现人机交互的关键。动态环境建模技术是利用三维数据建立虚拟环境模型。系统集成技术则包括信息同步、数据转换、模型标定、识别和合成等。

依题意，本题是属于人机交互技术。

答案：A

第3章 信息技术服务

3.0 章节考点分析

第 3 章主要学习信息技术服务部分，包括 IT 服务的内涵、原理与组成、服务的生命周期、标准化、质量评价、发展、实践等。

本章知识点大多出现在选择题中，考查知识点多来源于教材，预计分值 2～3 分。本章的架构如图 3-1 所示。

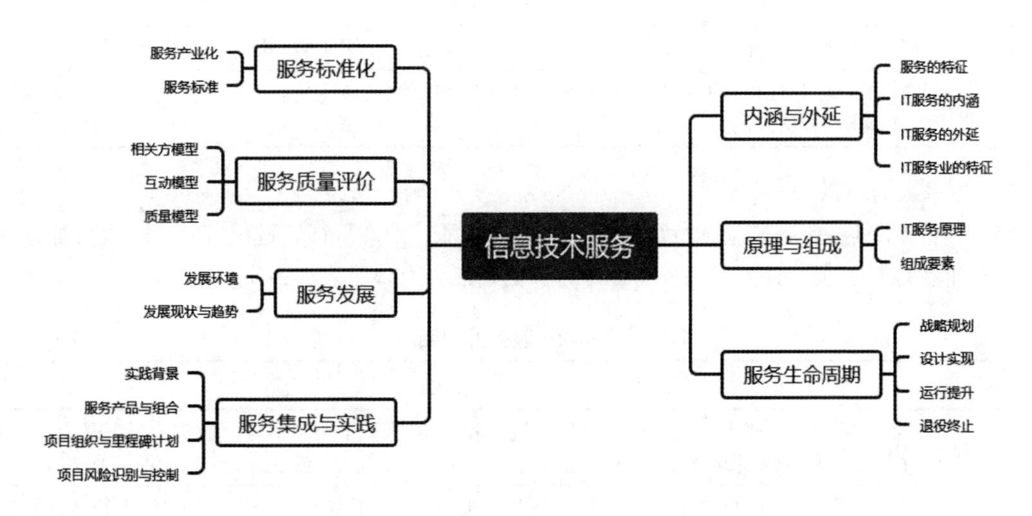

图 3-1　本章的架构

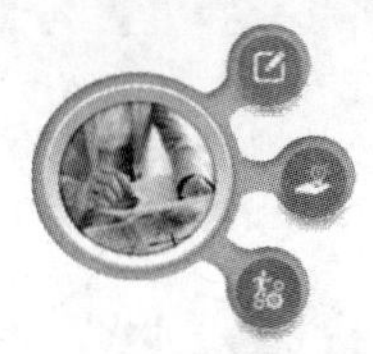

【导读小贴士】

本章的内容不属于十大管理的内容，IT服务是数字经济的重要内容之一，是现代信息服务业的重要组成部分。本章所要讲述的内容，偏入门、偏概念，侧重于理解，考生要把握住重点记忆部分，拿到该拿分数即可。

3.1 内涵与外延

【基础知识点】

1. 服务的特征

服务是一种通过提供必要的手段和方法，满足服务接受者需求的“过程”，其外延是指具备服务本质的一切服务，如餐饮服务、零售服务、IT服务等。

服务的特征包括无形性、不可分离性、可变性和不可储存性等，具体见表3-1。

表3-1 服务的特征

特征	含义
无形性	无形性指服务在很大程度上是抽象的和无形的，这一特征使得服务不容易向需方展示或沟通交流，因此需方难以评估其质量
不可分离性	不可分离性又称同步性，指生产和消费是同时进行的，这一特征决定了服务质量管理对服务供方的重要性，其服务的态度和水平直接决定了需方对该项服务的满意度
可变性	可变性也叫异质性，指服务的质量水平会受到相当多因素的影响，因此会经常变化
不可存储性	不可储存性也称易逝性、易消失性，指服务无法被储藏起来以备将来使用、转售、延时体验或退货等

2. IT服务的内涵

IT服务除了具备服务的基本特征，还具备本质特征、形态特征、过程特征、阶段特征、效益特征、内部关联性特征、外部关联性特征等方面的内涵。具体见表3-2。

表3-2 服务的内涵

特征	含义
本质特征	IT服务的组成要素包括人员、过程、技术和资源。就IT服务而言，通常情况下是由具备匹配的知识、技能和经验的人员，合理运用资源，并通过规定过程向需方提供IT服务
形态特征	常见服务形态有IT咨询服务、设计与开发服务、信息系统集成服务、数据处理和运营服务、智能化服务及其他IT服务等

续表

特征	含义
过程特征	IT 服务从项目级、组织级、量化管理级、数字化运营等逐步发展，是从计算机单机应用、网络应用、综合管理的逐步提升，具有连续不断和可持续发展的特征
阶段特征	IT 服务是全方位的，无论需方还是供方都需要根据自身需要抓重点。分层次、分阶段地推进 IT 服务，提高 IT 的有效利用
效益特征	服务系统进行深度开发和广泛利用，从整体上提高组织核心竞争力和管理水平，其效益是多方面的
内部关联性特征	保持技术创新和业务模式创新的相互促进、有机融合，实现 IT 服务人才结构优化，建立 IT 服务管理规范，将从机制上为 IT 服务的发展创造条件
外部关联性特征	IT 服务依赖于国民经济和良性竞争的市场环境的形成，依赖于社会信息网络的不断进步，依赖于政府相应的政策支撑、配套人才的培养和产业链上下游组织 IT 应用的逐渐完善

3. IT 服务的外延

新形势下，IT 服务包括基础服务、技术创新服务、数字化转型服务等。

（1）基础服务：面向 IT 的基础类服务，主要包括咨询设计、开发服务、集成实施、运行维护、云服务和数据中心等。

（2）技术创新服务：技术创新服务指面向新技术加持下的新业态新模式的服务，主要包含智能化服务、数字服务、数字内容处理服务和区块链服务等。

（3）数字化转型服务：数字化转型服务指支撑和服务组织数字化服务开展和创新融合业务发展的服务，主要包括数字化转型成熟度推进服务、评估评价服务、数字化监测预警服务等。

（4）业务融合服务：业务融合服务指信息技术及其服务与各行业融合的服务，如面向政务、广电、教育、应急、业财等行业。

4. IT 服务业的特征

IT 服务业的特征包括：①高知识和高技术含量；②高集群性；③服务过程的交互性；④服务的非独立性；⑤知识密集性；⑥产业内部呈金字塔分布；⑦法律和契约的强依赖性；⑧声誉机制。

3.2 原理与组成

【基础知识点】

1. IT 服务原理

ITSS 给出了 IT 服务的基本原理，由能力要素、生存周期要素、管理要素组成。能力要素由人员、过程、技术和资源组成，简称 PPTR。

IT 服务生命周期由四个阶段组成，分别是战略规划、设计实现、运营提升、退役终止，简称 SDOR。

2. 组成要素

（1）人员。针对咨询设计、集成实施、运行维护和运营等典型的 IT 服务，所需要的人员包括项目经理（如系统集成项目经理、服务项目经理）、系统分析师、架构设计师、系统集成工程师、信息安全工程师、系统评测工程师、服务工程师、服务定价师、客户经理和日常服务人员等。

针对 IT 服务人员，服务供方面临的挑战：

- 人员知识、技能和经验评估难。
- 不同人员交付同一服务的质量不一致。
- 人才流动率高，很难建设稳定的服务团队。
- 人才招聘难，很难形成合理的人力资源池。
- 人员专业化的必要性。
- 有助于建立与服务发展相适应的人才队伍，保障服务工作的连续性和稳定性。
- 有助于改进和完善人才培养模式，提高人才培养质量。
- 有助于优化人力资源管理，提高管理效率和降低管理成本。

（2）过程。过程作为 IT 服务的核心要素之一，有明确的目标，可重复和可度量。各类 IT 服务的典型过程如图 3-2 所示。

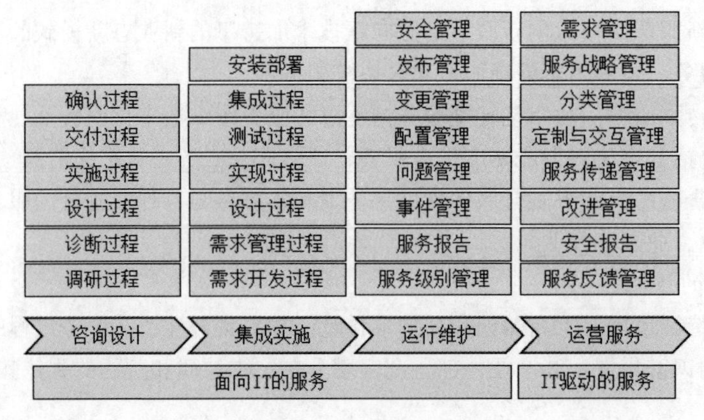

图 3-2　各类 IT 服务的典型过程

过程要素所面临的挑战：过程没有明确定义，完全按照操作人员的个人习惯执行；过程定义不清晰，不具备按照过程管理思路执行的价值；过程定义太复杂，执行效率严重下降甚至影响运营；没有明确的过程目标，操作人员不清楚每一项活动应该做到什么；对过程没有监督，不清楚过程的稳定性 对过程没有考核，不能得到持续改进。

过程规范化的必要性：确保过程可重复和可度量；有效控制因未明确定义而引发的潜在风险；通过对过程进行评价和度量，可持续提升过程的效率；通过过程实现规范化管理，可持续提高服务质量；通过规范化的过程管理，提高效率，减少人员和成本的投入。

（3）技术。针对咨询设计、集成实施、运行维护等IT服务，常用的技术如图3-3所示。

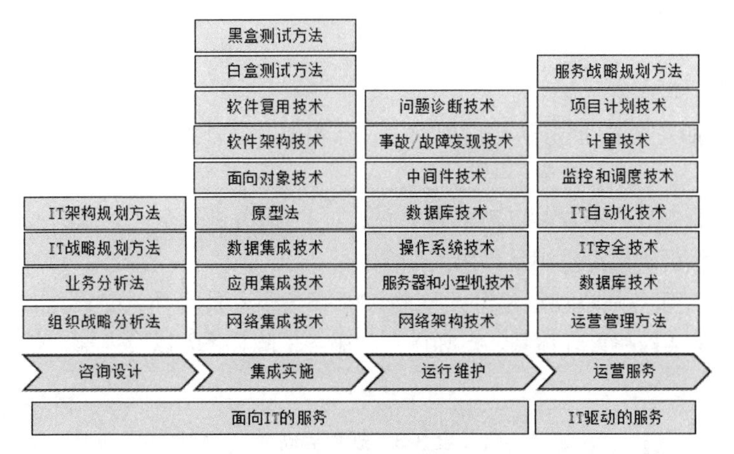

图3-3 IT服务常用的技术

对服务供需双方来说，技术要素所面临的挑战：为满足组织的目标和需求，组织对IT技术的依赖程度越来越高；激烈的市场竞争使得组织对技术的要求越来越高；低成本、高效率的服务需求，对组织的技术研发和使用能力提出了更高的要求。

技术体系化的必要性：提高服务质量，降低服务成本；减少人员流失带来的损失；及时应用和推广成熟技术；做好新技术的研发和储备；在提供服务中使用一致的技术标准。

（4）资源。根据所提供的IT服务类型的不同，所需要的资源也不尽相同，但可以对其进行汇总，具体如图3-4所示。

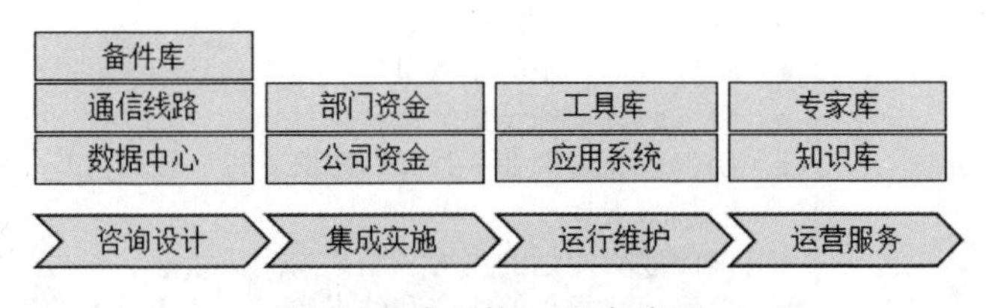

图3-4 常见的IT服务资源

对于各类服务组织来说，资源要素所面临的挑战：忽略资源的价值，投入不够，导致资源不足；对资源的使用不重视，重复投资现象严重；缺乏利用资源的统一规划，资源的利用率不高；资源的更新不及时，与需求、技术研发脱节。

资源系统化的必要性：统筹资源开发利用，确保与运营、技术研发协调一致；确保提供满足质量和成本要求的服务；明确各类资源管理的要点，提高资源使用率；结合服务发展需求，确保能及时更新资源，提高资源的使用率和使用质量。

3.3 服务生命周期

【基础知识点】

IT 服务生存周期是指 IT 服务从战略规划、设计实现、运营提升到退役终止的演变。

1. 战略规划

战略规划是从业务战略出发，以需求为中心，对 IT 服务进行全面系统的战略规划，为服务的设计实现做好准备，以确保提供满足需求的服务。

（1）规划活动。服务战略规划是组织整个 IT 服务发展和能力体系建设之首。在该阶段，需要考虑服务目录、组织架构和管理体系、指标体系和服务保障体系，以及内部评估机制等活动，具体见表 3-3。

表 3-3　规划活动

活动	内容
服务目录	基于组织的 IT 服务发展目标和业务规划，确保可以提供良好稳定的 IT 服务，可以结合自身业务能力、客户需求以及内外部环境策划服务目录
组织架构和管理体系	组织架构与提供的服务内容密切相关，不同的组织架构在管控、成本、创新和效能方面存在巨大差异，需要根据组织总体战略目标和组织治理架构确立，组织架构稳定的周期相对较长，不会频繁调动，这就需要确保一定时期内对 IT 服务能力的支撑情况
指标体系和服务保障体系	确定必要的制度保障，固化对 IT 服务保障能力。这里的制度体系包括组织级的制度，也要包括 IT 服务本身的制度，同时，结合组织整体的质量管理要求，应建立 IT 服务能力审核、监督和检查计划
内部评估机制	● 制订各项 IT 服务目标 ● 制订目标实施的检查机制 ● 制订服务实施结果的测量指标 ● 确保全面考虑业务战略、团队建设、管理过程、技术研发、资源储备的战略规划 ● 确保战略规划的内容和结果得到决策层、管理层的承诺和支持 ● 确保战略规划的内容和结果得到相关干系人的理解和支持 ● 对战略规划的内容和结果进行测量、分析、评审和改进

（2）规划报告。战略规划报告是战略规划阶段的核心成果之一，主要针对已确定的服务目录、服务级别和业务需求来确立相应的组织架构、服务保障体系和能力要素建设等。

2. 设计实现

（1）服务设计。组织需要基于业务战略、运营模式及业务流程特点，设计与开发满足业务发展需求的服务，以确保服务提供及服务管理过程满足需方的需求。

（2）服务部署。根据服务设计和可用于实施的服务设计方案，落实设计和开发服务，建立服务管理过程和制度规范并完成服务交付等。服务实施不仅可以对某一项目具体描述的服务需求进行部署实施，也可以对整体服务要求做相应的部署实施，将服务设计中的所有要素完整地导入组织环境，为服务运营打下基础。

3. 运营提升

服务运营阶段的目的是通过高效的业务关系管理、人员管理、过程管理、技术管理、质量管理以及信息安全管理等，提供优质、可靠、安全性高、需方满意度高的服务，实现需方与供方的双赢。

（1）运营活动。组织根据服务部署情况，全面管理服务运营的要素，持续监督与测量服务，控制服务的变更以及服务运营的风险，以确保服务的正常运行。

（2）要素管理。组织对主要人员、过程、技术、资源等服务运营相关要素进行持续管理。

（3）监督与测量。组织需要对服务运营的目标和计划达成状况进行监督、测量、分析和评价。

（4）风险控制。组织需要通过风险控制对服务运营做出正确的决策，实现服务运营的目标。

4. 退役终止

组织因某种因素制约，不再继续提供某项服务时，可进行服务终止操作，服务终止应及时通知需方及相关方，做好服务终止风险控制，处理好终止后的事务。组织如果要终止服务，往往需要有书面的服务终止计划。

3.4 服务标准化

1. 服务产业化

IT 服务的产业化进程分为产品服务化、服务标准化和服务产品化三个阶段。

（1）产品服务化。通过为需方提供量身定制的个性化、差异化的服务，增加供方为需方带来的价值。产品的含义也逐步从单纯的有形产品扩展到基于产品的增值服务，有形产品本身只是作为传递服务的载体或者平台，这种趋势就是产品服务化。

（2）服务标准化。服务标准化主要是基于服务生命周期的管理，针对服务过程、规范以及相关制度进行统一规定、统一度量标准，实现服务可复制交付。

2. 服务标准

（1）建设目标。

- 支撑国家战略。
- 引领产业高质量发展。
- 促进新技术创新应用。
- 指导 IT 服务业务升级。
- 确保标准化工作有序开展。

（2）价值定位。对 IT 服务需方的价值收益主要包括：提升服务质量、优化服务成本、强化服务效能、降低服务风险等。

（3）体系框架。

体系建立原则：目标性，整体性，有序性，开放性与动态性。

ITSS 5.0 的主要内容包括：通用标准，保障标准，基础服务标准，技术创新服务标准，数字化转型服务标准，业务融合标准。

3.5 服务质量评价

1. 相关方模型

IT 服务涉及服务的开发、提供和消费等环节，并涉及服务的需方、供方和第三方等服务相关方，在特定条件下的服务交互过程。

2. 互动模型

服务的需方和供方之间是通过服务质量特性来进行互动的，IT 服务质量特性模型如图 3-5 所示。

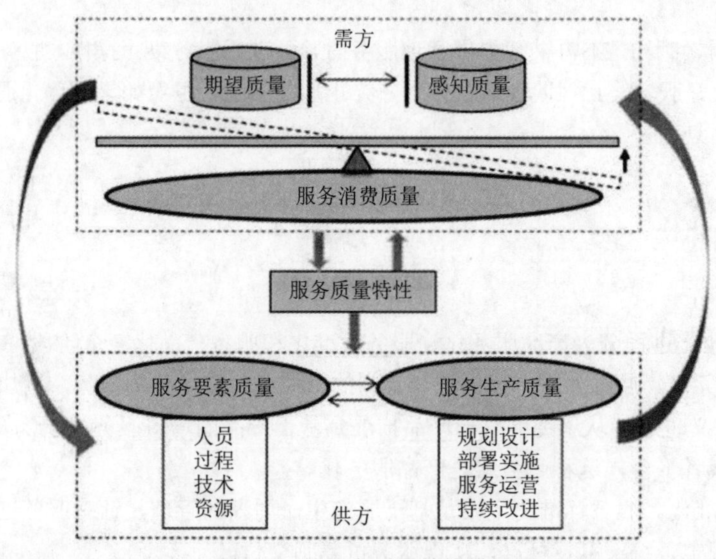

图 3-5　IT 服务质量特性模型

3. 质量模型

《信息技术服务 质量评价指标体系》(GB/T 33850) 定义了 IT 服务质量模型，如图 3-6 所示。

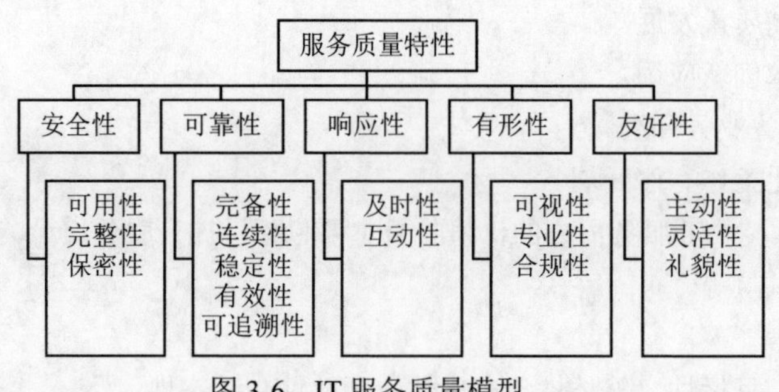

图 3-6　IT 服务质量模型

3.6 服务发展

1. 发展环境

党的十九届五中全会提出“发展战略性新兴产业，推动互联网、大数据、人工智能等同各产业深度融合”；强调“加强数字社会、数字政府建设，提升公共服务、社会治理等数字化智能化水平”。

随着全球数字化的加速渗透，数字经济蓬勃发展，数字经济已成为引领全球经济与推动经济高质量发展的重要引擎。

2. 发展现状与趋势

IT 服务发展的现状与趋势：产业规模持续增长；传统服务加速转型升级；新模式新业态不断涌现；自主创新能力进一步加强；复合型人才需求旺盛；发展与安全长期共存。

3.7 服务集成与实践

服务集成活动的基本方法如图 3-7 所示。

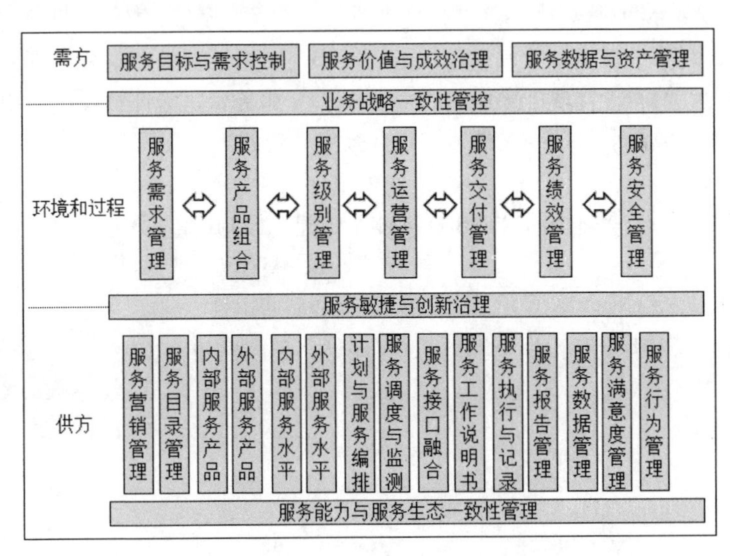

图 3-7 服务集成活动基本方法示意图

服务集成基于服务核心四要素：需方、供方、环境和过程。

3.8 考点实练

1．在服务的特征中，（　）特性决定了服务质量管理对服务供方的重要性，其服务的态度和水平直接决定了需方对该项服务的满意度。

A．无形性　　B．不可分离性　　C．可变性　　D．不可存储性

解析：不可分离性又叫同步性，指生产和消费是同时进行的，这一特性决定了服务质量管理对服务供方的重要性，其服务的态度和水平直接决定了需方对该项服务的满意度。

答案：B

2．下列选项中，（　）不属于 IT 服务生命周期的阶段。

A．战略规划　　B．设计实现　　C．目标评估　　D．退役终止

解析：IT 服务生存周期是指 IT 服务从战略规划、设计实现、运营提升到退役终止的演变。

答案：C

3．IT 服务的产业化过程分为：产品服务化、服务标准化、（　）三个阶段。

A．服务差异化　　B．服务增值化　　C．服务产品化　　D．服务数字化

解析：IT 服务的产业化进程分为产品服务化、服务标准化和服务产品化三个阶段。

答案：C

4．IT 服务组成要素包括（　）。

A．人员、过程、技术、资源　　B．组织、人员、服务、质量

C．领导力、治理、管理、操作　　D．服务台、事件管理、问题管理、配置管理

解析：IT 服务组成要素包括：人员、过程、技术、资源。

答案：A

5．下列选项中，（　）不属于 ITSS 标准体系的建立原则。

A．目标性　　B．整体性

C．开放性与动态性　　D．通用性

解析：体系建立原则：目标性、整体性、有序性、开放性与动态性。

答案：D

第4章 信息系统架构

4.0 章节考点分析

第4章主要学习架构基础、系统架构、应用架构、数据架构、技术架构、网络架构、安全架构、云原生架构等内容。

根据考试大纲，本章知识点会涉及单项选择题，约占3～5分。本章内容侧重于概念知识，根据以往全国计算机技术与软件专业技术资格（水平）考试的出题规律，概念知识考查知识点多数参照教材，扩展内容较少。本章的架构如图4-1所示。

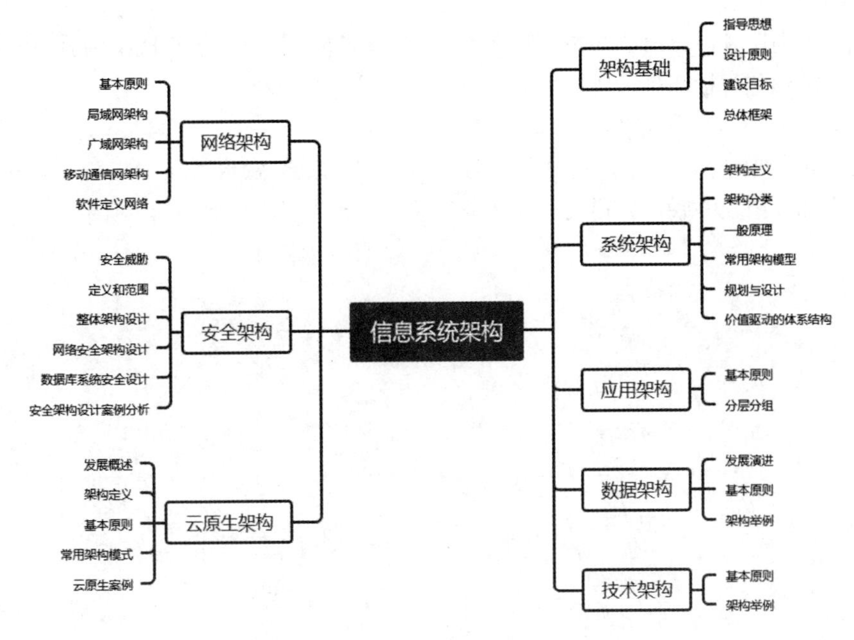

图4-1　本章的架构

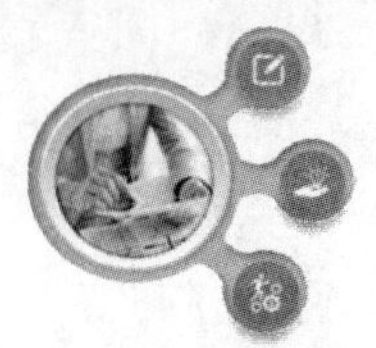

【导读小贴士】

信息系统架构是指体现信息系统相关的组件、关系以及系统的设计和演化原则的基本概念或特性，本章内容对于组织的发展和创新具有重要的意义，它能够提供全面的视角、提高软件质量、提高开发效率、促进国际化发展以及推动组织的创新发展。

4.1 架构基础

【基础知识点】

1. 指导思想

指导思想是开展某项工作所必须遵循的总体原则、要求和方针等，通过指导思想的贯彻实施，推动项目多元参与者能保持集成关键价值的一致性理解，从而减少不必要的矛盾与冲突。

2. 设计原则

良好的原则是建立在组织的信念和价值观上，并以组织能理解和使用的语言(显性知识方式)表达。设计原则为架构和规划决策、政策、程序和标准制定，以及矛盾局势的解决提供了坚实的基础。

3. 建设目标

通常相关方高层领导提出的构想、愿景等便是建设目标。信息系统集成架构服务于各项建设目标的达成，各项业务目标都是为建设目标而服务的。

4. 总体框架

信息系统体系架构总体参考框架由四个部分组成，即战略系统、业务系统、应用系统和信息基础设施。这四个部分相互关联，并构成与管理金字塔相一致的层次，如图 4-2 所示。

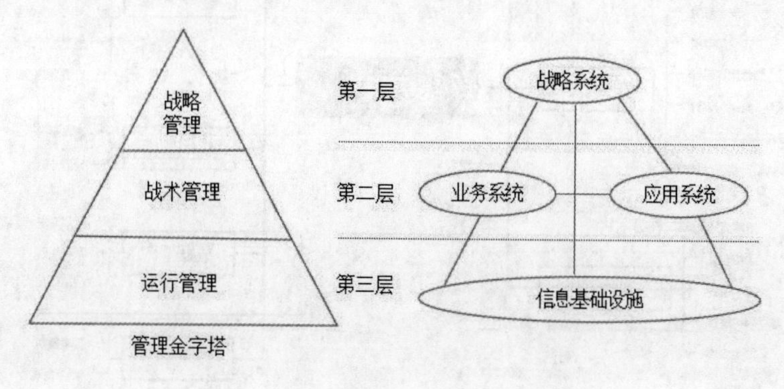

图 4-2 信息系统体系架构的总体框架

4.2 系统架构

1. 架构的定义

信息系统架构伴随技术的发展和信息环境的变化，一直处于持续演进和发展中，不同的视角对其定义也不一样，因此对信息系统架构的定义描述，可以从以下 6 个方面进行理解：①架构是对系统的抽象；②架构由多个结构组成；③任何软件都存在架构，但不一定有对该架构的具体表述文档；④元素及其行为的集合构成架构的内容；⑤架构具有“基础”性；⑥架构隐含有“决策”。

2. 系统架构的分类

系统架构的分类如图 4-3 所示。

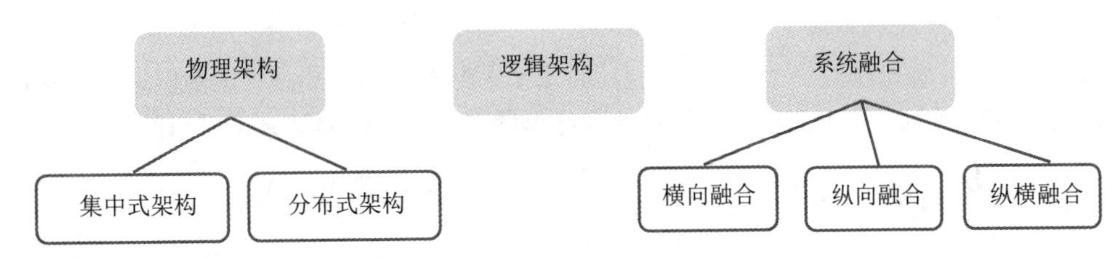

图 4-3 系统架构的分类

3. 一般原理

信息系统架构指的是在全面考虑组织的战略、业务、组织、管理和技术的基础上，着重研究组织信息系统的组成成分及成分之间的关系，建立起多维度分层次的、集成的开放式体系架构，并为组织提供具有一定柔性的信息系统及灵活有效的实现方法。

4. 常用架构模型

常用架构模型主要有单机应用模式、客户端/服务器模式、面向服务架构（SOA）模式、组织级数据交换总线等。

5. 规划与设计

不同阶段和成熟度条件下的系统集成架构和设计导向见表 4-1。

表 4-1 信息系统架构的分类

集成架构演进	TOGAF 架构开发方法
以功能为主线架构	TOGAF 基础
以平台能力为主线架构	ADM 方法
以互联网为主线架构	

6. 价值驱动的体系结构

系统存在的目的是为利益相关方创造价值。

（1）价值模型概述。价值模型核心的特征可以简化为三种基本形式：价值期望值、反作用力和变革催化剂。

（2）结构挑战。

- 哪些限制因素影响一个或多个期望值。
- 如果知道了影响，它们满足期望值更容易（积极影响）还是更难（消极影响）。
- 各种影响的影响程度如何，在这种情况下，简单的低、中和高三个等级通常就已经够用了。

最早的体系结构决策产生最大价值才有意义。有几个标准可用于优先化体系结构，建议对重要性、程度、后果和隔离等进行权衡。

（3）模型与结构的联系。价值模型有助于了解和传达关于价值来源的重要信息。它解决一些重要问题，如价值如何流动，期望值和外部因素中存在的相似性和区别，系统要实现这些价值的哪些子集。

架构师通过分解系统产生一般影响的力、特定于某些背景的力和预计随着时间的推移而变化的力，以实现这些期望值。价值模型和软件体系结构的联系是明确而又合乎逻辑的。

4.3 应用架构

应用架构的主要内容是规划出目标应用分层分域架构，根据业务架构规划目标应用域、应用组和目标应用组件，形成目标应用架构逻辑视图和系统视图。

1. 基本原则

常用的应用架构规划与设计的基本原则有：业务适配性原则、应用聚合化原则、功能专业化原则、风险最小化原则和资产复用化原则。

2. 分层分组

对应用架构进行分层的目的是要实现业务与技术分离，降低各层级之间的耦合性，提高各层的灵活性，有利于进行故障隔离，实现架构松耦合。

应用分层可以体现以客户为中心的系统服务和交互模式，提供面向客户服务的应用架构视图。对应用分组的目的是要体现业务功能的分类和聚合，把具有紧密关联的应用或功能内聚为一个组，可以指导应用系统建设，实现系统内高内聚，系统间低耦合，减少重复建设。

4.4 数据架构

数据架构的主要内容涉及数据全生命周期之下的架构规划，包括数据的产生、流转、整合、应用、归档和消亡。

1. 发展演进

单体应用架构时代→数据仓库时代→大数据时代。

2. 基本原则

数据架构遵循的基本原则包括：①数据分层原则；②数据处理效率原则；③数据一致性原则；④数据架构可扩展性原则；⑤服务于业务原则。

4.5 技术架构

技术架构遵循的基本原则包括：①成熟度控制原则；②技术一致性原则；③局部可替换原则；④人才技能覆盖原则；⑤创新驱动原则。

4.6 网络架构

1. 基本原则

网络架构遵循的基本原则包括：①高可靠性；②高安全性；③高性能；④可管理性；⑤平台化和架构化。

2. 局域网架构

局域网指计算机局部区域网络，是一种为单一组织所拥有的专用计算机网络。其特点包括：覆盖地理范围小、数据传输速率高、低误码率、支持多种传输介质。

（1）单核心架构。单核心局域网通常由一台核心二层或三层交换设备充当网络的核心设备，通过若干台接入交换设备将用户设备（如用户计算机、智能设备等）连接到网络中。

（2）双核心架构。双核心架构通常是指核心交换设备采用三层及以上交换机。核心交换设备和接入设备之间可采用100M/GE/10GE等以太网连接。

（3）环形架构。环形局域网是由多台核心交换设备连接成双RPR（Resilient Packet Ring）动态弹性分组环，构建网络的核心。核心交换设备通常采用三层或以上交换机提供业务转发功能。

（4）层次局域网架构。层次局域网（或多层局域网）由核心层交换设备、汇聚层交换设备和接入层交换设备以及用户设备等组成。

3. 广域网架构

（1）单核心广域网。单核心广域网通常由一台核心路由设备和各局域网组成。

（2）双核心广域网。双核心广域网通常由两台核心路由设备和各局域网组成。

（3）环形广域网。环形广域网通常是采用三台以上核心路由器设备构成路由环路，用以连接各局域网，实现广域网业务互访。

（4）半冗余广域网。半冗余广域网是由多台核心路由设备连接各局域网而形成的。

（5）对等子域广域网。对等子域网络是通过将广域网的路由设备划分成两个独立的子域，每个子域路由设备采用半冗余方式互连。两个子域之间通过一条或多条链路互连，对等子域中任何路由设备都可接入局域网络。

（6）层次子域广域网。层次子域广域网结构是将大型广域网路由设备划分成多个较为独立的子域，每个子域内路由设备采用半冗余方式互连，多个子域之间存在层次关系，高层次子域连接多个低层次子域。层次子域中任何路由设备都可以接入局域网。

4. 移动通信网架构

在移动通信网中，5G 常用业务应用方式包括：5GS（5G System）与 DN（Data Network，数据网络）互联、5G 网络边缘计算等。

4.7 安全架构

1. 安全威胁

目前，信息系统可能遭受到的威胁可总结为以下四个方面，如图 4-4 所示。

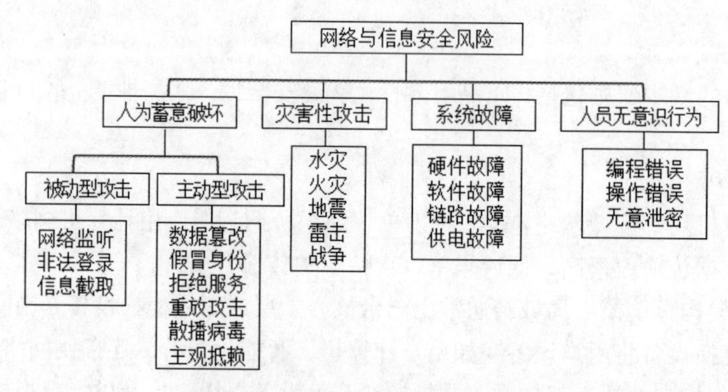

图 4-4　信息系统受到的安全威胁

2. 定义和范围

安全架构是在架构层面聚焦信息系统安全方向上的一种细分。安全性体现在信息系统上，通常的系统安全架构、安全技术体系架构和审计架构可组成三道安全防线。

3. 整体架构设计

构建信息安全保障体系框架包括技术体系、组织机构体系和管理体系等三部分。

WPDRRC 模型六个环节包括：预警（W）、保护（P）、检测（D）、响应（R）、恢复（R）和反击（C）。

三大要素包括：人员、策略和技术。人员是核心，策略是桥梁，技术是保证。

4. 网络安全架构设计

建立信息系统安全体系的目的：将普遍性安全原理与信息系统的实际相结合，形成满足信息系统安全需求的安全体系结构。网络安全体系是信息系统体系的核心之一。

5. 数据库系统安全设计

数据库系统安全设计能保证数据库中的数据不会被有意地攻击或无意地破坏，不会发生数据的外泄、丢失和毁损，保证数据库系统安全的完整性、机密性和可用性。

数据库完整性约束可以通过数据库管理系统（Database Management System，DBMS）或应用程序来实现，基于 DBMS 的完整性约束作为模式的一部分存入数据库中。

数据库完整性设计原则：①静态约束应尽量包含在数据库模式中，而动态约束由应用程序实现；②实体完整性约束和引用完整性约束是关系数据库最重要的完整性约束；③慎用目前主流 DBMS 都支持的触发器功能；④在需求分析阶段就必须制定完整性约束的命名规范；⑤要根据业务规则对数据库完整性进行细致的测试，以尽早排除隐含的完整性约束间的冲突和对性能的影响；⑥要有专职的数据库设计小组，自始至终负责数据库的分析、设计、测试、实施及早期维护；⑦应采用合适的 CASE 工具来降低数据库设计各阶段的工作量。

4.8 云原生架构

1．发展概述

云原生与商业场景的深度融合，主要表现为以下几点：①云原生架构通过对多元算力的支持，满足不同应用场景的个性化算力需求；②通过最新的 DevSecOps 应用开发模式，实现了应用的敏捷开发，提升业务应用的迭代速度，高效响应用户需求，并保证全流程安全；③帮助企业管理好数据，快速构建数据运营能力，实现数据的资产化沉淀和价值挖掘；④保障组织应用在云上安全构建，业务安全运行。

2．架构定义

云原生架构是基于云原生技术的一组架构原则和设计模式的集合。云原生是面向“云”而设计的应用，因此，技术部分依赖于传统云计算的三层概念，即基础设施即服务（IaaS）、平台即服务（PaaS）和软件即服务（SaaS）。

云原生的代码通常包括三部分：业务代码、三方软件、处理非功能特性的代码。

3．基本原则

主要包括服务化、弹性、可观测、韧性、所有过程自动化、零信任、架构持续演进等原则。

4．常用架构模式

常用的架构模式主要有服务化架构、Mesh 化架构、Serverless、存储计算分离、分布式事务、可观测、事件驱动等。

4.9 考点实练

1．在信息系统架构的分类中，（　　）又分为集中式架构和分布式架构。

A．物理架构　　B．逻辑架构　　C．服务架构　　D．系统融合

解析：按照信息系统在空间上的拓扑关系，其物理架构分为集中式与分布式两大类。

答案：A

2．下列选项中，不属于数据架构设计的基本原则的是（　　）。

A．数据分层原则　　B．服务于业务原则

C．创新驱动原则　　D．可扩展性原则

解析：数据架构设计的基本原则：数据分层原则、数据处理效率原则、数据一致性原则、数据架构可扩展性原则、服务于业务原则。

答案：C

3．常用的应用架构设计原则有（　　）。

A．业务适配性原则、应用聚合化原则、功能专业化原则、风险最小化原则和资产复用化原则

B．业务适配性原则、应用聚合化原则、功能专业化原则、风险最小化原则

C．业务适配性原则、应用聚合化原则、功能专业化原则和资产复用化原则

D．业务适配性原则、功能专业化原则、风险最小化原则和资产复用化原则

解析：常用的应用架构规划与设计的基本原则有：业务适配性原则、应用聚合化原则、功能专业化原则、风险最小化原则和资产复用化原则。

答案：A

4．WPDRRC 模型三大要素包括人员、（　　）、技术。

A．策略　　B．安全　　C．服务　　D．管理

解析：WPDRRC 三大要素包括人员、策略和技术。人员是核心，策略是桥梁，技术是保证。

答案：A

第5章
软件工程

5.0 章节考点分析

第5章主要学习软件工程定义、软件需求、软件设计、软件实现、部署交付、软件质量管理、软件过程能力成熟度等内容。本章内容知识细碎，偏基础，多出现在选择题，预计分值2～3分左右。本章的架构如图5-1所示。

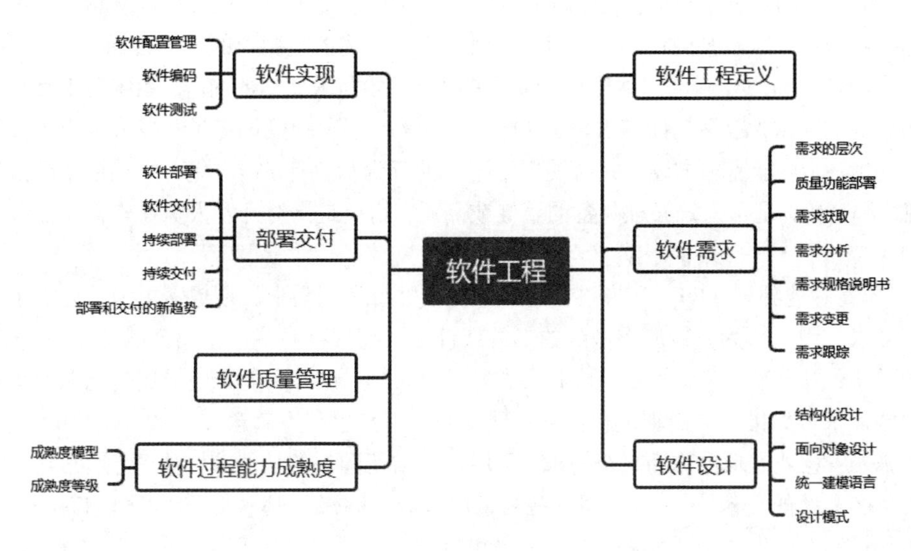

图5-1　本章的架构

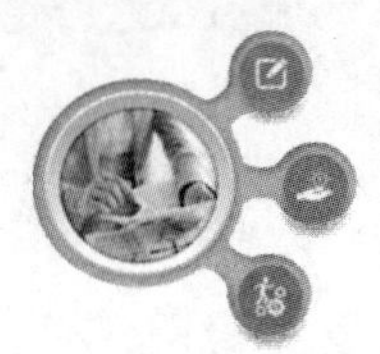

【导读小贴士】

软件工程提供了一套系统化、标准化的方法来设计和构建软件，通过规范化的流程和工具，确保软件项目的高质量交付。作为信息系统集成项目管理工程师应该对软件工程的相关内容有所掌握。本章对易考知识点进行了总结，大多都是基础知识、偏概念，准确记忆即可。

5.1 软件工程定义

【基础知识点】

软件工程是指应用计算机科学、数学及管理科学等原理，以工程化的原则和方法来解决软件问题的工程，其目的是提高软件生产率、提高软件质量、降低软件成本。

软件工程由方法、工具和过程三个部分组成。方法是完成软件项目的技术手段；工具是智力和体力的扩展与延伸，能够自动或者半自动支持软件的开发与管理；过程是一系列软件工程活动。

5.2 软件需求

【基础知识点】

（1）软件需求是指用户对系统在功能、行为、性能、设计约束等方面的期望。

（2）需求是多层次的，包括业务需求、用户需求和系统需求。业务需求从总体上描述了为什么要达到某种效应，组织希望达到什么目标。用户需求描述的是用户的具体目标，或用户要求系统必须能完成的任务和想要达到的结果，这构成了用户原始需求文档的内容。系统需求是从系统的角度来说明软件的需求，包括功能需求、非功能需求和约束等。功能规定了开发人员必须在系统中实现的软件功能；非功能需求描述了系统展现给用户的行为和执行的操作等，它包括产品必须遵从的标准、规范和合约，是指系统必须具备的属性或品质；约束是指对开发人员在软件产品设计和构造上的限制。

（3）质量功能部署（QFD）将软件需求分为三类：常规需求、期望需求和意外需求。

常规需求：用户认为系统应该做到的功能或性能，实现得越多，用户会越满意。

期望需求：用户想当然认为系统应具备的功能或性能，但并不能正确描述自己想要得到的这些功能或性能需求。如果期望需求没有得到实现，会让用户感到不满意。

意外需求：意外需求也称为兴奋需求，是用户要求范围外的功能或性能（但通常是软件开发人员很乐意赋予系统的技术特性），实现这些需求用户会更高兴，但不实现也不影响其购买的决策。意外需求是控制在开发人员手中的，开发人员可以选择实现更多的意外需求，以便得到高满意、高忠诚度的用户，也可以（出于成本或项目周期的考虑）选择不实现任何意外需求。

（4）需求获取是确定和理解不同的项目干系人对系统的需求和约束的过程。常见的需求获取方法包括用户访谈、问卷调查、采样、情节串联板、联合需求计划等。

（5）需求分析是把杂乱无章的用户要求和期望转化为用户需求。

1）结构化分析（SA）。其建立模型的核心是数据字典。有三个层次的模型，分别是数据模型、功能模型和行为模型（状态模型）。一般用实体联系图（E-R 图）表示数据模型，E-R 图主要描述实体、属性，以及实体之间的关系；用数据流图（DFD）表示功能模型，DFD 从数据传递和加工的角度，利用图形符号通过逐层细分描述系统内各个部件的功能和数据在它们之间传递的情况，来说明系统所完成的功能；用状态转换图（STD）表示行为模型；STD 通过描述系统的状态和引起系统状态转换的事件，来表示系统的行为，指出作为特定事件的结果将执行哪些动作。

2）面向对象分析（OOA）。①OOA 的五个层次：主题层、对象类层、结构层、属性层和服务层。②OOA 的五个活动：标识对象类、标识结构、定义主题、定义属性和定义服务。③在这种方法中定义了两种对象类之间的结构，分别是分类结构和组装结构。分类结构就是所谓的一般与特殊的关系；组装结构则反映了对象之间的整体与部分的关系。④OOA 的基本原则主要包括抽象、封装、继承、分类、聚合、关联、消息通信、粒度控制和行为分析。⑤OOA 的基本步骤是确定对象和类、确定结构、确定主题、确定属性、确定方法。

（6）软件需求规格说明书（SRS）是软件需求分析的最终结果，是确保每个要求得以满足所使用的方法。SRS 应该包括范围、引用文件、需求、合格性规定、需求可追踪性、尚未解决的问题、注解和附录。

（7）需求变更应遵循一定程序进行。需求变更的过程如图 5-2 所示。

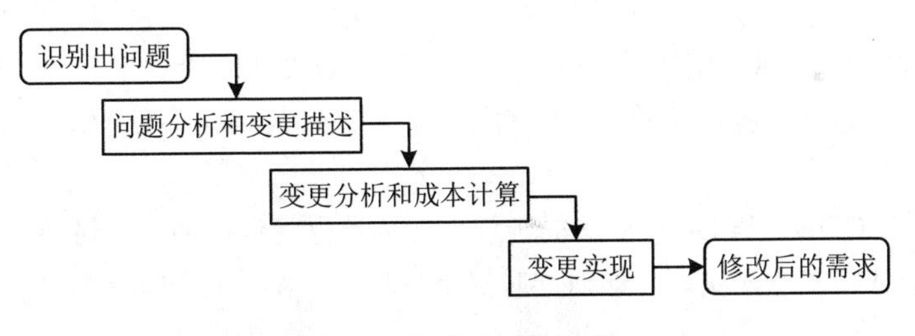

图 5-2　需求变更的过程

（8）需求跟踪提供了由需求到产品实现整个过程范围的明确查阅的能力。需求跟踪的目的是建立与维护“需求—设计—编程—测试”之间的一致性，确保所有的工作成果符合用户需求。需求跟踪有正向跟踪和逆向跟踪两种方式。

正向跟踪：检查 SRS 中的每个需求是否都能在后继工作成果中找到对应点。

逆向跟踪：检查设计文档、代码、测试用例等工作成果是否都能在 SRS 中找到出处。

正向跟踪和逆向跟踪合称为“双向跟踪”。不论采用何种跟踪方式，都要建立与维护需求跟踪矩阵（表格）。需求跟踪矩阵保存了需求与后继工作成果的对应关系。

5.3 软件设计

【基础知识点】

1. 定义

软件设计是需求的延伸与拓展。需求阶段解决“做什么”的问题，而软件设计阶段解决“怎么做”的问题。

2. 结构化设计

结构化设计（SD）是一种面向数据流的方法，其目的在于确定软件结构。

SD 以 SRS 和 SA 阶段所产生的 DFD 和数据字典等文档为基础，是一个自顶向下、逐层分解、逐步求精和模块化的过程。

SD 方法的基本思想是将软件设计成由相对独立且具有单一功能的模块组成的结构。从管理角度讲，其分为概要设计（总体结构设计）和详细设计两个阶段。

在 SD 方法中，模块是实现功能的基本单位，它一般具有功能、逻辑和状态 3 个基本属性。其中，功能是指该模块“做什么”，逻辑是描述模块内部“怎么做”，状态是该模块使用时的环境和条件。

耦合表示模块之间联系的程度。紧密耦合表示模块之间联系非常强，松散耦合表示模块之间联系比较弱，非直接耦合则表示模块之间无任何直接联系。内聚表示模块内部各代码成分之间联系的紧密程度，是从功能角度来度量模块内的联系，一个好的内聚模块应当恰好做目标单一的一件事情。在模块的分解中应尽量减少模块的耦合，力求增加模块的内聚，遵循“高内聚、低耦合”的设计原则。

系统结构图（SC）又称为模块结构图，它是软件概要设计阶段的工具，反映系统的功能实现和模块之间的联系与通信，包括各模块之间的层次结构，即反映了系统的总体结构。

3. 面向对象设计

面向对象设计（OOD）是 OOA 方法的延续，其基本思想包括抽象、封装和可扩展性，其中可扩展性主要通过继承和多态来实现。如何同时提高软件的可维护性和可复用性，是 OOD 需要解决的核心问题之一。

常用的 OOD 原则包括：

（1）单职原则：一个类应该有且仅有一个引起它变化的原因，否则类应该被拆分。

（2）开闭原则：对扩展开放，对修改封闭。当应用的需求改变时，在不修改软件实体的源代码或者二进制代码的前提下，可以扩展模块的功能，使其满足新的需求。

（3）里氏替换原则：子类可以替换父类，即子类可以扩展父类的功能，但不能改变父类原有的功能。

（4）依赖倒置原则：要依赖于抽象，而不是具体实现；要针对接口编程，不要针对实现编程。

（5）接口隔离原则：使用多个专门的接口比使用单一的总接口要好。

（6）组合重用原则：要尽量使用组合，而不是继承关系达到重用目的。

（7）迪米特原则（最少知识法则）：一个对象应当对其他对象有尽可能少的了解。其目的是降低类之间的耦合度，提高模块的相对独立性。

在 OOD 中，类可以分为三种类型：实体类、控制类和边界类。

4. 统一建模语言

统一建模语言（UML）是一种定义良好、易于表达、功能强大且普遍适用的建模语言，它融入了软件工程领域的新思想、新方法和新技术。

从总体上来看，UML 的结构包括构造块、规则和公共机制三个部分，见表 5-1。

表 5-1 UML 的结构

组成部分	说明
构造块	UML 有三种基本的构造块，分别是事物（thing）、关系（relationship）和图（diagram）。事物是 UML 的重要组成部分，关系把事物紧密联系在一起，图是多个相互关联的事物的集合
规则	规则是构造块如何放在一起的规定，包括为构造块命名；给一个名字以特定含义的语境，即范围；怎样使用或看见名字，即可见性；事物如何正确、一致地相互联系，即完整性；运行或模拟动态模型的含义是什么，即执行
公共机制	公共机制是指达到特定目标的公共 UML 方法，主要包括规格说明（详细说明）、修饰、公共分类（通用划分）和扩展机制四种

UML 中的事物也称为建模元素，包括结构事物、行为事物（也称动作事物）、分组事物和注释事物（也称注解事物）。这些事物是 UML 模型中最基本的 OO 构造块。

UML 用关系把事物结合在一起，主要有四种关系，分别为：

（1）依赖：依赖是两个事物之间的语义关系，其中一个事物发生变化会影响另一个事物的语义。

（2）关联：关联描述一组对象之间连接的结构关系。

（3）泛化：泛化是一般化和特殊化的关系，描述特殊元素的对象可替换一般元素的对象。

（4）实现：实现是类之间的语义关系，其中的一个类指定了由另一个类保证执行的契约。

UML 2.0 中的图有类图、对象图、构件图、组合结构图、用例图、顺序图、通信图、定时图、状态图、活动图、部署图、制品图、包图和交互概览图，见表 5-2。

表 5-2 UML 2.0 中的图

种类	说明
类图	描述一组类、接口、协作和它们之间的关系
对象图	描述一组对象及它们之间的关系
构件图	描述一个封装的类和它的接口、端口，以及由内嵌的构件和连接件构成的内部结构
组合结构图	描述结构化类（例如，构件或类）的内部结构，包括结构化类与系统其余部分的交互点
用例图	描述一组用例、参与者及它们之间的关系
顺序图	由一组对象或参与者以及它们之间可能发送的消息构成，强调消息的时间次序

续表

种类	说明
通信图	强调收发消息的对象或参与者的结构组织。顺序图和通信图是同构的，可以互相转化
定时图	也是一种交互图，用来描述对象或实体随时间变化的状态或值，及其相应的时间或期限约束。它强调消息跨越不同对象或参与者的实际时间，而不只是关心消息的相对顺序
状态图	状态图描述一个实体基于事件反应的动态行为，显示了该实体如何根据当前所处的状态对不同的事件做出反应
活动图	本质上是一种流程图
部署图	描述对运行时的处理节点及在其中生存的构件的配置
制品图	描述计算机中一个系统的物理结构
包图	描述由模型本身分解而成的组织单元，以及它们之间的依赖关系
交互概览图	交互概览图是活动图和顺序图的混合物

UML 中有 5 个系统视图，用于定义系统架构：

（1）逻辑视图：逻辑视图也称为设计视图，它表示了设计模型中在架构方面具有重要意义的部分，即类、子系统、包和用例实现的子集。

（2）进程视图：进程视图是可执行线程和进程作为活动类的建模，它是逻辑视图的一次执行实例，描述了并发与同步结构。

（3）实现视图：实现视图对组成基于系统的物理代码的文件和构件进行建模。

（4）部署视图：部署视图把构件部署到一组物理节点上，表示软件到硬件的映射和分布结构。

（5）用例视图：用例视图是最基本的功能需求分析模型。

5. 设计模式

设计模式可分为创建型模式、结构型模式和行为型模式三种。

创建型模式：主要用于创建对象，包括工厂方法模式、抽象工厂模式、原型模式、单例模式和建造者模式等。

结构型模式：主要用于处理类或对象的组合，包括适配器模式、桥接模式、组合模式、装饰模式、外观模式、享元模式和代理模式等。

行为型模式：主要用于描述类或对象的交互以及职责的分配，包括职责链模式、命令模式、解释器模式、迭代器模式、中介者模式、备忘录模式、观察者模式、状态模式、策略模式、模板方法模式、访问者模式等。

5.4 软件实现

1. 软件配置管理

软件配置管理的核心内容包括版本控制和变更控制。

版本控制是指对软件开发过程中各种程序代码、配置文件及说明文档等文件变更的管理，是软件配置管理的核心思想之一。版本控制最主要的功能就是追踪文件的变更。

软件配置管理活动包括软件配置管理计划、软件配置标识、软件配置控制、软件配置状态记录、软件配置审计、软件发布管理与交付等活动。

2. 软件编码

所谓编码，就是把软件设计的结果翻译成计算机可以“理解和识别”的形式——用某种程序设计语言书写的程序。

程序的质量主要取决于软件设计的质量。但是，程序设计语言的特性和编码途径也会对程序的可靠性、可读性、可测试性和可维护性产生深远的影响。

3. 软件测试

通过测试发现软件缺陷，为软件产品的质量测量和评价提供依据。测试不能保证发现所有的缺陷。

静态测试是指被测试程序不在机器上运行，只依靠分析或检查源程序的语句、结构、过程等来检查程序是否有错误。静态测试包括桌前检查、代码走查和代码审查。

动态测试是指在计算机上实际运行程序进行软件测试，对得到的运行结果与预期的结果进行比较分析。一般采用白盒测试和黑盒测试方法。白盒测试也称为结构测试，把程序视为透明的白盒，根据内部结构和程序走向来测试。黑盒测试也称为功能测试，把程序视为不透明的黑盒，不考虑内部结构和算法，只检查是否符合 SRS 要求。

软件测试可分为单元测试、集成测试、确认测试、系统测试、配置项测试和回归测试等类别。

单元测试：主要对该软件的模块进行测试，检查每个模块是否按照设计说明正确实现。

集成测试：一般要对已经严格按照程序设计要求和标准组装起来的模块同时进行测试，明确该程序结构组装的正确性，发现和接口有关的问题。

确认测试：主要用于验证软件的功能、性能和其他特性是否与用户需求一致。

系统测试：在真实系统工作环境下，检测完整的软件配置项能否和系统正确连接，并满足系统/子系统设计文档和软件开发合同规定的要求。系统测试的结束标志是测试工作已满足测试目标所规定的需求覆盖率，并且测试所发现的缺陷已全部归零。

配置项测试：配置项测试的对象是软件配置项，配置项测试的目的是检验软件配置项与 SRS 的一致性。进行配置项测试之前，还应确认被测软件配置项已通过单元测试和集成测试。

回归测试：目的是测试软件变更之后，变更部分的正确性和对变更需求的符合性，以及软件原有的、正确的功能、性能和其他规定的要求的不损害性。

5.5 部署交付

软件部署是一个复杂的过程，包括从开发商发放产品，到应用者在他们的计算机上实际安装并维护应用的所有活动。这些活动包括软件打包、安装、配置、测试、集成和更新等，是一个持续不断的过程。

容器技术目前是部署中最流行的技术，常用的持续部署方案有 Kubernetes+Docker 和 Matrix 系统两种。

蓝绿部署是指新旧版本同时部署，通过域名解析切换到新版本，出现问题可以快速切回旧版本；金丝雀部署是指让少量用户试用新版本并反馈迭代，成熟后所有用户切换到新版本。

持续集成、持续交付和持续部署的出现及流行反映了新的软件开发模式与发展趋势，主要表现如下：工作职责和人员分工的转变；大数据和云计算基础设施的普及进一步给部署带来新的飞跃；研发运维的融合。

5.6 软件质量管理

影响软件质量的三个主要因素：产品运行、产品修改、产品转移。

有关产品运行的质量因素包括正确性、健壮性、效率、完整性、可用性、风险。有关产品修改的质量因素包括可理解性、可维修性、灵活性、可测试性。有关产品转移的质量因素包括可移植性、可再用性、互运行性。

软件质量保证（SQA）的关注点集中在一开始就避免缺陷的产生。质量保证的主要目标是：事前预防工作。例如，着重于缺陷预防而不是缺陷检查；尽量在刚刚引入缺陷时即将其捕获，而不是让缺陷扩散到下一个阶段；作用于过程而不是最终产品，因此它有可能会带来广泛的影响与巨大的收益；贯穿于所有的活动之中，而不是只集中于一点。

软件质量保证的目标是以独立审查的方式，从第三方的角度监控软件开发任务的执行。

软件质量保证的主要任务包括：SQA 审计与评审、SQA 报告、处理不合格问题。

5.7 软件过程能力成熟度

《软件过程能力成熟度模型》团体标准，简称 CSMM。CSMM 模型由 4 个能力域、20 个能力子域、161 个能力要求组成。

治理能力域：包括战略与治理、目标管理能力子域，用于确定组织的战略、产品的方向、组织的业务目标，并确保目标的实现。

开发与交付能力域：包括需求、设计、开发、测试、部署、服务、开源应用能力子域，这些能力子域确保通过软件工程过程交付满足需求的软件，为顾客与利益干系人增加价值。

管理与支持能力域：包括项目策划、项目监控、项目结项、质量保证、风险管理、配置管理、供应商管理能力子域，这些能力子域覆盖了软件开发项目的全过程，以确保软件项目能够按照既定的成本、进度和质量交付，能够满足顾客与利益干系人的要求。

组织管理能力域：包括过程管理、人员能力管理、组织资源管理、过程能力管理能力子域，对软件组织能力进行综合管理。

CSMM 定义了 5 个等级，由低到高依次为：①1 级（初始级）：软件过程和结果具有不确定性；

②2级（项目规范级）：项目基本可按计划实现预期的结果；③3级（组织改进级）：在组织范围内能够稳定地实现预期的项目目标；④4 级（量化提升级）：在组织范围内能够量化地管理和实现预期的组织和项目目标；⑤5级（创新引流级）：通过技术和管理创新，实现组织业务目标持续提升，引领行业发展。

5.8 考点实练

1．结构化分析使用（　　）表示功能模型。

A．E-R 图　　B．数据流图　　C．状态转换图　　D．数据字典

解析：结构化分析有三个层次的模型，分别是数据模型、功能模型和行为模型（也称为状态模型）。在实际工作中，一般使用实体联系图（E-R 图）表示数据模型，用数据流图（DFD）表示功能模型，用状态转换图（STD）表示行为模型。

答案：B

2．UML 中有四种关系，其中（　　）描述特殊元素的对象可替换一般元素的对象。

A．依赖　　B．关联　　C．泛化　　D．实现

解析：UML 用关系把事物结合在一起，主要有四种关系，分别为：①依赖，是两个事物之间的语义关系，其中一个事物发生变化会影响另一个事物的语义；②关联，描述一组对象之间连接的结构关系；③泛化，是一般化和特殊化的关系，描述特殊元素的对象可替换一般元素的对象；④实现，是类之间的语义关系，其中的一个类指定了由另一个类保证执行的契约。

答案：C

3．下列（　　）不属于静态测试。

A．黑盒测试　　B．桌前检查　　C．代码走查　　D．代码审查

解析：静态测试是指被测试程序不在机器上运行，只依靠分析或检查源程序的语句、结构、过程等来检查程序是否有错误。静态测试包括桌前检查、代码走查和代码审查。

动态测试动态测试是指在计算机上实际运行程序进行软件测试，对得到的运行结果与预期的结果进行比较分析。一般采用白盒测试和黑盒测试方法。

答案：A

4．在软件部署交付时，让少量用户试用新版本并反馈迭代，成熟后所有用户切换到新版本，这采用的是（　　）。

A．蓝绿部署　　B．金丝雀部署　　C．滚动发布　　D．交替部署

解析：蓝绿部署和金丝雀部署。蓝绿部署是指新旧版本同时部署，通过域名解析切换到新版本，出现问题可以快速切回旧版本；金丝雀部署是指让少量用户试用新版本并反馈迭代，成熟后所有用户切换到新版本。

答案：B

第6章 数据工程

6.0 章节考点分析

第 6 章主要学习数据采集和预处理、数据存储及管理、数据治理和建模、数据仓库和数据资产、数据分析及应用、数据脱敏和数据分类等内容。

根据考试大纲，本章知识点多涉及单项选择题，偶尔出现案例分析题，预计分值 2～3 分。本章内容属于基础知识范畴，考查的知识点大多来源于教材，考生需理解和掌握易考知识点。本章的架构如图 6-1 所示。

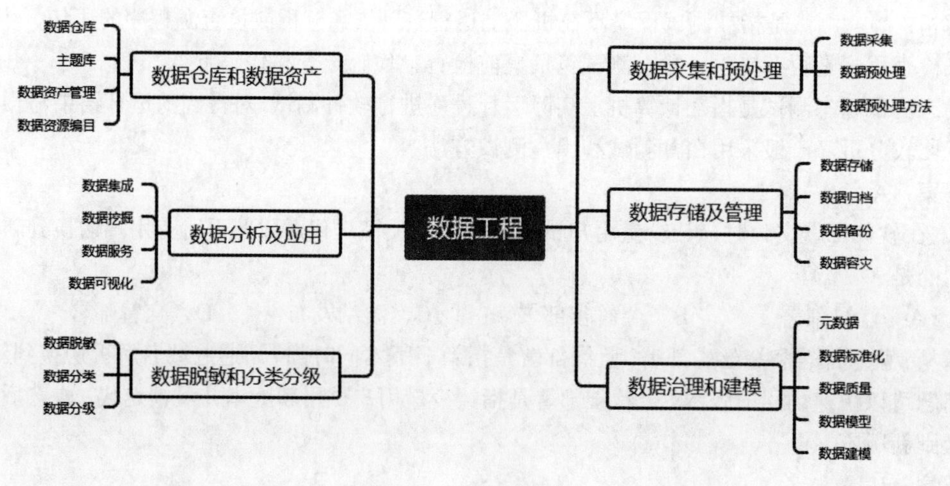

图 6-1　本章的架构

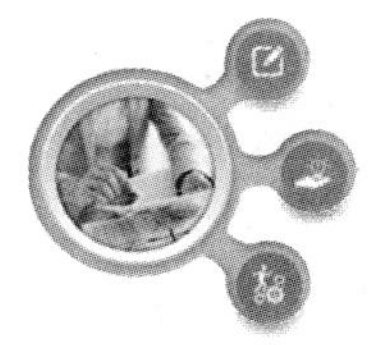

【导读小贴士】

数字化转型是企业和社会发展的必然趋势，而数据工程则为数字化转型提供了重要的支撑和推动力。通过数据工程的学习和实践，能够更好地理解和应用数字化转型的理念和方法，促进企业和社会的数字化转型。

6.1 数据采集和预处理

【基础知识点】

1. 数据采集

（1）采集的数据类型包括结构化数据、半结构化数据、非结构化数据。结构化数据是以关系型数据库表管理的数据；半结构化数据是指非关系模型的、有基本固定结构模式的数据，如日志文件、XML 文档、E-mail 等；非结构化数据是指没有固定模式的数据，如所有格式的办公文档、文本、图片、HTML、各类报表、图像和音频/视频信息等。

（2）数据采集的方法可分为传感器采集、系统日志采集、网络采集（互联网公开采集接口或者网络爬虫）和其他数据采集等。

2. 数据预处理

（1）数据预处理是一个去除数据集重复记录，发现并纠正数据错误，并将数据转换成符合标准的过程。

（2）数据预处理主要包括数据分析、数据检测和数据修正三个步骤，如图 6-2 所示。

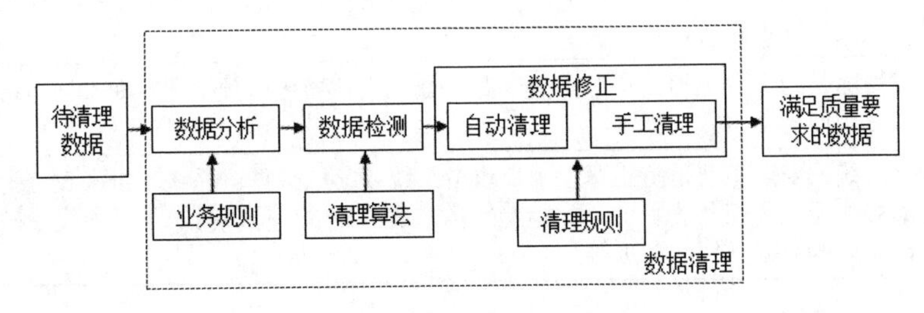

图 6-2 数据预处理的流程

3. 数据预处理方法

（1）缺失数据的预处理：常见的方法有删除缺失值、均值填补法、热卡填补法、有最近距离决定填补法、回归填补法、多重填补法、K-最近邻法、有序最近邻法、基于贝叶斯的方法等。

（2）异常数据的预处理：对于异常数据或有噪声的数据，如超过明确取值范围的数据、离群点数据，可以采用分箱法和回归法来进行处理。

（3）不一致数据的预处理：不一致数据是指具有逻辑错误或者数据类型不一致的数据，如年龄与生日数据不符。这一类数据的清洗可以使用人工修改，也可借助工具来找到违反限制的数据。

（4）重复数据的预处理：去除重复值的操作一般最后进行，可以使用Excel、VBA（Visual Basic宏语言）、Python等工具处理。

（5）格式不符数据的预处理。

6.2 数据存储及管理

【基础知识点】

数据存储包含两个方面：一是数据临时或长期驻留的物理媒介；二是保证数据完整、安全存放和访问而采取的方式或行为。

1. 数据存储

（1）存储介质的类型主要有磁带、光盘、磁盘、内存、闪存、云存储等。

（2）存储形式主要有三种，分别是文件存储、块存储和对象存储。

（3）存储管理的主要内容见表6-1。

表6-1 存储管理的主要内容

管理分类	主要内容
资源调度管理	资源调度管理的功能主要是添加或删除存储节点，编辑存储节点的信息，设定某类型存储资源属于某个节点，或者设定这些资源比较均衡地存储到节点上。它包含存储控制、拓扑配置以及各种网络设备，如集线器、交换机、路由器和网桥等的故障隔离
存储资源管理	存储资源管理是一类应用程序，它们管理和监控物理和逻辑层次上的存储资源，从而简化资源管理，提高数据的可用性。被管理的资源包括存储硬件，如RAID、磁带以及光盘库。存储资源管理不仅包括监控存储系统的状况、可用性、性能以及配置情况，还包括容量和配置管理以及事件报警等，从而提供优化策略
负载均衡管理	负载均衡是为了避免存储资源由于资源类型、服务器访问频率和时间不均衡造成浪费或形成系统瓶颈而平衡负载的技术
安全管理	存储系统的安全主要是防止恶意用户攻击系统或窃取数据。系统攻击大致分为两类：一类以扰乱服务器正常工作为目的，如拒绝服务攻击（DoS）等；另一类以入侵或破坏服务器为目的，如窃取数据、修改网页等

2. 数据归档

（1）数据归档是将不活跃的“冷”数据从可立即访问的存储介质迁移到查询性能较低、低成本、大容量的存储介质中，这一过程是可逆的，即归档的数据可以恢复到原存储介质中。

（2）进行数据归档活动需要注意三点：数据归档一般只在业务低峰期执行；数据归档之后，若长时间没有新的数据填充，会造成空间浪费的情况；如果数据归档影响了线上业务，一定要及时止损。

3. 数据备份

常见的备份策略主要有三种：完全备份、差分（差异）备份和增量备份，见表6-2。

表6-2 常见的数据备份策略

策略	说明
完全备份	每次都对需要进行备份的数据进行全备份。当数据丢失时，用完全备份下来的数据进行恢复即可
差异备份	每次所备份的数据只是相对上一次完全备份之后发生变化的数据。与完全备份相比，差分备份所需时间短，而且节省了存储空间
增量备份	每次所备份的数据只是相对于上一次备份后改变的数据。这种备份策略没有重复的备份数据，节省了备份数据存储空间，缩短了备份的时间

4. 数据容灾

（1）数据备份是数据容灾的基础。

（2）数据容灾的关键技术主要包括远程镜像技术和快照技术。

1）远程镜像技术是在主数据中心和备份中心之间进行数据备份时用到的远程复制技术。

2）所谓快照，就是关于指定数据集合的一个完全可用的复制，该复制是相应数据在某个时间点（复制开始的时间点）的映像。

6.3 数据治理和建模

【基础知识点】

1. 元数据

（1）元数据是关于数据的数据。其实质是用于描述信息资源或数据的内容、覆盖范围、质量、管理方式、数据的所有者、数据的提供方式等有关的信息。

（2）元数据描述的对象可以是单一的全文、目录、图像、数值型数据以及多媒体（声音、动态图像）等，也可以是多个单一数据资源组成的资源集合，或是这些资源的生产、加工、使用、管理、技术处理、保存等过程及其过程中产生的参数的描述等。

2. 数据标准化

（1）数据标准化主要为复杂的信息表达、分类和定位建立相应的原则和规范，使其简单化、结构化和标准化，从而实现信息的可理解、可比较和可共享，为信息在异构系统之间实现语义互操作提供基础支撑。

（2）数据标准化阶段的具体过程包括确定数据需求、制定数据标准、批准数据标准和实施数据标准四个阶段。

3. 数据质量

（1）数据质量是一个广义的概念，是数据产品满足指标、状态和要求能力的特征总和。

（2）衡量数据质量的指标体系包括完整性、规范性、一致性、准确性、唯一性、及时性等。

4. 数据模型

数据模型划分为三类：概念模型、逻辑模型和物理模型。

（1）概念模型：也称为信息模型，它是按用户的观点来对数据和信息建模。概念模型的基本元素包括实体、属性、域、键、关联。

（2）逻辑模型：是在概念模型的基础上确定模型的数据结构，其中，关系模型是目前最重要的一种逻辑数据模型，见表 6-3。

表 6-3　关系模型与概念模型的对应关系

概念模型	关系模型	说明
实体	关系	概念模型中的实体转换为关系模型的关系
属性	属性	概念模型中的属性转换为关系模型的属性
联系	关系外键	概念模型中的联系有可能转换为关系模型的新关系，被参照关系的主键转化为参照关系的外键
—	视图	关系模型中的视图在概念模型中没有元素与之对应，它是按照查询条件从现有关系或视图中抽取若干属性组合而成

（3）物理模型：物理模型是在逻辑模型的基础上，考虑各种具体的技术实现因素，进行数据库体系结构设计，真正实现数据在数据库中的存放。物理模型的目标是用数据库模式来实现逻辑模型，以及真正地保存数据。物理模型的基本元素包括表、字段、视图、索引、存储过程、触发器等，其中表、字段和视图等元素与逻辑模型中的基本元素有一定的对应关系。

5. 数据建模

数据建模过程包括数据需求分析、概念模型设计、逻辑模型设计和物理模型设计等过程。

6.4 数据仓库和数据资产

【基础知识点】

1. 数据仓库

数据仓库是一个面向主题的、集成的、随时间变化的、包含汇总和明细的、稳定的历史数据集合，用于支持管理决策。

数据仓库通常由数据源、数据的存储与管理、OLAP 服务器、前端工具等组件构成。数据源是数据仓库系统的基础，是整个系统的数据源泉。数据的存储与管理是整个数据仓库系统的核心和真正关键。

联机分析处理（OLAP）对分析需要的数据进行有效集成，按多维模型予以组织，以便进行多角度、多层次的分析，并发现趋势。具体实现分为：①ROLAP：表示基于关系数据库的 OLAP 实现；②MOLAP：表示基于多维数据组织的 OLAP 实现；③HOLAP：表示基于混合数据组织的 OLAP 实现。

前端工具主要包括各种查询工具、报表工具、分析工具、数据挖掘工具以及各种基于数据仓库或数据集市的应用开发工具。其中数据分析工具主要针对 OLAP 服务器，报表工具、数据挖掘工具主要针对数据仓库。

2. 主题库

主题库是为了便利工作、精准快速地反映工作对象全貌而建立的多种维度的数据集合。主题库建设可采用多层级体系结构，即数据源层、构件层、主题库层。

3. 数据资产管理

数据资产管理是指对数据资产进行规划、控制和提供的一组活动职能，数据资产管理需充分融合政策、管理、业务、技术和服务等，从而确保数据资产保值增值。

在数字时代，数据是一种重要的生产要素，把数据转化成可流通的数据要素，重点包含数据资源化、数据资产化两个环节。

数字资源化是指通过将原始数据转变为数据资源，使数据具备一定的潜在价值，是数据资产化的必要前提。数据资产化是指通过将数据资源转变为数据资产，使数据资源的潜在价值得以充分释放。

4. 数据资源编目

数据资源目录的概念模型由数据资源目录、信息项、数据资源库、标准规范等要素构成。

数据资源目录是站在全局视角对所拥有的全部数据资源进行编目；信息项是将各类数据资源（如表、字段）以元数据流水账的形式清晰地反映出来；数据资源库是存储各类数据资源的物理数据库，常分为专题数据资源库、主题数据资源库和基础数据资源库。

6.5 数据分析及应用

【基础知识点】

1. 数据集成

数据集成就是将驻留在不同数据源中的数据进行整合，向用户提供统一的数据视图，使得用户能以透明的方式访问数据。

数据集成的目标就是充分利用已有数据，在尽量保持其自治性的前提下，维护数据源整体上的一致性，提高数据共享利用效率。

数据集成的常用方法有模式集成、复制集成和混合集成。常用的数据访问接口标准有 ODBC、JDBC、OLE DB 和 ADO。

Web Services 技术：一个面向访问的分布式计算模型，是实现 Web 数据和信息集成的有效机制。

数据网格技术：一种用于大型数据集的分布式管理与分析的体系结构，目标是实现对分布、异构的海量数据进行一体化存储、管理、访问、传输与服务，为用户提供数据访问接口和共享机制，统一、透明地访问和操作各个分布、异构的数据资源，提供管理、访问各种存储系统的方法，解决应用所面临的数据密集型网格计算问题。

2. 数据挖掘

数据挖掘是指从大量数据中提取或“挖掘”知识，即从大量的、不完全的、有噪声的、模糊的、随机的实际数据中，提取隐含在其中的、人们不知道的、却是潜在有用的知识。

数据挖掘的目标是发现隐藏于数据之后的规律或数据间的关系，从而服务于决策。数据挖掘常见的主要任务包括数据总结、关联分析、分类和预测、聚类分析和孤立点分析。

数据挖掘流程一般包括确定分析对象、数据准备、数据挖掘、结果评估与结果应用五个阶段，如图 6-3 所示，这些阶段在具体实施中可能需要重复多次。

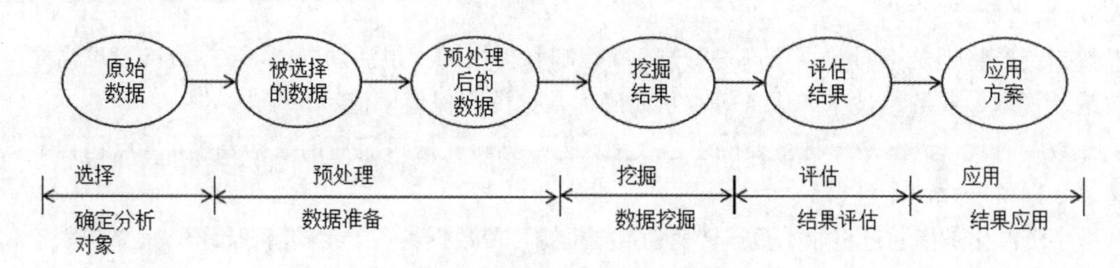

图 6-3 数据挖掘流程图

3. 数据服务

数据服务主要包括数据目录服务、数据查询与浏览及下载服务、数据分发服务。

4. 数据可视化

数据可视化主要运用计算机图形学和图像处理技术，将数据转换成图形或图像在屏幕上显示出来，并能进行交互处理。

可视化的表现方式也多种多样，主要可分为七类：一维数据可视化、二维数据可视化、三维数据可视化、多维数据可视化、时态数据可视化、层次数据可视化和网络数据可视化。

6.6 数据脱敏和分类分级

【基础知识点】

1. 数据脱敏

数据脱敏即对数据进行去隐私化处理，实现对敏感信息的保护，这样既能够有效利用数据，又能保证数据使用的安全性。

数据密级分为五个等级：L1（公开）、L2（保密）、L3（机密）、L4（绝密）和 L5（私密）。

数据脱敏方式包括可恢复与不可恢复两类。

数据脱敏原则主要包括算法不可逆原则、保持数据特征原则、保留引用完整性原则、规避融合风险原则、脱敏过程自动化原则和脱敏结果可重复原则等。

2. 数据分类

数据分类是根据内容的属性或特征，将数据按一定的原则和方法进行区分和归类，并建立起一定的分类体系和排列顺序。数据分类有分类对象和分类依据两个要素。

3. 数据分级

数据分级常用的分级维度有按特性分级、基于价值（公开、内部、重要核心等）、基于敏感程度（公开、秘密、机密、绝密等）、基于司法影响范围（境内、跨区、跨境等）等。

从国家数据安全角度出发，数据分级基本框架分为一般数据、重要数据、核心数据三个级别。

6.7 考点实练

1. 常见的数据备份策略中，（ ）是每次所备份的数据只是相对于上一次备份后改变的数据。

A. 完全备份 B. 增量备份 C. 差异备份 D. 新增备份

解析：常见的备份策略主要有三种：完全备份、差分（差异）备份和增量备份，详见本章表 6-2。

答案：B

2.（ ）是整个数据仓库系统的核心和真正关键。

A. 数据源 B. OLAP 服务器 C. 前端工具 D. 数据的存储与管理

解析：数据仓库通常由数据源、数据的存储与管理、OLAP 服务器、前端工具等组件构成。数据的存储与管理是整个数据仓库系统的核心和真正关键。

答案：D

3. 数据标准化的四个阶段分别为（ ）。

A. 确定数据需求、制定数据标准、批准数据标准、实施数据标准

B. 编制数据标准、审查数据标准、发布数据标准、实施数据标准

C. 确定数据需求、制定数据标准、审查数据标准、发布数据标准

D. 制定数据标准、批准数据标准、发布数据标准、实施数据标准

解析：数据标准化阶段的具体过程包括确定数据需求、制定数据标准、批准数据标准和实施数据标准四个阶段。

答案：A

第7章 软硬件系统集成

7.0 章节考点分析

第7章主要学习系统集成基础、基础设施基础、软件集成、业务应用集成等内容。

根据考试大纲，本章知识点单选题约占1～2分，本章内容属于基础知识范畴，考查的知识点多来源于教材，扩展内容较少。本章的架构如图7-1所示。

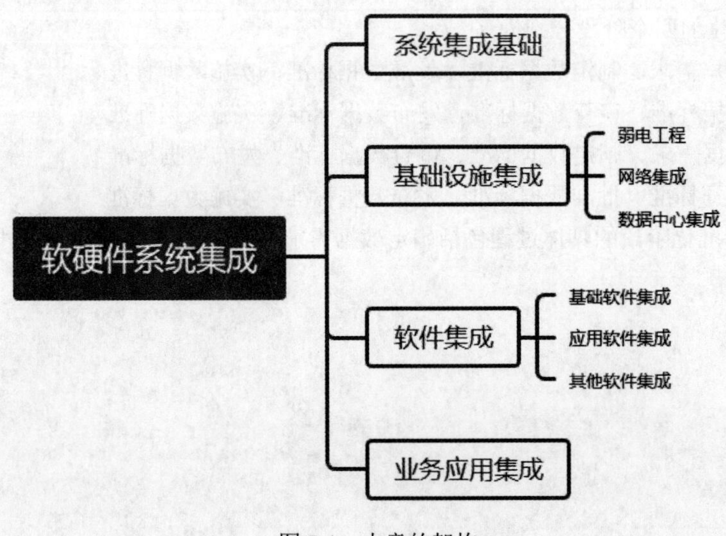

图7-1 本章的架构

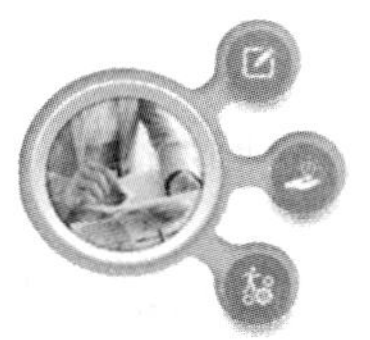

【导读小贴士】

本章的内容涉及从系统集成的认识到应用。随着信息化技术的不断发展和应用，软硬件系统集成将在更多的领域得到广泛应用和推广，因此需要大家掌握关于系统集成的相关内容。

7.1 系统集成基础

【基础知识点】

（1）概念：系统集成是在系统工程科学方法的指导下，根据对需求场景的分析和计算机软硬件开发的技术规范等，提出系统的、整体的解决方案。

（2）特点：①集成交付队伍庞大，且往往连续性不是很强；②设计人员高度专业化，且需要多元化的知识体系；③涉及众多承包商或服务组织，且普遍分散在多个地区；④通常需要研制或开发一定量的软硬件系统，尤其是信创产品和信创系统的适配与系统优化；⑤通常采用大量新技术、前沿技术，乃至颠覆性技术；⑥集成成果使用越来越友好，集成实施和运维往往变得更加复杂。

7.2 基础设施集成

1. 弱电工程

弱电一般指交流220V、50Hz以下的用电，是电力应用按照电力输送功率的强弱进行划分的一种方式。

信息系统涉及的弱电工程：电话通信系统，计算机局域网系统，音乐/广播系统，有线电视信号分配系统，视频监控系统，消防报警系统，出入口控制系统/一卡通系统，停车收费管理系统，楼宇自控系统，智能化系统。

2. 网络集成

计算机网络集成的一般体系框架通常包括网络传输子系统、交换子系统、网管子系统和安全子系统等。

3. 数据中心集成

数据中心集成通常包括数据中心基础设施、通信机房、计算中心、数据处理中心、分布式计算、电信设备、网络设备和安全设备等集成。

7.3 软件集成

软件是实现信息系统运行、互联互通、数据计算与管理的基础载体，是信息系统集成的直接执行者。

1. 基础软件集成

操作系统的功能主要包括：①进程管理；②存储管理；③设备管理；④文件管理；⑤作业管理。网络操作系统的基本功能包括：①数据共享；②设备共享；③文件管理；④名字服务；⑤网络安全；⑥网络管理；⑦系统容错；⑧网络互联；⑨应用软件。分布式操作系统是分布式计算系统配置的操作系统，它分布于系统的各台计算机上，能并行地处理用户的各种需求，有较强的容错能力。

虚拟化与安全对操作系统安全构成威胁的问题主要有系统漏洞、脆弱的登录认证方式、访问控制问题、计算机病毒、木马、系统后门、隐蔽通道、恶意程序和代码感染等。加强操作系统安全加固工作也是整个信息系统安全的基础。

数据库是按照数据结构来组织、存储和管理数据的仓库，是一个长期存储在计算机内的、有组织的、可共享的、统一管理的大量数据的集合。

中间件是独立的系统级软件，连接操作系统层和应用程序层，中间件一般提供通信支持、应用支持、公共服务等功能。中间件分为事务式中间件、过程式中间件、面向消息的中间件、面向对象的中间件、交易中间件、Web 应用服务器。

办公软件的集成工作主要涉及流式软件和版式软件。

2. 应用软件集成

应用软件集成就是根据软件需求，<u>把现有软件构件重新组合，以较低的成本、较高的效率实现目的要求的技术和集成方法。</u>

在软件集成的大背景下，出现了有代表性的软件构件标准，如公共对象请求代理结构（Common Object Request Broker Architecture，CORBA）、COM、DCOM 与 COM+、.NET、J2EE 应用架构等标准。

（1）CORBA。具有以下功能：对象请求代理（Object Request Broker，ORB）；对象服务；公共功能（Common Facility）；域接口（Domain Interface）；应用接口（Application Interface）。

（2）COM。具备了软件集成所需要的特征——面向对象、客户机/服务器、语言无关性、进程透明性和可重用性。

（3）DCOM 和 COM+。COM+的主要特性包括真正的异步通信、事件服务、可伸缩性、继承并发展了 MTS 的特性、可管理和可配置性、易于开发等。

（4）.NET。.NET 是基于一组开放的互联网协议推出的一系列的产品、技术和服务，开发者可以使用多种语言快速构建网络应用。.NET 开发框架如图 7-2 所示。

（5）J2EE。J2EE 架构是使用 Java 技术开发组织级应用的一种事实上的工业标准，J2EE 为搭建具有可伸缩性、灵活性、易维护性的组织系统提供了良好的机制。

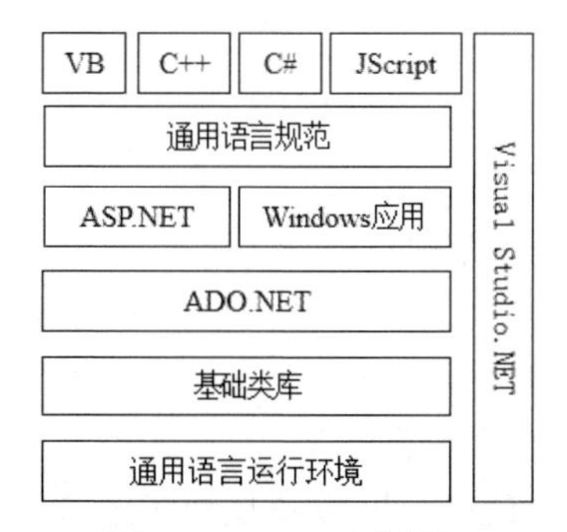

图 7-2 .NET 开发框架

J2EE 的体系结构可以分为客户端层、服务器端组件层、EJB 层和信息系统层。

3. 其他软件集成

其他软件集成通常包括针对外部设备驱动的集成适配和优化、安全软件的集成部署和管理、信息系统监控软件的集成部署和管理，以及运维软件的集成部署和管理等。

7.4 业务应用集成

业务应用集成或组织应用集成（EAI）是指将独立的软件应用连接起来，实现协同工作。借助应用集成，组织可以提高运营效率，实现工作流自动化。对业务应用集成的技术要求：①具有应用间的互操作性；②具有分布式环境中应用的可移植性；③具有系统中应用分布的透明性。

1. 业务应用集成的优势

业务应用集成可以给组织带来重要优势，主要包括：①共享信息，跨多个独立运维系统创建统一访问点，节省信息搜索时间；②提高敏捷性和效率：简化业务流程，提高整体运营效率；③简化软件使用，组织业务应用集成能够打造一个可以访问多个业务应用的统一界面，用户将无须学习不同的软件应用；④降低 IT 投资和成本，连接所有渠道和业务应用的流程，简化新旧系统的集成，减少初始和后续软件投资；⑤优化业务流程，一键访问业务应用中的近乎实时的数据，轻松利用机器人流程自动化和其他流程优化技术，推动工作流自动化。

2. 业务应用集成的发展历程

20 世纪 80 年代，组织开始利用技术连接本地业务应用。进入 21 世纪，基于云的软件即服务（Software as a Service，SaaS）应用问世。随着 API 的出现，组织能够通过互联网轻松整合数据，打破组织孤岛，利用来自更多数据源的数据获得更深入、更丰富的洞察。

3. 业务应用集成的工作原理

在信息化业务运营或日常工作开展过程中，当事件或数据发生变化时，业务应用集成会确保不同业务应用之间保持同步。

业务应用集成可以帮助协调连接各种业务应用的组件，包括应用编程接口（API）、事件驱动型操作、数据映射。

7.5 考点实练

1．关于系统集成的特点，以下说法错误的是（　　）。

A．集成交付队伍庞大

B．设计人员高度专业化

C．单个承包商或服务组织

D．集成成果使用越来越友好，集成实施和运维往往变得更加复杂

解析：系统集成的特点：①集成交付队伍庞大，且往往连续性不是很强；②设计人员高度专业化，且需要多元化的知识体系；③涉及众多承包商或服务组织，且普遍分散在多个地区；④通常需要研制或开发一定量的软硬件系统，尤其是信创产品和信创系统的适配与系统优化；⑤通常采用大量新技术、前沿技术，乃至颠覆性技术；⑥集成成果使用越来越友好，集成实施和运维往往变得更加复杂。

答案：C

2．下列选项中，（　　）不属于网络操作系统的功能。

A．数据共享　　B．文件管理　　C．作业管理　　D．名字服务

解析：网络操作系统的基本功能包括：数据共享、设备共享、文件管理、名字服务、网络安全、网络管理、系统容错、网络互联、应用软件。

答案：C

3．在应用软件集成活动中，以下不属于代表性的软件构件标准的是（　　）。

A.COBIT　　B.CORBA　　C.J2EE　　D.COM

解析：在软件集成的大背景下，出现了有代表性的软件构件标准，如公共对象请求代理结构（CORBA）、COM、DCOM 与 COM+、.NET、J2EE 应用架构等标准。

答案：A

第8章 信息安全工程

8.0 章节考点分析

第8章主要学习信息安全管理、信息安全系统、工程体系架构等内容。

根据考试大纲，本章知识点会涉及单项选择题，按以往全国计算机技术与软件专业技术资格考试的出题规律，上午单选题约占2～3分，本章内容属于基础知识范畴，考查的知识点多来源于教材，扩展内容较少。本章的架构如图8-1所示。

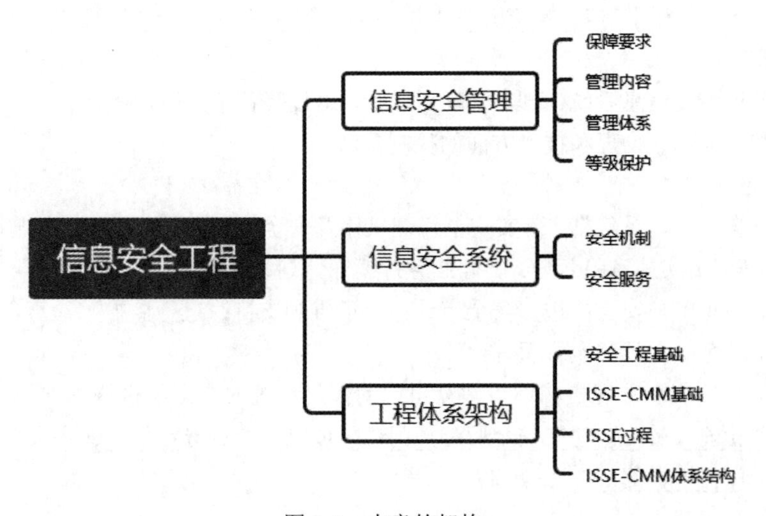

图8-1　本章的架构

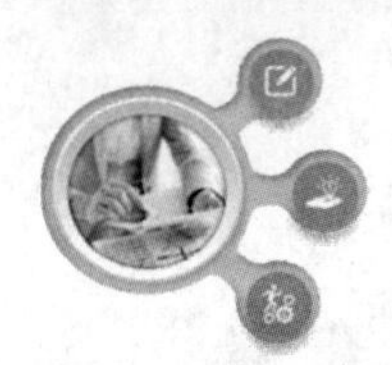

【导读小贴士】

新的时代对于信息的安全提出了更高的要求，信息安全的内涵也不断进行延伸和拓展。信息安全工程是一个复杂而重要的领域，需要具备扎实的理论知识和实践经验。

8.1 信息安全管理

【基础知识点】

通常用“三分技术、七分管理”来形容管理对于各项活动的重要性。信息安全管理贯穿信息安全的全过程，也贯穿信息系统的全生命周期。

1. 保障要求

网络与信息安全保障体系中的安全管理建设，需要满足以下五项原则：确保安全的总体目标和所遵循的原则；要明确责任部门，落实具体实施部门；做好信息资产分类与控制，达到员工安全、物理环境安全和业务连续性管理等；使用技术方法解决通信与操作的安全、访问控制、系统开发与维护，以支撑安全目标、安全策略和安全内容的实施；实施检查安全管理的措施与审计，主要用于检查安全措施的效果，评估安全措施执行的情况和实施效果。

成立安全运行组织，需要确保三个方面满足保障要求：安全运行组织应包括主管领导、信息中心和业务应用等相关部门，领导是核心，信息中心是实体，业务部门是使用者；安全管理制度要明确安全职责，制定安全管理细则；应急响应机制是主要由管理人员和技术人员共同参与的内部机制。

2. 管理内容

信息安全管理涉及信息系统治理、管理、运行、退役等各个方面，在 ISO/IEC 27000 系列标准中，给出了组织、人员、物理和技术方面的控制参考。

3. 管理体系

信息系统安全管理体系包括：落实安全管理机构及安全管理人员，明确角色与职责，制定安全规划；开发安全策略；实施风险管理；制订业务持续性计划和灾难恢复计划；选择与实施安全措施；保证配置、变更的正确与安全；进行安全审计；保证维护支持；进行监控、检查，处理安全事件；安全意识与安全教育；人员安全管理等。

不同安全等级的安全管理机构逐步建立自己的信息系统安全组织机构管理体系，参考步骤包括：①配备安全管理人员；②建立安全职能部门；③成立安全领导小组；④主要负责人出任领导；⑤建立信息安全保密管理部门。

4. 等级保护

“等保 2.0”将“信息系统安全”的概念扩展到了“网络安全”，其中，“网络”是指由计算机或者其他信息终端及相关设备组成的按照一定的规则和程序对信息进行收集、存储、传输、交换、处理的系统。

（1）安全保护等级划分。

第一级，信息系统受到破坏后，会对公民、法人和其他组织的合法权益造成损害，但不损害国家安全、社会秩序和公共利益。

第二级，信息系统受到破坏后，会对公民、法人和其他组织的合法权益产生严重损害，或者对社会秩序和公共利益造成损害，但不损害国家安全。

第三级，信息系统受到破坏后，会对社会秩序和公共利益造成严重损害，或者对国家安全造成损害。

第四级，信息系统受到破坏后，会对社会秩序和公共利益造成特别严重损害，或者对国家安全造成严重损害。

第五级，信息系统受到破坏后，会对国家安全造成特别严重损害。

（2）安全保护能力等级划分。

第一级安全保护能力：应能够防护免受来自个人的、拥有很少资源的威胁源发起的恶意攻击、一般的自然灾难。

第二级安全保护能力：应能够防护免受来自外部小型组织的、拥有少量资源的威胁源发起的恶意攻击、一般的自然灾难。

第三级安全保护能力：应能够在统一安全策略下防护免受来自外部有组织的团体、拥有较为丰富资源的威胁源发起的恶意攻击、较为严重的自然灾难。

第四级安全保护能力：应能够在统一安全策略下防护免受来自国家级别的、敌对组织的、拥有丰富资源的威胁源发起的恶意攻击、严重的自然灾难。

（3）“等保 2.0”的核心内容。等保 2.0 将风险评估、安全监测、通报预警、案事件调查、数据防护、灾难备份、应急处置、自主可控、供应链安全、效果评价、综治考核等重点措施全部纳入等级保护制度并实施；将网络基础设施、信息系统、网站、数据资源、云计算、物联网、移动互联网、工控系统、公众服务平台、智能设备等全部纳入等级保护和安全监管；将互联网企业的网络、系统、大数据等纳入等级保护管理，保护互联网企业健康发展。

（4）“等保 2.0”的技术变更。“等保 2.0”的技术变更包括：①物理和环境安全实质性变更；②网络和通信安全实质性变更；③设备和计算安全实质性变更；④应用和数据安全实质性变更。

（5）“等保 2.0”的管理变更。“等保 2.0”的管理变更主要包括：①安全策略和管理制度实质性变更；②安全管理机构和人员实质性变更；③安全建设管理实质性变更；④安全运维管理实质性变更。

（6）网络安全等级保护技术体系设计通用实践。由于形态不同的等级保护对象面临的威胁有所不同，安全保护需求也有所差异，为了便于描述对不同网络安全保护级别和不同形态的等级保护对象的共性化和个性化保护，基于通用和特定应用场景，说明等级保护安全技术体系设计的内容。

8.2 信息安全系统

信息安全系统是客观的、独立于业务应用信息系统而存在的信息系统。

我们用一个“宏观”三维空间图来反映信息安全系统的体系架构及其组成。*X* 轴是“安全机制”，*Y* 轴是“OSI 网络参考模型”，*Z* 轴是“安全服务”。

随着网络逐层扩展，这个空间不仅范围逐步加大，安全的内涵也更加丰富，具有认证、权限、完整、加密和不可否认五大要素，也称为“安全空间”的五大属性。

1. 安全机制

安全机制包含基础设施安全、平台安全、数据安全、通信安全、应用安全、运行安全、管理安全、授权和审计安全、安全防范体系等，具体见表 8-1。

表 8-1　安全机制的主要内容

分类	内容
基础设施安全	主要包括机房安全、场地安全、设施安全、动力系统安全、灾难预防与恢复等
平台安全	主要包括操作系统漏洞检测与修复、网络基础设施漏洞检测与修复、通用基础应用程序漏洞检测与修复、网络安全产品部署等
数据安全	数据安全主要包括介质与载体安全保护、数据访问控制、数据完整性、数据可用性、数据监控和审计、数据存储与备份安全等
通信安全	主要包括通信线路和网络基础设施安全性测试与优化、安装网络加密设施、设置通信加密软件、设置身份鉴别机制等
应用安全	主要包括业务软件的程序安全性测试（Bug 分析）、业务交往的防抵赖测试、业务资源的访问控制验证测试等
运行安全	主要包括应急处置机制和配套服务、网络系统安全性监测、网络安全产品运行监测、定期检查和评估、系统升级和补丁提供等
管理安全	主要包括人员管理、培训管理、应用系统管理、软件管理、设备管理、文档管理、数据管理、操作管理、运行管理、机房管理等
授权和审计安全	指以向用户和应用程序提供权限管理和授权服务为目标，主要负责向业务应用系统提供授权服务管理，提供用户身份到应用授权的映射功能
安全防范体系	组织安全防范体系的建立，就是使得组织具有较强的应急事件处理能力，其核心是实现组织信息安全资源的综合管理，即 EISRM

2. 安全服务

安全服务包括对等实体认证服务、访问控制服务、数据保密服务、数据完整性服务、数据源点认证服务、禁止否认服务和犯罪证据提供服务等。

对等实体认证服务用于两个开放系统同等层中的实体建立链接或数据传输时，对对方实体的合法性、真实性进行确认，以防假冒。

访问控制是指通信双方应该能够对通信的过程、通信的内容具有不同强度的控制能力，其目的在于保护信息免于被未经授权的实体访问，这是有效和高效通信的保障。

数据保密服务包括多种保密服务，为了防止网络中各系统之间的数据被截获或被非法存取而泄密，提供密码加密保护。

数据完整性服务用以防止非法实体对交换数据的修改、插入、删除以及在数据交换过程中的数据丢失。

8.3 工程体系架构

工程体系架构主要内容是确定系统和过程的安全风险，并且使安全风险降到最低或使其得到有效控制。

1. 安全工程基础

信息安全系统工程是整个信息系统工程的一部分，图 8-2 所示为信息系统、业务应用信息系统、信息安全系统、信息系统工程、业务应用信息系统工程、信息安全系统工程以及信息系统安全和信息系统安全工程之间的关系。

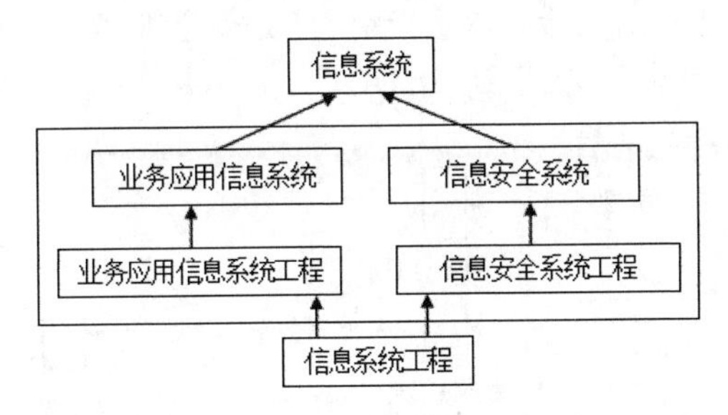

图 8-2 几个术语之间的关系

2. ISSE-CMM 基础

信息安全系统工程能力成熟度模型（ISSE Capability Maturity Model，ISSE-CMM）是一种衡量信息安全系统工程实施能力的方法，是使用面向工程过程的一种方法。ISSE-CMM 是建立在统计过程控制理论基础上的。

ISSE-CMM 模型是信息安全系统工程实施的度量标准，它覆盖了：①全生命周期，包括工程开发、运行、维护和终止；②管理、组织和工程活动等的组织；③与其他规范（如系统、软件、硬件、人的因素、测试工程、系统管理、运行和维护等）并行的相互作用；④与其他组织（包括获取、系统管理、认证、认可和评估组织）的相互作用。

3. ISSE 过程

一个组织的过程能力可帮助组织预见项目达到目标的能力，ISSE 过程的目标是提供一个框架，每个工程项目都可以对这个框架进行裁剪以符合自己特定产品或服务的需求。

ISSE 将信息安全系统工程实施过程分解为工程过程、风险过程和保证过程，它们相互独立又有着有机的联系。

（1）工程过程。信息安全系统工程过程与其他工程活动一样，是一个包括概念、设计、实现、测试、部署、运行、维护、退出的完整过程，如图 8-3 所示。

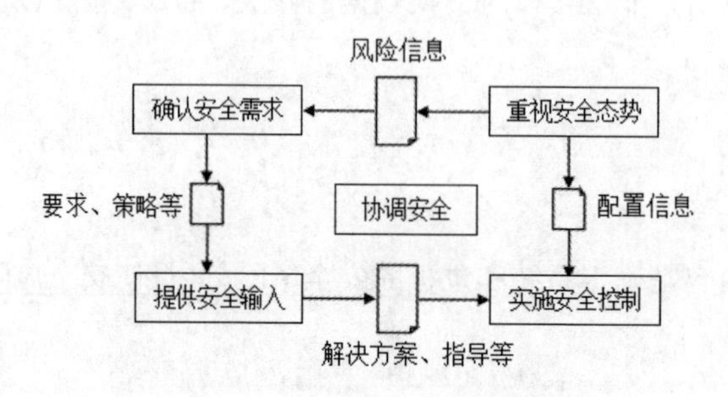

图 8-3　信息安全系统工程过程

（2）风险过程。一个有害事件由威胁、脆弱性和影响三个部分组成。脆弱性包括可被威胁利用的资产性质。如果不存在脆弱性和威胁，则不存在有害事件，也就不存在风险。风险管理是调查和量化风险的过程，并建立组织对风险的承受级别，它是安全管理的一个重要部分。风险管理过程如图 8-4 所示。

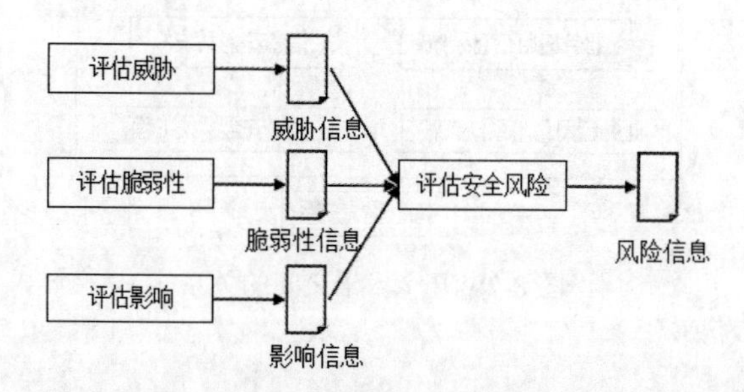

图 8-4　信息安全系统风险管理过程

（3）保证过程。保证过程是指安全需求得到满足的可信程度，它是信息安全系统工程非常重要的部分。保证过程如图 8-5 所示。

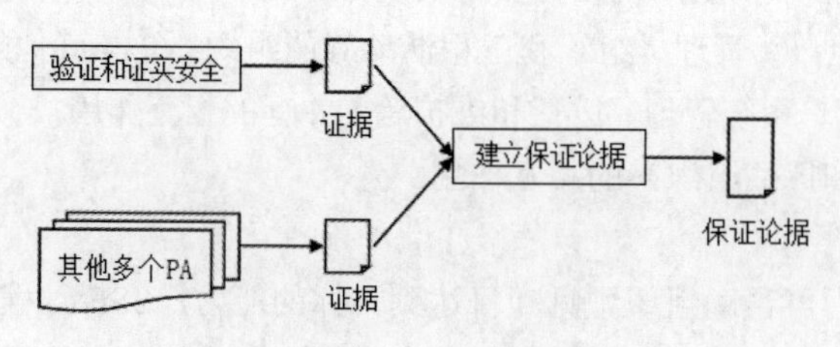

图 8-5　信息安全系统保证过程

第 8 章

4. ISSE-CMM 体系结构

ISSE-CMM 的体系结构可以在整个信息安全系统工程范围内决定信息安全工程组织的成熟性。

该模型采用两维设计，其中的一维是“域”，另一维是“能力”。

（1）域维/安全工程过程域。域维汇集了定义信息安全系统工程的所有实施活动，这些实施活动被称为过程域。

一个过程域基本实施的特性包括：应用于整个组织生命周期；和其他 BP 互相不覆盖；代表安全业界“最好的实施”；不是简单地反映当前技术；可在业务环境下以多种方法使用；不指定特定的方法或工具。

（2）能力维/公共特性。能力维代表组织能力，它由过程管理能力和制度化能力构成，这些实施活动被称作公共特性，可在广泛的域中应用。执行一个公共特性是一个组织能力的标志。通用实施由被称为公共特性的逻辑域组成。

公共特性分为五个级别，依次表示增强的组织能力。与域维的基本实施不同的是，能力维的通用实施按其成熟性排序，因此高级别的通用实施位于能力维的高端。公共特性的成熟度等级定义见表 8-2。

表 8-2 公共特性的成熟度等级定义

级别	公共特性
1.非正式实施级	执行基本实施
2.规划与跟踪级	规划执行
	验证执行
	跟踪执行
3.充分定义级	定义标准化过程
	执行已定义的过程
	协调安全实施
4.量化控制级	建立可测度的质量目标
	对执行情况实施客观管理
5.持续改进级	改进组织能力
	改进过程的效能

（3）能力级别。能力级别代表工程组织的成熟度级别的五级模型，如图 8-6 所示。

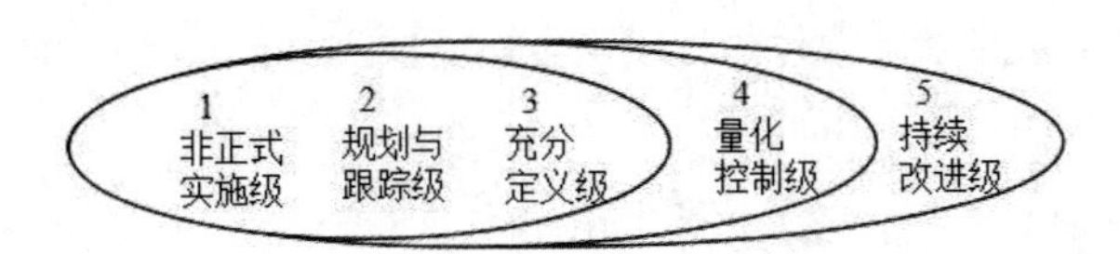

图 8-6 能力级别代表工程组织的成熟度级别的五级模型

8.4 考点实练

1．信息系统受到破坏后，会对公民、法人和其他组织的合法权益产生严重损害，或者对社会秩序和公共利益造成损害，但不损害国家安全，属于安全保护等级的（　　）。

A．第一级　　B．第二级　　C．第三级　　D．第四级

解析：第一级，信息系统受到破坏后，会对公民、法人和其他组织的合法权益造成损害，但不损害国家安全、社会秩序和公共利益。第二级，信息系统受到破坏后，会对公民、法人和其他组织的合法权益产生严重损害，或者对社会秩序和公共利益造成损害，但不损害国家安全。第三级，信息系统受到破坏后，会对社会秩序和公共利益造成严重损害，或者对国家安全造成损害。第四级，信息系统受到破坏后，会对社会秩序和公共利益造成特别严重损害，或者对国家安全造成严重损害。第五级，信息系统受到破坏后，会对国家安全造成特别严重损害。

答案：B

2．在 ISO/IEC 27000 系列标准中，给出了组织、（　　）、物理和技术方面的控制参考。

A．计划　　B．安全　　C．人员　　D．责任

解析：在 ISO/IEC 27000 系列标准中，给出了组织、人员、物理和技术方面的控制参考。

答案：C

3．（　　）是一个包括概念、设计、实现、测试、部署、运行、维护、退出的完整过程。

A．工程过程　　B．风险过程　　C．保证过程　　D．维护过程

解析：信息安全系统工程过程与其他工程活动一样，是一个包括概念、设计、实现、测试、部署、运行、维护、退出的完整过程。

答案：A

4．（　　）不属于基础设施实体安全。

A．机房安全　　B．场地安全　　C．动力系统安全　　D．数据安全

解析：基础设施安全主要包括机房安全、场地安全、设施安全、动力系统安全、灾难预防与恢复等。

答案：D

5．（　　）主要包括业务软件的程序安全性测试（Bug 分析）、业务交往的防抵赖测试、业务资源的访问控制验证测试等。

A．平台安全　　B．应用安全　　C．运行安全　　D．管理安全

解析：应用安全主要包括业务软件的程序安全性测试（Bug 分析）、业务交往的防抵赖测试、业务资源的访问控制验证测试等。

答案：B

第9章 项目管理概论

9.0 章节考点分析

第 9 章主要学习 PMBOK 的发展、项目基本要素、项目经理的角色、项目生命周期和项目阶段、项目立项管理、项目管理过程组、项目管理原则、项目管理知识领域、价值交付系统等内容。

根据考试大纲，本章知识点会涉及单项选择题、下午案例分析题和论文，按以往全国计算机技术与软件专业技术资格（水平）考试的出题规律在上午试题中约占 3～4 分。本章内容属于基础知识范畴，考查的知识点既来源于教材，也有少量扩展内容。本章的架构如图 9-1 所示。

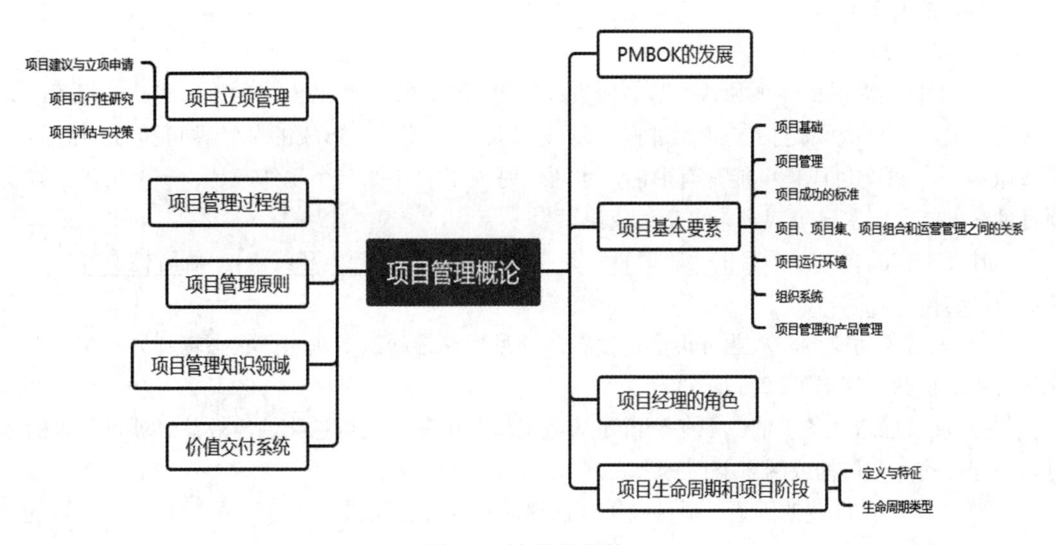

图 9-1　本章的架构

【导读小贴士】

项目管理知识是本书的重中之重，本章的知识则是项目管理知识的一个引言和概论。从本章开始，知识内容将从技术转向管理，因此本章内容也是全书的一个过渡和桥梁。读者将学习到项目、项目集、项目组合和运营的基础知识，后面将会对这些知识逐渐展开，所以认真学习本章内容对后面的学习有非常重要的作用。

9.1 PMBOK 的发展

【基础知识点】

1. 定义

项目管理知识体系（Project Management Body of Knowledge，PMBOK）是由美国项目管理协会开发的一套描述项目管理专业范围的知识体系，包含了对项目管理所需的知识、技能和工具的描述。

2. 最近各版本变化

（1）PMBOK6 首次将“敏捷”内容纳入正文，增加新实践、裁剪和敏捷考虑因素。

（2）PMBOK7 增加了 8 个绩效域，增加 12 个项目管理原则，体现了各种开发方法。

9.2 项目基本要素

【基础知识点】

1. 项目基础

（1）项目是为提供一项独特产品、服务或成果所做的临时性努力。独特的产品、服务或成果的含义：①可交付成果是指在某一过程、阶段或项目完成时，形成的独特并可验证的产品、成果或服务；②可交付成果可能是有形的，也可能是无形的，如一个软件产品、一份报告；③实现项目目标可能会产生一个或多个可交付成果。

临时性工作的含义：项目的“临时性”是指项目有明确的起点和终点；“临时性”并不一定意味着项目的持续时间短。

（2）项目驱动变更。从业务价值角度看，项目旨在推动组织从一个状态转到另一个状态，从而达成特定目标，获得更高的业务价值。

（3）项目创造业务价值。业务价值是从组织运营中获得的可量化的净效益。项目带来的效益可以是有形的、无形的或两者兼而有之。

（4）促成项目创建的因素。项目应符合法律法规或社会需求，满足干系人要求或需求，创造、改进或修复产品、过程或服务，执行、变更业务或技术战略。

2. 项目管理

项目管理就是将知识、技能、工具与技术应用于项目活动，以满足项目的要求。通过合理地应用并整合特定的项目管理过程，项目管理使组织能够有效并高效地开展项目。

项目管理不善或缺失的后果：项目超过时限、项目成本超支、项目质量低劣、返工、项目范围失控、组织声誉受损、干系人不满意、无法达成目标等。

3. 项目成功的标准

项目成功可能涉及与组织战略和业务成果交付相关的标准与目标，包括：①完成项目效益管理计划；②达到可行性研究与论证中记录的已商定的财务测量指标，这些财务测量指标可能包括：净现值（NPV）、投资回报率（ROI）、内部报酬率（IRR）、回收期（PBP）和效益成本比率（BCR）；③达到可行性研究与论证的非财务目标；④组织从“当前状态”成功转移到“将来状态”；⑤履行合同条款和条件；⑥达到组织战略、目的和目标，使干系人满意；⑦可接受的客户/最终用户的采纳度；⑧将可交付成果整合到组织的运营环境中；⑨满足商定的交付质量；⑩遵循治理规则；⑪满足商定的其他成功标准或准则（例如，过程产出率）等。

4. 项目、项目集、项目组合和运营管理之间的关系

项目集是一组相互关联且被协调管理的项目、子项目集和项目集活动，目的是为了获得分别管理无法获得的利益。项目集不是大项目。项目集管理就是在项目集中应用知识、技能、工具和技术来满足项目集的要求，获得分别管理各项目集组件所无法实现的收益和控制。

项目组合是指为实现战略目标而组合在一起管理的项目、项目集、子项目组合和运营工作。项目组合管理是指为了实现战略目标而对一个或多个项目组合进行的集中管理。

项目组合中的项目集或项目不一定存在彼此依赖或直接相关的关联关系。项目组合、项目集、项目和运营在特定情况下是相互关联的，如图 9-2 所示。

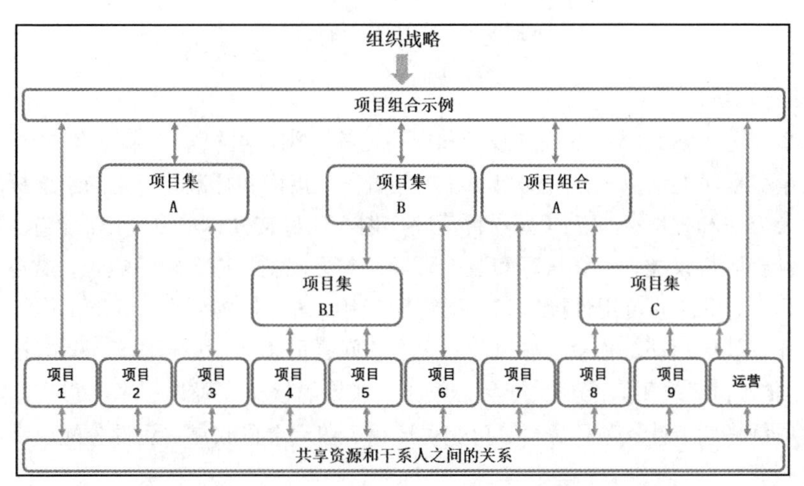

图 9-2 项目组合、项目集、项目和运营的相互关联

从组织的角度看，项目和项目集管理的重点在于以“正确”的方式开展项目集和项目，即“正

确地做事”。项目组合管理则注重于开展“正确”的项目集和项目，即“做正确的事”。

项目组合管理的目的：①指导组织的投资决策；②选择项目集与项目的最佳组合方式，以达成战略目标；③提供决策透明度；④确定团队资源分配的优先级；⑤提高实现预期投资回报的可能性；⑥集中管理所有组成部分的综合风险；⑦确定项目组合是否符合组织战略。

运营管理关注产品的持续生产、服务的持续提供。运营管理使用最优资源满足客户要求，以保证组织或业务持续高效地运行。运营管理重点管理是把输入（如材料、零件、能源和人力）转变为输出（如产品、服务）的过程。

项目组合、项目集与项目都需要符合组织战略，由组织战略驱动，并以不同的方式服务于战略目标的实现，组织级项目管理如图9-3所示。

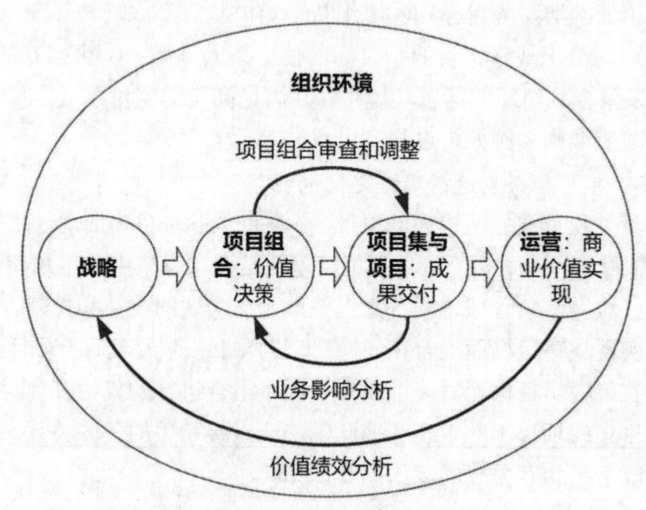

图9-3　组织级项目管理

5. 项目运行环境

组织过程资产分为两大类：过程、政策和程序为第一类，组织知识库为第二类。

过程、政策和程序类重点关注：①启动和规划阶段：指南和标准、特定的组织标准、产品和项目生命周期以及方法和程序、模板（如项目管理计划、项目文件、项目登记册等）、预先批准的供应商清单和各种合同协议类型；②执行和监控阶段：变更控制程序、跟踪矩阵、财务控制程序、问题与缺陷管理程序、资源的可用性控制和分配管理、组织对沟通的要求、确定工作优先顺序和批准工作与签发工作授权的程序、模板（如风险登记册、问题日志和变更日志）、标准化的指南/工作指示/建议书评价准则和绩效测量准则、产品、服务或成果的核实和确认程序。③收尾阶段：收尾指南或要求（如项目终期审计、项目评价、可交付成果验收、合同收尾、资源分配，以及向生产或运营部门转移知识）。

组织知识库类重点关注：①配置管理知识库；②财务数据库；③历史信息；④经验教训知识库；⑤问题与缺陷管理数据库；⑥测量指标数据库；⑦以往项目的项目档案。

6. 组织系统

组织内多种因素的交互影响创造出一个独特的组织系统，该组织系统会影响项目的运行，并决定了组织系统内部人员的权力、影响力、利益、能力等，包括治理框架、管理要素和组织结构类型。

治理框架是在组织内行使职权的框架，包括规则、政策、程序、规范、关系、系统和过程。

管理要素是组织内部关键职能部门或一般管理原则的组成部分。

不存在适用于所有组织的通用的结构类型，特定组织最终选取和采用的组织结构具有各自的独特性，见表9-1。

表9-1 常见的组织结构类型的特征

组织结构类型	项目特征					
	工作安排人	项目经理批准	项目经理的角色	资源可用性	项目预算管理人	项目管理人员
系统型或简单型	灵活；人员并肩工作	极少或无	兼职；工作角色（如协调员）指定与否不限	极少或无	负责人或操作员	极少或无
职能（集中式）	正在进行的工作（例如，设计、制造）	极少或无	兼职；工作角色（如协调员）指定与否不限	极少或无	职能经理	兼职
多部门（职能可复制，各部门几乎不会集中）	其中之一：产品、生产过程、项目组合、项目集、地理区域、客户类型	极少或无	兼职；工作角色（如协调员）指定与否不限	极少或无	职能经理	兼职
矩阵-强	按工作职能，项目经理作为一个职能	中到高	全职：指定工作角色	中到高	项目经理	全职
矩阵-弱	按工作职能	低	兼职：作为另一项工作的组成部分，并非指定工作角色，如协调员	低	职能经理	兼职
矩阵-均衡	按工作职能	低到中	兼职：作为一种技能的嵌入职能，不可以是指定工作角色（如协调员）	低到中	混合	兼职
项目导向（复合、混合）	项目	高到几乎全部	全职：指定工作角色	高到几乎全部	项目经理	全职
虚拟	网络架构，带有与他人联系的节点	低到中	全职或兼职	低到中	混合	全职或兼职
混合型	其他类型的混合	混合	混合	混合	混合	混合
PMO	其他类型的混合	高到几乎全部	全职：指定工作角色	高到几乎全部	项目经理	全职

项目管理办公室（PMO）是项目管理中常见的一种组织结构，PMO对与项目相关的治理过程进行标准化，并促进资源、方法论、工具和技术共享。

PMO 有如下几种类型：①支持型，PMO 担当顾问的角色，向项目提供模板、最佳实践、培训，以及来自其他项目的信息和经验教训，这种类型的 PMO 其实就是一个项目资源库，对项目的控制程度很低；②控制型，PMO 不仅给项目提供支持，而且通过各种手段要求项目服从，这种类型的 PMO 对项目的控制程度属于中等；③指令型，PMO 直接管理和控制项目，项目经理由 PMO 指定并向其报告，这种类型的 PMO 对项目的控制程度很高。

PMO还有可能承担整个组织范围的职责，在支持战略调整和创造组织价值方面发挥重要的作用。

7. 项目管理和产品管理

产品是指可量化生产的工件（包括服务及其组件）。产品既可以是最终制品，也可以是组件制品。

产品管理涉及将人员、数据、过程和业务系统整合，以便在整个产品生命周期中创建维护和开发产品（或服务）。

产品生命周期是指一个产品从引入、成长、成熟到衰退的整个演变过程的一系列阶段。

产品管理是项目集管理和项目管理的一个关键整合点，可以表现为如下形式之一：产品生命周期中包含项目集管理；产品生命周期中包含单个项目管理；项目集内的产品管理。

9.3 项目经理的角色

【基础知识点】

1. 项目经理的定义

项目经理是指由执行组织委派，领导团队实现项目目标的个人。项目经理的报告关系依据组织结构和项目治理而定。

2. 项目经理的技能

项目经理的技能包括：①掌握项目管理、商业环境、技术领域等方面的知识；②具备有效领导项目团队、协调项目工作、与干系人协作、解决问题和决策技能；③具备编制项目计划、管理项目工作、开展陈述和报告的能力；④成功管理项目的个性、态度、道德和领导力。

3. 成功的项目经理的衡量要素

成功的项目经理的衡量要素取决于项目目标的实现和干系人的满意程度。

9.4 项目生命周期和项目阶段

【基础知识点】

1. 定义与特征

项目生命周期指项目从启动到收尾所经历的一系列阶段。这些阶段之间的关系可以顺序、迭代或交叠进行。

项目的规模和复杂性各不相同，但所有项目都呈现包含启动项目、组织与准备、执行项目工作和结束项目四个项目阶段的通用的生命周期结构。通用的生命周期结构具有的特征：①成本与人力投入在开始时较低，在工作执行期间达到最高，并在项目快要结束时迅速回落；②风险与不确定性在项目开始时最大，并在项目的整个生命周期中随着决策的制定与可交付成果的验收而逐步降低；做出变更和纠正错误的成本，随着项目越来越接近完成而显著增高。

2. 生命周期类型

（1）预测型生命周期。又称为瀑布型生命周期（也包括后续的 V 模型）。预测型生命周期在生命周期的早期阶段确定项目范围、时间和成本，每个阶段只进行一次，每个阶段都侧重于某一特定类型的工作。这类项目会受益于前期的周详规划，但变更会导致某些阶段重复进行。适用于已经充分了解并明确确定需求的项目。

（2）迭代型生命周期。采用迭代型生命周期的项目范围通常在项目生命周期的早期确定，但时间及成本会随着项目团队对产品理解的不断深入而定期修改。适用于复杂、目标和范围不断变化，干系人的需求需要经过与团队的多次互动、修改、补充、完善后才能满足的项目。

（3）增量型生命周期。采用增量型生命周期的项目通过在预定的时间区间内渐进增加产品功能的一系列迭代来产出可交付成果。适用于项目需求和范围难以确定，最终的产品、服务或成果将经历多次较小增量改进最终满足要求。

（4）适应型生命周期。采用适应型开发方法的项目又称敏捷型或变更驱动型项目。适应型项目生命周期的特点是先基于初始需求制定一套高层级计划，再逐渐把需求细化到适合特定规划周期所需的详细程度。适合于需求不确定，不断发展变化的项目。

（5）混合型生命周期。混合型生命周期是预测型生命周期和适应型生命周期的组合。

生命周期之间的联系与区别见表 9-2。

表 9-2 生命周期之间的联系与区别

预测型	迭代型与增量型	适应型
需求在开发前预先确定	需求在交付期间定期细化	需求在交付期间频繁细化
针对最终可交付成果制订交付计划，然后在项目结束时一次交付最终产品	分次交付整体项目或产品的各个子集	频繁交付对客户有价值的各个子集
尽量限制变更	定期把变更融入项目	在交付期间实时把变更融入项目
关键干系人在特定里程碑点参与	关键干系人定期参与	关键干系人持续参与
通过对基本已知的情况编制详细计划来控制风险和成本	通过用新信息逐渐细化计划来控制风险和成本	随着需求和制约因素的显现而控制风险和成本

9.5 项目立项管理

【基础知识点】

1. 项目建议与立项申请

立项申请，又称项目建议书，是项目建设单位向上级主管部门提交项目申请时所必需的文件，是该项目建设单位或项目法人，根据各种情况，提出的某一具体项目的建议文件，是对拟建项目提出的框架性的总体设想。项目建议书是国家或上级主管部门选择项目的依据，也是可行性研究的依据，涉及利用外资的项目，在项目建议书批准后，方可开展对外工作。

项目建议书的内容包括：①项目的必要性；②项目的市场预测；③产品方案或服务的市场预测；④项目建设必需的条件。

2. 项目可行性研究

可行性研究是在项目建议书批准后，从技术、经济、社会和人员等方面的条件和情况进行调查研究，对可能的技术方案进行论证，以最终确定整个项目是否可行。可行性研究是为项目决策提供依据的一种综合性的分析方法，可行性研究具有预见性、公正性、可靠性、科学性的特点。

（1）可行性研究的内容。

1）技术可行性分析。技术可行性分析是指在当前的技术、产品条件限制下，能否利用现在拥有的以及可能拥有的技术能力、产品功能、人力资源来实现项目的目标、功能、性能，能否在规定的时间期限内完成整个项目。技术可行性分析一般应当考虑的因素包括：进行项目开发的风险；人力资源的有效性；技术能力的可能性；物资（产品）的可用性。技术可行性分析往往决定了项目的方向。

2）经济可行性分析。经济可行性分析主要是对整个项目的投资及所产生的经济效益进行分析，具体包括支出分析、收益分析、收益投资比、投资回报分析以及敏感性分析等。①支出分析：信息系统项目的支出可以分为一次性支出和非一次性支出两类。一次性支出包括开发费、培训费、差旅费、初始数据录入、设备购置费等费用，非一次性支出包括软、硬件租金，人员工资及福利，水电等公用设施使用费，以及其他消耗品支出等。②收益分析：信息系统项目收益包括直接收益、间接收益以及其他方面的收益等。直接收益指通过项目实施获得的直接经济效益，如销售项目产品的收入，间接收益指通过项目实施，通过间接方式获得的收益，如成本的降低。③收益投资比、投资回收期分析：对投入产出进行对比分析，以确定项目的收益率和投资回收期等经济指标。④敏感性分析：当诸如设备和软件配置、处理速度要求、系统的工作负荷类型和负荷量等关键性因素变化时，对支出和收益产生影响的估计。

3）社会效益可行性分析。针对面向公共服务领域的项目，其社会效益往往是可行性分析的关注重点。社会效益分析分为两方面：①对组织内部（品牌效益、竞争力效益、技术创新效益、人员提升收益、管理提升效益）；②对社会发展（公共效益、文化效益、环境效益、社会责任感效益、其他收益）。

4）运行环境可行性分析。运行环境是制约信息系统发挥效益的关键。从用户的管理体制、管理方法、规章制度、工作习惯、人员素质（甚至包括人员的心理承受能力、接受新知识和技能的积极性等）、数据资源积累、基础软硬件平台等多方面进行评估，以确定软件系统在交付以后，是否能够在用户现场顺利运行。

5）其他方面的可行性分析。诸如法律可行性、政策可行性等方面的可行性分析。

（2）初步可行性研究。

1）初步可行性研究的定义。初步可行性研究一般是在对市场或者客户情况进行调查后，对项目进行的初步评估。可以从以下方面进行衡量，以便决定是否开始详细可行性研究：①分析项目的前途，从而决定是否应该继续深入调查研究；②初步估计和确定项目中的关键技术及核心问题，以确定是否需要解决；③初步估计必须进行的辅助研究，以解决项目的核心问题，并判断是否具备必要的技术、实验、人力条件作为支持等。

2）辅助研究的目的和作用。辅助（功能）研究包括项目的一个或几个方面，但不是所有方面，并且只能作为初步可行性研究、详细可行性研究和大规模投资建议的前提或辅助。

辅助研究分类：对要设计开发的产品进行的市场研究、配件和投入物资的研究、试验室和中间工厂的试验、网络物理布局设计、规模的经济性研究、设备选择研究。

辅助研究进行的时间：在可研之前或同步进行、与初步可研分头同时进行、在初步可研之后进行。

辅助研究的费用：必须和项目可行性研究的费用一并考虑。

3）初步可行性研究的作用。如果对项目价值和收益等存在疑问，组织需要进行初步项目可行性研究来确定项目是否可行。初步可行性研究主要回答的问题包括：项目进行投资建设是否具有必要性；项目建设的周期是否合理且可接受；项目需要的人力、财力资源等是否可接受；项目的功能和目标是否可以实现；项目的经济效益、社会效益是否可以保证；项目从经济上、技术上是否合理等。

经过初步可行性研究，可以形成初步可行性研究报告，该报告虽然比详细可行性研究报告粗略，但是对项目已经有了全面的描述、分析和论证，可以作为正式的文献供项目决策参考，也可以成为进一步做详细可行性研究的基础。

4）初步可行性研究的主要内容。初步可行性研究的主要内容有需求与市场预测；设备与资源投入分析；空间布局，如网络规划、物理布局方案的选择；项目设计；项目进度安排；项目投资与成本估算。

初步可行性研究的结果及研究的主要内容基本与详细可行性研究相同。

（3）详细可行性研究。

1）定义。详细可行性研究是在项目决策前对与项目有关的技术、经济、法律、社会环境等方面的条件和情况，进行详尽的、系统的、全面地调查、研究和分析，对各种可能的技术方案进行详细的论证、比较，并对项目建设完成后所可能产生的经济、社会效益进行预测和评价，最终提交的可行性研究报告将成为进行项目评估和决策的依据。

2）依据。详细可行性研究的依据包括：①国民经济和社会发展的长期规划，地区的发展规划；②国家和地区的相关政策、法律、法规和制度；③项目主管部门对项目设计开发建设要求请示的批复；④项目建议书或者项目建议书批准后签订的意向性协议；⑤国家、地区、组织的信息化规划和标准；⑥市场调研分析报告；⑦技术、产品或工具的有关资料等。

3）原则。详细可行性研究的原则有科学性原则、客观性原则、公正性原则。

4）方法。详细可行性研究的方法有经济评价法、市场预测法、投资估算法和增量净效益法等。这里主要介绍投资估算法和增量净效益法。①投资估算法。投资费用一般包括固定资金及流动资金两大部分，固定资金中又分为设计开发费、设备费、场地费、安装费及项目管理费等。投资估算根据其进程或精确程度可分为数量性估算（即比例估算法）、研究性估算、预算性估算及投标估算的方法。②增量净效益法（有无比较法）。将有项目时的成本（效益）与无项目时的成本（效益）进行比较，求得两者差额即为增量成本（效益），这种方法称之为有无比较法。比传统的前后比较法更能准确地反映项目的真实成本和效益，因为前后比较法不考虑不上项目时的项目变化趋势。

5）内容。详细可行性研究的内容可以有简有繁，主要包括：①市场需求预测；②部件和投入的选择供应；③信息系统架构及技术方案的确定；④技术与设备选择；⑤网络物理布局设计；⑥投资、成本估算与资金筹措；⑦经济评价及综合分析。

3. 项目评估与决策

（1）定义。项目评估指在项目可行性研究的基础上，由第三方（国家、银行或有关机构）根据国家颁布的政策、法规、方法、参数和条例等，从国民经济与社会、组织业务等角度出发，对拟建项目建设的必要性、建设条件、生产条件、市场需求、工程技术、经济效益和社会效益等进行评价、分析和论证，进而判断其是否可行的一个评估过程。项目评估是项目投资前期进行决策管理的重要环节，其目的是审查项目可行性研究的可靠性、真实性和客观性，为银行的贷款决策或行政主管部门的审批决策提供科学依据。项目评估的最终成果是项目评估报告。

（2）依据。项目评估的依据包括：①项目建议书及其批准文件；②项目可行性研究报告；③报送单位的申请报告及主管部门的初审意见；④有关资源、配件、燃料、水、电、交通、通信、资金（包括外汇）等方面的协议文件；⑤必需的其他文件和资料。

（3）程序。项目评估工作一般可按以下程序进行：①成立评估小组；②开展调查研究；③分析与评估；④编写、讨论、修改评估报告；⑤召开专家论证会；⑥评估报告定稿并发布。

（4）项目评估报告大纲。项目评估报告大纲应包括项目概况、详细评估意见、总结和建议等内容。

9.6 项目管理过程组

【基础知识点】

项目管理过程组是为了达成项目的特定目标，对项目管理过程进行的逻辑上的分组。项目管理分为五大过程组：①启动过程组，定义并批准项目或阶段；②规划过程组，明确项目范围、优化目标，并为实现目标制订行动计划；③执行过程组，完成项目管理计划中确定的工作，以满足项目要求；④监控过程组，跟踪、审查和调整项目进展与绩效，识别变更并启动相应的变更；⑤收尾过程组，正式移交最终产品，完成或结束项目、阶段或合同。

适应型项目中的过程组则比较特殊：在启动过程组需要定期开展启动过程，频繁回顾和重新确认项目章程，以确保项目在最新的制约因素内朝最新的目标推进；在规划过程组先基于初始需求制订一套高层级的计划，再逐渐把需求细化到适合特定规划周期所需的详细程度；在执行过程组通过迭代对工作进行指导和管理，每次迭代都是在一个很短的固定时间段内开展工作；在监控过程组通过维护未完项的清单，对进展和绩效进行跟踪、审查和调整；在收尾过程组对工作进行优先级排序，以便首先完成最具业务价值的工作。

9.7 项目管理原则

项目管理原则包括：勤勉、尊重和关心他人；营造协作的项目团队环境；促进干系人有效参与；聚焦于价值；识别、评估和响应系统交互；展现领导力行为；根据环境进行裁剪；将质量融入到过程和成果中；驾驭复杂性；优化风险应对；拥抱适应性和韧性；为实现目标而驱动变革。

9.8 项目管理知识领域

项目管理通常使用十大知识领域，包括整合、范围、进度、成本、质量、资源、沟通、风险、采购、干系人的管理，具体见表 9-3。

表 9-3 项目管理 5 个过程组和 10 大知识领域

知识领域	过程组				
	启动过程组	规划过程组	执行过程组	监控过程组	收尾过程组
项目整合管理	制订项目章程	制订项目管理计划	指导与管理项目工作管理项目知识	监控项目工作实施整体变更控制	结束项目或阶段
项目范围管理		规划范围管理 收集需求 定义范围 建立 WBS		确认范围 控制范围	
项目进度管理		规划进度管理 定义活动 排列活动顺序 估算活动持续时间 制订进度计划		控制进度	
项目成本管理		规划成本管理 估算成本 制订预算		控制成本	
项目质量管理		规划质量管理	管理质量	控制质量	
资源管理		规划资源管理 估算活动资源	获取资源 建设团队 管理团队	控制资源	
项目沟通管理		规划沟通管理	管理沟通	监督沟通	

续表

知识领域	过程组				
	启动过程组	规划过程组	执行过程组	监控过程组	收尾过程组
项目风险管理		规划风险管理 识别风险 实施风险定性分析 实施风险定量分析 规划风险应对	实施风险应对	监督风险	
项目采购管理		规划采购管理	实施采购	控制采购	
项目干系人管理	识别干系人	规划干系人参与	管理干系人参与	监控干系人参与	

9.9 价值交付系统

价值交付系统描述了项目如何在系统内运作，为组织及其干系人创造价值。包括如何创造价值、价值交付组件和信息流，是组织内部环境的一部分。

项目创造价值的方式包括：创造满足客户或最终用户需要的新产品、服务或结果；做出积极的社会或环境贡献；提高效率、生产力、效果或响应能力；推动必要的变革，以促进组织向期望的未来状态过渡；维持以前的项目集、项目或业务运营所带来的收益等。

价值交付组件包括项目组合、项目集、项目、产品和运营的单独使用或组合。

当信息和信息反馈在所有价值交付组件之间以一致的方式共享时，价值交付系统最为有效。

9.10 考点实练

1．项目的临时性指的是（　）。

A．有明确的起点和终点　　B．临时起意

C．持续的时间短　　D．非正式的

解析：项目的“临时性”是指项目有明确的起点和终点。“临时性”并不一定意味着项目的持续时间短。

答案：A

2．关于项目、项目集、项目组合和运营管理之间的关系，错误的是（　）。

A．项目集是一组相互关联且被协调管理的项目、子项目集和项目集活动

B．项目集管理能获得分别管理各项目集组件所无法实现的收益和控制

C．项目组合管理是指为了实现战略目标而对一个或多个项目组合进行的集中管理

D．项目组合中的项目集或项目一定存在彼此依赖或直接相关的关联关系

解析：项目、项目集、项目组合和运营管理之间的关系：项目集是一组相互关联且被协调管理

的项目、子项目集和项目集活动，目的是为了获得分别管理无法获得的利益，项目集不是大项目；项目集管理就是在项目集中应用知识、技能、工具和技术来满足项目集的要求，获得分别管理各项目集组件所无法实现的收益和控制；项目组合是指为实现战略目标而组合在一起管理的项目、项目集、子项目组合和运营工作；项目组合管理是指为了实现战略目标而对一个或多个项目组合进行的集中管理；项目组合中的项目集或项目不一定存在彼此依赖或直接相关的关联关系；项目组合、项目集、项目和运营在特定情况下是相互关联的。

答案：D

3．关于项目生命周期的说法，正确的是（　　）。

A．预测型生命周期能预测项目的变化

B．迭代型生命周期每一次迭代均需要修订范围

C．增量型生命周期通过多次增量改进最终满足项目要求

D．适应型生命周期适用于已经充分了解并明确确定需求的项目

解析：预测型生命周期又称为瀑布型生命周期（也包括后续的V模型）。预测型生命周期在生命周期的早期阶段确定项目范围、时间和成本，每个阶段只进行一次，每个阶段都侧重于某一特定类型的工作。这类项目会受益于前期的周详规划，但变更会导致某些阶段重复进行。适用于已经充分了解并明确确定需求的项目。

采用迭代型生命周期的项目范围通常在项目生命周期的早期确定，但时间及成本会随着项目团队对产品理解的不断深入而定期修改。适用于复杂、目标和范围不断变化，干系人的需求需要经过与团队的多次互动、修改、补充、完善后才能满足的项目。

采用增量型生命周期的项目通过在预定的时间区间内渐进增加产品功能的一系列迭代来产出可交付成果。适用于项目需求和范围难以确定，最终的产品、服务或成果将经历多次较小增量改进最终满足要求。

采用适应型开发方法的项目又称敏捷型或变更驱动型项目。适应型项目生命周期的特点是先基于初始需求制定一套高层级计划，再逐渐把需求细化到适合特定规划周期所需的详细程度。适合于需求不确定，不断发展变化的项目。

混合型生命周期是预测型生命周期和适应型生命周期的组合。

答案：C

第10章

启动过程组

10.0 章节考点分析

第10章主要学习启动过程组相关的内容，主要包含制订项目章程、识别干系人、启动过程组的重点工作方面的内容。

根据考试大纲，本章知识点会涉及单项选择题、案例分析题，其中单项选择题约占2～3分，案例分析题属于常考重点考点。这部分内容侧重于理解掌握。本章的架构如图10-1所示。

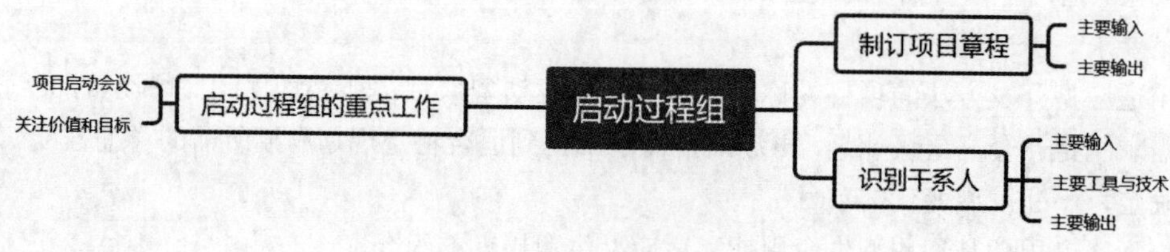

图10-1　本章的架构

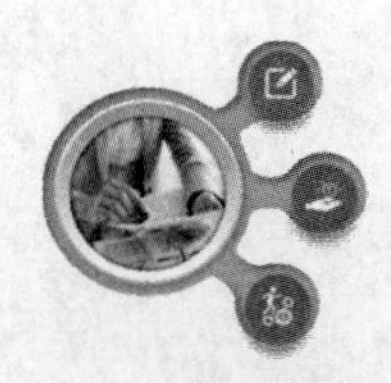

【导读小贴士】

启动过程组包括定义一个新项目或现有项目的一个阶段，授权开始该项目或阶段的一组过程。启动过程组包括两个过程，分别是项目整合管理中的“制订项目章程”和项目干系人管理中的“识别干系人”。

启动过程组的目的是协调各方干系人的期望与项目目的，告知各干系人项目范围和目标，并商讨他们对项目及相关阶段的参与将如何有助于实现其期望。启动过程组需要开展以下13类工作：①基于事业环境因素、组织过程资产和项目的前期准备资料(包括商业论证、效益管理计划和协议)，开展项目评估，来确认以前做出的关于项目可行性的商业论证结论仍然是合理可靠的；②在开展项目评估时，应该广泛征求干系人的意见，并与重要干系人一起分析项目效益，确认项目仍然符合组织战略，能够为组织实现拟定的变革，创造预期的商业价值；③明确为了实现变革和创造价值，项目必须在特定范围、进度、成本和质量要求下完成的关键可交付成果，这也有利于引导干系人（特别是客户）对项目抱有合理的期望；④分析整体项目风险，确认整体项目风险水平是可接受的；⑤分析项目合规性要求，制定项目合规目标；⑥识别项目的单个项目风险类别、主要制约因素和主要假设条件；⑦确定项目治理结构，组建项目治理委员会，并规定其权责；⑧初选适用的项目开发方法（预测型、敏捷型或混合型）；⑨提出项目执行的总体要求，如项目范围设计、里程碑进度计划、所需的财务资源估计；⑩对前述所有工作的成果进行整理、分析和提炼，编制出项目章程和假设日志，在这个过程中，应该保持与干系人的良好沟通，以便大家对项目章程和假设日志的内容达成一致意见；⑪获得项目发起人对项目章程的批准，以便项目正式立项，项目经理正式上任；⑫向干系人分发（可召开项目启动会）已批准的项目章程，确保他们理解项目的意义和目标，以及各自的角色和职责；⑬与已有的干系人一起，开展干系人识别和分析工作，编制出干系人登记册。

10.1 制订项目章程

【基础知识点】

制订项目章程是编写一份正式批准项目并授权项目经理在项目活动中使用组织资源的文件的过程。本过程仅开展一次或仅在项目的预定义时开展，主要作用包括：①明确项目与组织战略目标之间的直接联系；②确立项目的正式地位；③展示组织对项目的承诺。

1. 主要输入

（1）立项管理文件。立项管理阶段经批准的结果或相关的立项管理文件是用于制订项目章程的依据，一般包括项目建议书、可行性研究报告、项目评估报告等。

立项管理文件不是项目文件，项目经理不可以对它们进行更新或修改，只可以提出相关建议。立项管理文件需定期审核。

（2）协议。协议有多种形式，包括合同、谅解备忘录（MOUs）、服务水平协议（SLA）、协议书、意向书、口头协议或其他书面协议。

2. 主要输出

（1）项目章程。项目章程记录了关于项目和项目预期交付的产品、服务或成果的高层级信息，确保干系人在总体上就主要可交付成果、里程碑以及每个项目参与者的角色和职责达成共识，主要包括：①项目目的；②可测量的项目目标和相关的成功标准；③高层级需求；④高层级项目描述、边界定义以及主要可交付成果；⑤整体项目风险；⑥总体里程碑进度计划；⑦预先批准的财务资源；

⑧关键干系人名单；⑨项目审批要求（例如，评价项目成功的标准，由谁对项目成功下结论，由谁签署项目结束）；⑩项目退出标准（例如，在何种条件下才能关闭或取消项目或阶段）；⑪委派的项目经理及其职责和职权；⑫发起人或其他批准项目章程的人员的姓名和职权等。

（2）假设日志。假设日志用于记录整个项目生命周期中的所有假设条件和制约因素。在项目启动之前进行可行性研究和论证时，即开始识别高层级的战略和运营假设条件与制约因素。这些假设条件与制约因素应纳入项目章程。

10.2 识别干系人

项目干系人（Stakeholder）指参与项目实施活动或在项目完成后其利益会受到项目消极或积极影响的个人或组织。项目干系人也称为“利益干系人”或“利害关系者”，既包括其利益受到项目影响的个人或组织，也包括会对项目执行及其结果施加影响的个人或组织。项目团队应把干系人满意程度作为一个关键的项目目标来进行管理。

识别干系人不是启动阶段一次性的活动，而是在项目过程中根据需要在整个项目期间定期开展。识别干系人管理过程通常在编制和批准项目章程之前或同时首次开展，之后的项目生命周期过程中在必要时重复开展，至少应在每个阶段开始时，以及项目或组织出现重大变化时重复开展。每次重复开展识别干系人管理过程，都应通过查阅项目管理计划组件及项目文件，来识别有关的项目干系人。

在系统集成项目建设过程中，项目干系人的主要类别通常包括项目客户和用户、项目团队及成员、项目发起人、资源或职能部门、供应商，以及其他相关组织或个人等。

1. 主要输入

（1）项目管理计划。在首次识别干系人时，项目管理计划并不存在。不过，一旦项目管理计划编制完成，其中可作为识别干系人输入的组件主要包括沟通管理计划和干系人参与计划等。

（2）项目文件。可作为识别干系人过程输入的项目文件主要包括变更日志、问题日志和需求文件等。

变更日志可能引入新的干系人，或改变干系人与项目的现有关系的性质。问题日志所记录的问题可能为项目带来新的干系人，或改变现有干系人的参与类型。需求文件可以提供关于潜在干系人的信息。

2. 主要工具与技术

（1）数据收集。适用于识别干系人过程的数据收集技术主要包括问卷调查、头脑风暴等。

（2）数据分析。主要包括干系人分析和文件分析等。干系人的利害关系组合主要包括：兴趣、权利（合法权利和道德权利）、所有权、知识、贡献。

（3）数据表现。适用于识别干系人过程的数据表现技术是干系人映射分析和表现。干系人映射分析和表现是一种利用不同方法对干系人进行分类的技术。对干系人进行分类有助于团队与已识别的项目干系人建立关系。

常见的分类方法包括作用影响方格、干系人立方体、凸显模型、优先级排序和影响方向（四种方向：向上、向下、向外、横向）。

3. 主要输出

本过程的主要输出为干系人登记册。干系人登记册记录关于已识别干系人的信息，主要包括身份信息、评估信息和干系人分类等。 身份信息包括姓名、组织职位、地点、联系方式，以及在项目中扮演的角色。评估信息包括主要需求、期望、影响项目成果的潜力，以及干系人最能影响或冲击的项目生命周期阶段。干系人分类指用内部或外部，作用、影响、权力或利益，上级、下级、外围或横向，或者项目经理选择的其他分类模型，对干系人进行分类的结果等。

10.3 启动过程组的重点工作

1. 项目启动会议

项目启动会议是一个项目正式启动的工作会议，因此对项目的启动工作及后续工作开展非常重要。项目启动会议通常由项目经理负责组织和召开，也标志着对项目经理责权的定义结果的正式公布。

召开项目启动会议的主要目的在于使项目各方干系人明确项目的目标、范围、需求、背景及各自的职责与权限，正式公布项目章程。

项目启动会通常包括五个步骤：①确定会议目标，项目启动会议的具体目标包括建立干系人之间的初始沟通，相互了解，获得支持，对项目建设方案达成共识等；②会议准备，包括审阅项目文件，召开启动准备会议，明确关键议题，编制初步计划，编制人员和组织计划，开发团队工作环境，准备会议材料等；③识别参会人员，典型的项目启动会议都是由项目经理作为会议主持人，参与的人员包括项目发起人、组织高层领导、客户及用户代表、资源和职能部门负责人等干系人；④明确议题，包括采用的项目开发过程、项目产出物、项目资源和进度计划等；⑤进行会议记录，项目启动会议中需对项目的各方干系人职责、承诺事项及会议决议进行书面记录，这些会议记录可以作为档案留存，作为项目需求或承诺跟踪的依据，同时可以在项目收尾阶段进行总结和改进参考。

2. 关注价值和目标

项目是组织创造价值和效益的主要方式。

在项目启动阶段需根据项目预期价值的实现识别项目的目标，项目目标包括项目成果性目标和约束性目标。

项目的商业价值指特定项目的成果能够为项目干系人带来的效益。项目带来的效益可以是有形的、无形的或两者兼而有之：

有形效益的例子包括货币资产、股东权益、公共事业、固定设施、工具和市场份额等。

无形效益的例子包括商誉、品牌认知度、公共利益、商标、战略一致性和声誉等。

项目价值作为项目建设的最终衡量依据，应作为项目管理与监控的重要指导依据，在项目策划与监控过程中进行实时监控。

10.4 考点实练

1．在制订项目章程的过程中，关于章程制订活动的描述不正确的是（　　）。

A．项目章程是证明项目存在的正式书面说明和证明文件

B．制订项目章程的活动可以在项目进展过程中持续完善或多次开展

C．项目章程规定了项目范围，如质量、时间、成本和可交付成果的约束条件

D．制订项目章程的主要作用为明确项目与组织战略目标之间的直接联系，确立项目的正式地位，并展示组织对项目的承诺

解析：制订项目章程的过程仅开展一次或仅在项目的预定义时开展。

答案：B

2．以下关于项目章程的作用和内容的描述，不正确的是（　　）。

A．在执行外部项目时，通常需要用正式的合同来达成合作协议，此时不需要用项目章程来建立组织内部的合作关系

B．项目章程一旦被批准，就标志着项目的正式启动

C．项目应尽早确认并任命项目经理，最好在制订项目章程时就任命

D．项目章程授权项目经理规划、执行和控制项目

解析：在执行外部项目时，需要以项目章程来建立组织内部的合作关系，以确保正确交付合同内容。

答案：A

3．项目启动会议的步骤中，通常不包含（　　）。

A．确定会议目标　　B．识别参会人员

C．识别项目目标和价值　　D．进行会议记录

解析：项目启动会议通常包括五个步骤：确定会议目标、会议准备、识别参会人员、明确议题和进行会议记录。而识别项目目标和价值是启动过程组需要关注的重点工作，不是项目启动会议步骤的内容。

答案：C

第 11 章 规划过程组

11.0 章节考点分析

第 11 章主要学习规划过程组相关的内容，包括明确项目全部范围、定义和优化目标，并为实现目标制订行动方案的一组过程，规划过程组中的过程负责制订项目管理计划的各组成部分以及用于执行项目的项目文件。

规划过程组涉及了十大管理知识的所有领域，也是全书中篇幅最多、知识点最多的一章。根据考试大纲，本章知识点会涉及单项选择题、案例分析题、计算题，其中单项选择题约占 16～28 分，案例分析题出题点广泛，约占 9～17 分，由此可见本章的重要性。本章的架构如图 11-1 所示。

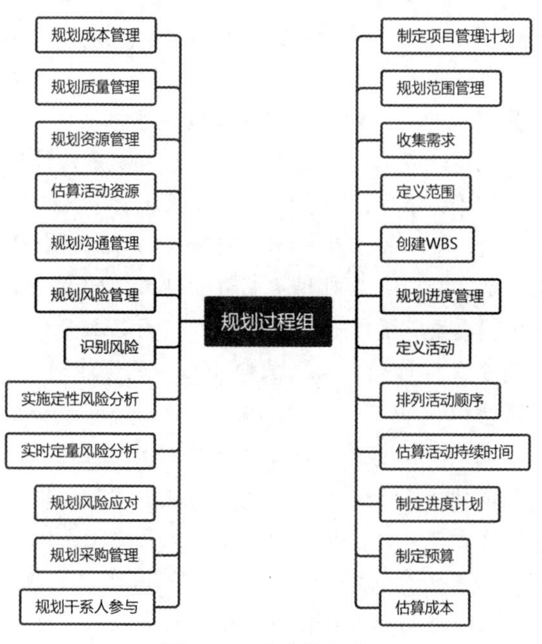

图 11-1　本章的架构

【导读小贴士】

规划过程组共包括了24个过程：项目整合管理中的“制订项目管理计划”，项目范围管理中的“规划范围管理”“收集需求”“定义范围”“创建 WBS”，项目进度管理中的“规划进度管理”“定义活动”“排列活动顺序”“估算活动持续时间”“制订进度计划”，项目成本管理中的“规划成本管理”“估算成本”“制订预算”，项目质量管理中的“规划质量管理”，项目资源管理中的“规划资源管理”“估算活动资源”，项目沟通管理中的“规划沟通管理”，项目风险管理中的“规划风险管理”“识别风险”“实施定性风险分析”“实施定量风险分析”“规划风险应对”，项目采购管理中的“规划采购管理”，项目干系人管理中的“规划干系人参与”。

规划过程组的主要作用是确定成功完成项目或阶段的行动方案，规划过程组需要开展以下15类主要工作：①通过规划管理过程，编制需求管理计划、范围管理计划、进度管理计划、成本管理计划、质量管理计划、风险管理计划、资源管理计划、沟通管理计划、采购管理计划和干系人参与计划；②通过制订项目管理计划过程，编制变更管理计划和配置管理计划，确定项目开发方法和项目生命周期类型；③根据需求管理计划和范围管理计划，编制范围目标计划，包括项目范围说明书、工作分解结构和WBS字典；④根据资源管理计划、范围目标计划以及其他相关信息，估算活动和项目所需的资源，得到资源需求；⑤根据进度管理计划、范围目标计划和资源需求，编制进度目标计划，包括里程碑进度计划、汇总进度计划和详细进度计划，以及相应的支持材料；⑥根据成本管理计划、范围目标计划、进度目标计划和资源需求，编制成本目标计划，包括成本估算、项目预算和项目资金需求；⑦根据质量管理计划、范围目标计划、进度目标计划和成本目标计划，编制质量目标计划，即质量测量指标；⑧根据范围管理计划、质量管理计划、资源管理计划，以及范围、进度、成本和质量目标计划，编制采购计划，包括采购策略、采购工作说明书、招标文件和供方选择标准等；⑨根据风险管理计划等其他各种管理计划和其他相关信息，对已编制出的范围、进度、成本和质量目标计划及采购计划进行风险识别和分析，并制订风险应对措施；⑩根据风险识别、分析和应对措施制订的结果，回头调整范围、进度、成本和质量目标计划及采购计划；⑪根据需要，反复开展上述第③步至第⑩步，直到得到现实可行、令人满意的范围、进度、成本和质量目标计划，以及采购计划和风险计划（风险登记册）；⑫把最终的项目范围说明书、工作分解结构和 WBS字典汇编在一起，报领导和主要干系人批准，得到范围基准。把最终的里程碑进度计划和汇总进度计划报领导和其他主要干系人批准，得到进度基准。把最终的项目预算报领导和其他主要干系人批准，得到成本基准；⑬把所有的分项管理计划和分项基准汇编在一起，形成项目管理计划，并报领导和其他主要干系人批准。把其他不属于项目管理计划的组成部分的内容（项目资金需求除外）归入“项目文件”或“采购文档”；⑭把项目资金需求报给项目发起人，以便他据此准备和提供资金；⑮召集项目开工会议，向干系人介绍项目计划和项目目标，获得干系人对项目的支持和参与，宣布项目正式进入执行阶段。

11.1 制订项目管理计划

【基础知识点】

制订项目管理计划是定义、准备和协调项目计划的所有组成部分，并把它们整合为一份综合项目管理计划的过程。本过程的主要作用是生成一份综合文件，用于确定所有项目工作的基础及其执行方式。本过程仅开展一次或仅在项目的预定义点开展。

1. 主要输入

（1）项目章程。项目团队把项目章程作为初始项目规划的起点。项目章程会根据其所包含的信息种类数量、项目的复杂程度和已知信息的不同而不同。但项目章程中至少会包含项目的高层级信息，供项目管理计划的各个组成部分进一步细化。

（2）其他知识领域规划过程的输出。创建项目管理计划需要整合诸多过程的输出。其他知识领域规划过程所输出的子计划和基准都是本过程的输入。此外，对这些子计划和基准的变更都可能导致对项目管理计划的相应更新。

（3）事业环境因素。事业环境因素主要包括：政府或行业标准（如产品标准、质量标准、安全标准和工艺标准）；法律法规要求和相关制约因素，垂直市场（如建筑）和专门领域（如环境、安全、风险或敏捷软件开发）的项目管理知识体系；组织的结构、文化、管理实践和可持续性；组织治理框架（通过安排人员、制定政策和确定过程，以结构化的方式实施控制、指导和协调，以实现组织的战略和目标）；基础设施（如现有的设施和固定资产）等。

（4）组织过程资产。组织过程资产主要包括：组织的标准政策、流程和程序，项目管理计划模板，变更控制程序（包括修改正式的组织标准、政策、计划、程序或项目文件，以及批准和确认变更所需遵循的步骤）；监督和报告方法、风险控制程序以及沟通要求；以往类似项目的相关信息（如范围、成本、进度与绩效测量基准，项目日历，项目进度网络图和风险登记册）；历史信息和经验教训知识库等。

2. 主要输出

本过程的主要输出是项目管理计划。

项目管理计划是说明项目执行、监控和收尾方式的一份文件，它整合并综合了所有知识领域的子管理计划和基准，以及管理项目所需的其他组件信息，项目管理计划的组件取决于项目的具体需求。项目管理计划组件主要包括子管理计划、基准和其他组件等。子管理计划包括：范围管理计划、需求管理计划、进度管理计划、成本管理计划、质量管理计划、资源管理计划、沟通管理计划、风险管理计划、采购管理计划、干系人参与计划；基准包括：范围基准、进度基准和成本基准；其他组件包括：变更管理计划、配置管理计划、绩效测量基准、项目生命周期、开发方法、管理审查等。

11.2 规划范围管理

【基础知识点】

规划范围管理是为记录如何定义、确认和控制项目范围及产品范围而创建范围管理计划的过程。本过程的主要作用是在整个项目期间对如何管理范围提供指南和方向。本过程仅开展一次或仅在项目的预定义点开展。

1. 主要输入

（1）质量管理计划。在项目中实施组织的质量政策、方法和标准的方式会影响管理项目和产品范围的方式。

（2）项目生命周期描述。定义了项目从开始到完成所经历的一系列阶段。

（3）开发方法。定义了项目是采用预测型、适应型还是混合型开发方法。

2. 主要输出

（1）范围管理计划。范围管理计划主要用于指导如下过程相关工作：制订项目范围说明书；根据详细项目范围说明书创建 WBS；确定如何审批和维护范围基准；正式验收已完成的项目可交付成果；根据项目需要，范围管理计划可以是正式的或非正式的，非常详细的或高度概括的。

（2）需求管理计划。需求管理计划的主要内容有：如何规划、跟踪和报告各种需求活动；配置管理活动，如如何启动变更，如何分析其影响，如何进行追溯、跟踪和报告，以及变更审批权限；需求优先级排序过程；测量指标及使用这些指标的理由；反映哪些需求属性将被列入跟踪矩阵等。

11.3 收集需求

【基础知识点】

收集需求是为实现目标而确定、记录并管理干系人的需要和需求的过程。本过程的主要作用是为定义产品范围和项目范围奠定基础。本过程仅开展一次或仅在项目的预定义点开展。

1. 主要输入

（1）项目管理计划。

1）范围管理计划。范围管理计划包含如何定义和制订项目范围的信息。

2）需求管理计划。需求管理计划包含如何收集、分析和记录项目需求的信息。

3）干系人参与计划。从干系人参与计划中了解干系人的沟通需求和参与程度，以便评估并适应干系人对需求活动的参与程度。

（2）项目文件。项目文件包含假设日志、经验教训登记册、干系人登记册。

假设日志识别了有关产品、项目、环境、干系人以及会影响需求的其他因素的假设条件。经验教训登记册提供了有效的需求收集技术，尤其针对使用敏捷或适应型产品开发方法的项目。干系人登记册用于了解哪些干系人能够提供需求方面的信息，及记录干系人对项目的需求和期望。

2. 主要工具与技术

（1）数据收集。数据收集技术主要包括：①头脑风暴，用来产生和收集对项目需求与产品需求的多种创意的技术；②访谈，通过与干系人直接交谈来获取信息的正式的或非正式的方法，典型做法是向被访者提出预设和即兴的问题，并记录他们的回答，访谈也可用于获取机密信息；③焦点小组，召集预定的干系人和主题专家，了解他们的期望和态度。由一位主持人引导大家进行互动式讨论。焦点小组往往比“一对一”的访谈更热烈；④问卷调查，指设计一系列书面问题，向众多受访者快速收集信息，非常适用于受众多样化、需要快速完成调查、受访者地理位置分散，并且适合开展统计分析的情况；⑤标杆对照，将实际或计划的产品、过程和实践与其他可比组织的实践进行比较，以便识别最佳实践，形成改进意见，并为绩效考核提供依据。标杆对照所采用的可比组织可以是内部的，也可以是外部的。

（2）数据分析。数据分析是指审核和评估任何相关的文件信息，包括协议，商业计划，业务流程或接口文档，业务规则库，现行流程，市场文献，问题日志，政策、程序或法规文件（如法律、准则、法令等），建议邀请书，用例等。

（3）决策。主要包括投票、独裁型决策制订和多标准决策分析等。

投票是一种为达成某种期望结果，而对未来多个行动方案进行评估的决策技术和过程。用于生成、归类和排序产品需求。独裁型决策制订是指由一个人负责为整个集体制订决策。多标准决策分析借助决策矩阵，用系统分析方法建立诸如风险水平、不确定性和价值收益等多种标准，以对众多创意进行评估和排序。

（4）数据表现。主要包括亲和图和思维导图。亲和图是用来对大量创意进行分组的技术，以便进一步审查和分析。思维导图把从头脑风暴中获得的创意整合成一张图，用以反映创意之间的共性与差异，激发新创意。

（5）人际关系与团队技能。主要包括名义小组技术、观察和交谈、引导等。

名义小组技术是一种结构化的头脑风暴形式，由四个步骤组成：①提出问题，成员写出想法；②主持人记录所有人的想法；③集体讨论各个想法，直到达成一个共识；④个人私下投票决出各种想法的优先排序，通常采用 5 分制，1 分最低，5 分最高。为减少想法数量、集中关注想法，可进行数轮投票。每轮投票后，都将清点选票，得分最高者被选出。

观察也称为“工作跟随”。

引导与主题研讨会结合使用，把主要干系人召集在一起定义产品需求。研讨会可用于快速定义跨职能需求并协调干系人的需求差异。与分别召开会议相比，研讨会能够更早发现并解决问题。

（6）系统交互图。是对产品范围的可视化描绘，可以直观显示业务系统与人和其他系统之间的交互方式。

（7）原型法。在实际制造预期产品之前，先造出该产品的模型，并据此征求对需求的早期反馈。它使得干系人可以体验最终产品的模型，而不是仅限于讨论抽象的需求描述。故事板是一种原型技术。

3. 主要输出

（1）需求文件。只有明确的（可测量和可测试的）、可跟踪的、完整的、相互协调的，且主要干系人愿意认可的需求，才能作为基准。把需求分成不同的类别，有利于对需求进行进一步完善和细化。需求的类别一般包括业务需求、干系人需求、解决方案需求、过渡和就绪需求、项目需求和质量需求等。

（2）需求跟踪矩阵。是把产品需求从其来源连接到能满足需求的可交付成果的一种表格。有助于确保需求文件中被批准的每项需求在项目结束的时候都能实现并交付。为管理产品范围变更提供了框架。跟踪需求的内容包括：①业务需要、机会、目的和目标；②项目目标；③项目范围和 WBS 可交付成果；④产品设计；⑤产品开发；⑥测试策略和测试场景；⑦高层级需求到详细需求等。

11.4 定义范围

【基础知识点】

定义范围是制订项目和产品详细描述的过程。本过程的主要作用是描述产品、服务或成果的边界和验收标准。本过程仅开展一次或仅在项目的预定义点开展。准备好详细的项目范围说明书对项目成功至关重要。应根据项目启动过程中记载的主要可交付成果、假设条件和制约因素来编制详细的项目范围说明书。

1. 主要输入

（1）项目管理计划。其中记录了如何定义、确认和控制项目范围。

（2）项目文件。本过程主要包括假设日志、需求文件和风险登记册。假设日志识别了有关产品、项目、环境、干系人以及会影响项目和产品范围的假设条件和制约因素。需求文件识别了应纳入范围的需求。风险登记册包含了可能影响项目范围的应对策略，如缩小或改变项目和产品范围，以规避或缓解风险。

2. 主要输出

本过程的主要输出是项目范围说明书。

项目范围说明书是对项目范围、主要可交付成果、假设条件和制约因素的描述。它记录了整个范围（包括项目和产品范围），详细描述了项目的可交付成果，代表项目干系人之间就项目范围所达成的共识。描述项目要做的和不要做的工作的详细程度，决定着项目管理团队控制整个项目范围的有效程度。

项目章程和项目范围说明书的内容存在一定程度的重叠，但详细程度完全不同。项目章程包含高层级的信息；而项目范围说明书则是对范围组成部分的详细描述，这些组成部分需要在项目过程中渐进细化。

详细的项目范围说明书包括：①产品范围描述，逐步细化项目章程和需求文件中所述的产品、服务或成果特征；②可交付成果，为完成某一过程、阶段或项目而必须产出的任何独特并可核实的产品、成果或服务能力，可交付成果也包括各种辅助成果，如项目管理报告和文件，对可交付成果的描述可略可详；③验收标准，可交付成果通过验收前必须满足的一系列条件；④项目的除外责任，识别排除在项目之外的内容，明确说明哪些内容不属于项目范围，有助于管理干系人的期望及减少范围蔓延。

11.5 创建 WBS

【基础知识点】

创建工作分解结构（WBS）是把项目可交付成果和项目工作分解为较小的、更易于管理的组件的过程。本过程的主要作用是为所要交付的内容提供架构。本过程仅开展一次或仅在项目的预定义点开展。

WBS 是对项目团队为实现项目目标、创建所需可交付成果而需要实施的全部工作范围的层级分解。WBS 组织并定义了项目的总范围，代表着经批准的当前项目范围说明书中所规定的工作。

WBS 最底层的组成部分称为工作包，其中包括计划的工作。“工作”是指作为活动结果的工作产品或可交付成果，而不是活动本身。

1. 主要输入

（1）项目管理计划。范围管理计划定义了如何根据项目范围说明书创建 WBS。

（2）项目文件。主要包括项目范围说明书和需求文件等。项目范围说明书描述了需要实施的工作，以及不包含在项目中的工作。需求文件详细描述了各种单一需求如何满足项目的业务需要。

2. 主要工具与技术

分解是一种把项目范围和项目可交付成果逐步划分为更小、更便于管理的组成部分的技术。分解的程度取决于所需的控制程度，以实现对项目的高效管理；工作包的详细程度则因项目规模和复杂程度而异。创建 WBS 常用的方法包括自上而下的方法、使用组织特定的指南和使用 WBS 模板。自下而上的方法可用于归并较低层次组件。

（1）分解活动。需开展的活动包括识别和分析可交付成果及相关工作、确定 WBS 的结构和编排方法、自上而下逐层细化分解、为 WBS 组成部分制定和分配标识编码、核实可交付成果分解的程度是否恰当。

（2）WBS 结构。WBS 的结构可以用多种样式：以项目生命周期的各阶段作为分解的第二层，把产品和项目可交付成果放在第三层；或以主要可交付成果作为分解的第二层。WBS 可以采用提纲式、组织结构图或能说明层级结构的其他形式。

工作分解得越细致，对工作的规划、管理和控制就越有力。但是，过细的分解会造成管理工作的无效耗费、资源使用效率低下、工作实施效率降低，同时造成 WBS 各层级的数据汇总困难。

滚动式规划技术：要在未来远期才完成的可交付成果或组件，当前可能无法分解。因而项目管理团队通常需要等待对该可交付成果或组成部分达成一致意见，才能够制订出 WBS 中的相应细节。

（3）分解过程的八个注意事项。①WBS 必须是面向可交付成果的。②WBS 必须符合项目的范围。100%原则（包含原则）认为，在 WBS 中，所有下一级的元素之和必须 100%代表上一级元素。③WBS 的底层应该支持计划和控制。④WBS 中的元素必须有人负责，而且只由一个人负责，也叫独立责任原则。⑤WBS 应控制在 4～6 层。若项目规模较大可能会超过 6 层，可将大项目分解成子项目，然后对子项目来做 WBS。一个工作单元只能从属于某个上层单元，避免交叉从属。每个级别的 WBS 将上一级的一个元素分为 4～7 个新的元素，同一级的元素的大小应该相似。⑥WBS 包括项目管理工作，也包括分包出去的工作。⑦WBS 的编制需要所有（主要）项目干系人的参与。⑧WBS 并非一成不变的。

3. 主要输出

本过程的主要输出是范围基准。

范围基准是经过批准的范围说明书、WBS 和相应的 WBS 字典，只有通过正式的变更控制程序才能进行变更，它被用作比较的基础。

范围基准是项目管理计划的组成部分，其中包括：①项目范围说明书（包括对项目范围、主要可交付成果、假设条件和制约因素的描述）。②WBS。③工作包（WBS 最低层级带有独特标识号的工作包，即账户编码。每个工作包都是控制账户的一部分，而控制账户则是一个管理控制点。控制账户包含两个或更多工作包，但每个工作包只与一个控制账户关联）。④规划包（低于控制账户而高于工作包的工作分解结构组件，工作内容已知，但详细的进度活动未知，一个控制账户可以包含一个或多个规划包）。⑤WBS 字典（内容一般包括账户编码标识、工作描述、假设条件和制约因素、负责的组织、进度里程碑、相关的进度活动、所需资源、成本估算、质量要求、验收标准、技术参考文献和协议信息等）等。

11.6 规划进度管理

【基础知识点】

规划进度管理是为规划、编制、管理、执行和控制项目进度而制定政策、程序和文档的过程。本过程的主要作用是为如何在整个项目期间管理项目进度提供指南和方向。本过程仅开展一次或仅在项目的预定义点开展。

1. 主要输入

规划进度管理过程使用的项目管理计划组件主要包括范围管理计划和开发方法等。

（1）范围管理计划。范围管理计划描述如何定义和制定范围，并提供有关如何制定进度计划的信息。

（2）开发方法。产品开发方法有助于定义进度计划方法、估算技术、进度计划编制工具以及用来控制进度的技术。

2. 主要输出

进度管理计划是项目管理计划的组成部分，为编制、监督和控制项目进度建立准则和明确活动要求。可以是正式的或非正式的，非常详细的或高度概括的，一般包括：

（1）项目进度模型。需要规定用于制订项目进度模型的进度规划方法论和工具。

（2）进度计划的发布和迭代长度。使用适应型生命周期时，应指定发布、规划和迭代的固定时间段。固定时间段指项目团队稳定地朝着目标前进的持续时间，它可以推动团队先处理基本功能，然后在时间允许的情况下再处理其他功能，从而尽可能减少范围蔓延。

（3）准确度。准确度定义了活动持续时间估算的可接受区间，以及允许的紧急情况储备。

（4）计量单位。需要规定每种资源的计量单位，如用于测量时间的人·时数、人·天数或周数，用于计量数量的米、升、吨、千米或立方米。

（5）WBS。工作分解结构（WBS）为进度管理计划提供了框架，保证了与估算及相应进度计划的协调性。

（6）项目进度模型维护。需要规定在项目执行期间，将如何在进度模型中更新项目状态，记录项目进展。

（7）控制临界值。需要规定偏差临界值，用于监督进度绩效。它是在需要采取某种措施前允许出现的最大差异。临界值通常用偏离基准计划中参数的某个百分数来表示。

（8）绩效测量规则。需要规定用于绩效测量的挣值管理（EVM）规则或其他规则。

（9）报告格式。需要规定各种进度报告的格式和编制频率。

11.7 定义活动

【基础知识点】

定义活动是识别和记录为完成项目可交付成果而需采取的具体行动的过程。主要作用是将工作包分解为进度活动，作为对项目工作进行进度估算、规划、执行、监督和控制的基础。本过程需要在整个项目期间开展。

1. 主要输入

本过程使用的项目管理计划组件主要包括进度管理计划和范围基准。

（1）进度管理计划。定义进度计划方法、滚动式规划的持续时间，以及管理工作所需的详细程度。

（2）范围基准。在定义活动时，需明确考虑范围基准中的项目 WBS、可交付成果、制约因素和假设条件。

2. 主要工具与技术

（1）分解。分解是一种把项目范围和项目可交付成果逐步划分为更小、更便于管理的组成部分的技术。

WBS 中的每个工作包都需分解成活动，以便通过这些活动来完成相应的可交付成果。WBS 和 WBS 字典是制订最终活动清单的基础。活动表示完成工作包所需的投入。定义活动过程的最终输出是活动，而不是可交付成果。

（2）滚动式规划。即详细规划近期要完成的工作，同时在较高层级上粗略规划远期工作。它是一种渐进明细的规划方式，适用于工作包、规划包。因此，在项目生命周期的不同阶段，工作的详细程度会有所不同。在早期的战略规划阶段，信息尚不够明确，工作包只能分解到已知的详细水平。而后，随着了解到更多的信息，近期即将实施的工作包就可以分解到具体的活动。

3. 主要输出

（1）活动清单。包含项目所需的进展活动。对于使用滚动式规划或敏捷技术的项目，活动清单会在项目进展过程中得到定期更新。活动清单包括每个活动的标识及工作范围详述，使项目团队成员知道需要完成什么工作。

（2）活动属性。是指每项活动所具有的多重属性，用来扩充对活动的描述。随着项目进展情况演进并更新，可用于识别开展工作的地点、编制开展活动的项目日历，以及指明相关的活动类型。还可用于编制进度计划。

（3）里程碑清单。是项目中的重要时点或事件，里程碑清单列出了项目所有的里程碑，并指明每个里程碑是强制性的还是选择性的。里程碑的持续时间为零，因为它们代表的只是一个重要时间点或事件。

11.8 排列活动顺序

【基础知识点】

排列活动顺序是识别和记录项目活动之间的关系的过程。本过程的主要作用是定义工作之间的逻辑顺序，以便在既定的所有项目制约因素下获得最高的效率。本过程需要在整个项目期间开展。

排列活动顺序过程旨在将项目活动列表转化为图表，作为发布进度基准的第一步。除了首尾两项，每项活动都至少有一项紧前活动和一项紧后活动。

1. 主要输入

（1）项目管理计划。本过程使用的项目管理计划组件主要包括进度管理计划和范围基准等。进度管理计划规定了排列活动顺序的方法和准确度，以及所需的其他标准。在排列活动顺序时，需明确考虑范围基准中的项目 WBS、可交付成果、制约因素和假设条件。

（2）项目文件。主要包括：①假设日志（记录的假设条件和制约因素可能影响活动排序的方式、活动之间的关系，以及对提前量和滞后量的需求，并且有可能生成一个会影响项目进度的风险）；②活动属性（可能描述了事件之间的必然顺序或确定的紧前或紧后关系，以及定义的提前量与滞后量，和活动之间的逻辑关系）；③活动清单（列出了项目所需的、待排序的全部进度活动，这些活动的依赖关系和其他制约因素会对活动排序产生影响）；④里程碑清单（其中可能列出了特定里程碑的实现日期，这可能影响活动排序的方式）。

2. 主要工具与技术

（1）紧前关系绘图法（Precedence Diagramming Method，PDM），又称前导图法。使用方框或者长方形（被称作节点）代表活动，节点之间用箭头连接，以显示节点之间的逻辑关系。这种网络图也被称作单代号网络图（只有节点需要编号）或活动节点图（Active On Node，AON）。

PDM 中的活动关系类型有四种：①完成到开始（FS），指只有紧前活动完成紧后活动才能开始的逻辑关系；②完成到完成（FF），指只有紧前活动完成紧后活动才能完成的逻辑关系；③开始到开始（SS），指只有紧前活动开始紧后活动才能开始的逻辑关系；④开始到完成（SF），指只有紧前活动开始，紧后活动才能完成的逻辑关系。

在前导图法中，每项活动有唯一的活动号，每项活动都注明了预计工期（活动的持续时间）。通常每个节点的活动会有如下几个时间：①最早开始时间（Earliest Start time，ES）；②最早完成时间（Earliest Finish time，EF）；③最迟开始时间（Latest Start time，LS）；④最迟完成时间（Latest Finish time，LF）。

虽然两个活动之间可能同时存在两种逻辑关系（例如 SS 和 FF），但不建议相同的活动之间存在多种关系。因此，必须做出影响最大的逻辑关系的决定。此外也不建议采用闭环的逻辑关系。

（2）箭线图法。箭线图法（Arrow Diagramming Method，ADM）是用箭线表示活动、用节点表示事件的一种网络图绘制方法。也被称作双代号网络图（节点和箭线都要编号）或活动箭线图（Active On the Arrow，AOA）。

箭线图的三个原则：①网络图中的每一项活动和每一个事件都必须有唯一的代号，即不会有相同的代号；②任两项活动的紧前事件和紧后事件代号至少有一个不相同，节点代号沿箭线方向越来越大；③流入（流出）同一节点的活动，均有共同的紧后活动（或紧前活动）。

为了绘图方便，在箭线图中又人为引入了一种额外的、特殊的活动，叫虚活动（Dummy Activity），在网络图中由虚箭线表示。虚活动不消耗时间，也不消耗资源，只是为了弥补箭线图在表达活动依赖关系方面的不足。

（3）提前量和滞后量。提前量是相对于紧前活动，紧后活动可以提前的时间量，提前量一般用负值表示。滞后量是相对于紧前活动，紧后活动需要推迟的时间量，滞后量一般用正值表示。

3. 主要输出

本过程的主要输出是项目进度网络图。

项目进度网络图是表示项目进度活动之间的逻辑关系（也叫依赖关系）的图形。可手工、可借助管理软件、可详细、也可概括。带有多个紧前活动的活动代表路径汇聚，而带有多个紧后活动的活动则代表路径分支。带汇聚和分支的活动存在较大风险。

11.9 估算活动持续时间

【基础知识点】

估算活动持续时间是根据资源估算的结果，估算完成单项活动所需工作时段数的过程。本过程的主要作用是确定完成每个活动所需花费的时间量。本过程需要在整个项目期间开展。

应该首先估算完成活动所需的工作量和计划投入该活动的资源数量，然后结合项目日历和资源日历，据此估算出完成活动所需的工作时段。应该把活动持续时间估算所依据的全部数据与假设都记录在案。估算活动持续时间时需要考虑：①收益递减规律；②资源数量；③技术进步；④员工激励。

1. 主要输入

（1）项目管理计划。本过程使用的项目管理计划组件主要包括进度管理计划和范围基准。

（2）项目文件。可作为本过程输入的项目文件主要包括：活动属性，活动清单，假设日志，经验教训登记册，里程碑清单，项目团队派工单，资源分解结构（按照资源类别和资源类型，提供了已识别资源的层级结构），资源日历（资源日历规定了在项目期间，特定的项目资源何时可用及可用多久），资源需求（对于大多数活动来说，所分配的资源能否达到要求，将对其持续时间有显著影响），风险登记册（单个项目风险可能影响资源的选择和可用性）。

2. 主要工具与技术

（1）类比估算。是一种使用相似活动或项目的历史数据，来估算当前活动或项目的持续时间或成本的技术。类比估算以过去类似项目的参数值为基础，来估算当前和未来项目的同类参数或指标。是一种粗略的估算方法，常用来估算项目持续时间。特点是：成本较低、耗时较少，但准确性也较低。可针对整个项目或某个部分进行，也可以与其他估算方法联合使用。如果以往活动是本质上而不是表面上类似，并且从事估算的项目团队成员具备必要的专业知识，那么类比估算的可靠性会比较高。

（2）参数估算。是一种基于历史数据和项目参数，使用某种算法来计算成本或持续时间的估算技术。利用历史数据之间的统计关系和其他变量（如建筑施工中的平方英尺），来估算诸如成本、预算和持续时间等活动参数。参数估算的准确性取决于参数模型的成熟度和基础数据的可靠性。参数估算可以针对整个项目或某个部分，并可以与其他估算方法联合使用。

（3）三点估算。历史数据不充分时，通过考虑估算中的不确定性和风险，可以提高活动持续时间估算的准确性。使用三点估算有助于界定活动持续时间的近似区间。

乐观时间（Optimistic Time，To）：任何事情都顺利的情况下，完成某项工作的时间。

最可能时间（Most Likely Time，Ty）：正常情况下，完成某项工作的时间。

悲观时间（Pessimistic Time，Tp）：最不利的情况下，完成某项工作的时间。

基于持续时间在三种估算值区间内的假定分布情况，可计算期望持续时间 T。

如果三个估算值服从三角分布，则：$TE=(TO+TM+TP)/3$。

如果三个估算值服从 β 分布，则：$TE=(TO+4TM+TP)/6$。

（4）自下而上估算。是一种估算项目持续时间或成本的方法，通过从下到上逐层汇总 WBS 组成部分的估算而得到项目估算。如果无法以合理的可信度对活动持续时间进行估算，则应将活动中的工作进一步细化，然后估算细化后的具体工作的持续时间，接着再汇总得到每个活动的持续时间。活动之间如果存在影响资源利用的依赖关系，则应该对相应的资源使用方式加以说明，并记录在活动资源需求中。

3. 主要输出

（1）持续时间估算。是对完成某项活动、阶段或项目所需的工作时段数的定量评估，其中并不包括任何滞后量，但可指出一定的变动区间。

（2）估算依据。估算所需的支持信息的数量和种类，因应用领域的不同而不同。但不论其详细程度如何，支持性文件都应该清晰、完整地说明持续时间估算是如何得出的。支持信息的种类包括：①关于估算依据的文件（如估算是如何编制的）；②关于全部假设条件的文件；③关于各种已知制约因素的文件；④对估算区间的说明（如“±10%”），以指出预期持续时间的所在区间；⑤对最终估算的置信水平的说明；⑥有关影响估算的单个项目风险的文件等。

11.10 制订进度计划

【基础知识点】

制订进度计划是分析活动顺序、持续时间、资源需求和进度制约因素，创建进度模型，从而落实项目执行和监控的过程。本过程的主要作用是为完成项目活动而制订具有计划日期的进度模型。本过程需要在整个项目期间开展。制订可行的项目进度计划是一个反复进行的过程。

制订进度计划包括四个关键步骤：①定义项目里程碑、识别活动并排列活动顺序，以及估算活动持续时间，并确定活动的开始和完成日期；②由分配至各个活动的项目人员审查其被分配的活动；③项目人员确认开始和完成日期与资源日历和其他项目或任务没有冲突，从而确认计划日期的有效性；④分析进度计划，确定是否存在逻辑关系冲突，以及在批准进度计划并将其作为基准之前是否需要资源平衡，并同步修订和维护项目进度模型，确保进度计划在整个项目期间一直切实可行。

1. 主要输入

（1）项目管理计划。本过程使用的项目管理计划组件主要包括：进度管理计划，范围基准。

（2）项目文件。可作为制订进度计划过程输入的项目文件主要包括：活动属性，活动清单，假设日志，估算依据，持续时间估算，经验教训登记册，里程碑清单，项目进度网络图，项目团队派工单，资源日历，资源需求，风险登记册。

2. 主要工具与技术

（1）关键路径法。关键路径法用于在进度模型中估算项目的最短工期，确定逻辑网络路径的进度灵活性。它有两个规则：①活动的最早开始时间必须相同或晚于直接指向活动的最早结束时间中的最晚时间；②活动的最迟结束时间必须相同或早于直接指向的所有活动的最迟开始时间的最早时间。

通过正向计算推算最早完工时间的步骤：①从网络图始端向终端计算；②第一个活动的开始时间为项目开始时间；③活动完成时间为开始时间加持续时间；④后续活动的开始时间根据前置活动的时间和搭接时间而定；⑤多个前置活动存在时，根据最迟活动时间来定。

通过反向计算推算出最迟开工和完工时间的步骤：①从网络图终端向始端计算；②最后一个活动的完成时间为项目完成时间；③活动开始时间为完成时间减持续时间；④前置活动的完成时间根据后续活动的时间和搭接时间而定；⑤多个后续活动存在时，根据最早活动时间来定。

关键路径法不考虑任何资源限制的情况，是项目中时间最长的活动顺序，决定着可能的项目最短工期。最长路径的总浮动时间通常为零。关键路径法用来计算进度模型中的关键路径、总浮动时间和自由浮动时间。

总浮动时间是指在任一网络路径上，进度活动可以从最早开始时间推迟或拖延的时间，而不至于延误项目完成日期或违反进度制约因素，这个时间就是总浮动时间。总浮动时间的计算方法为：本活动的最迟完成时间减去本活动的最早完成时间，或本活动的最迟开始时间减去本活动的最早开始时间。

自由浮动时间就是指在不延误任何紧后活动最早开始时间或不违反进度制约因素的前提下，某进度活动可以推迟的时间量。其计算方法为：紧后活动最早开始时间的最小值减去本活动的最早完成时间。

（2）资源优化。资源优化是根据资源供需情况来调整进度模型的技术。资源优化用于调整活动的开始和完成日期，以调整计划使用的资源，使其等于或少于可用的资源。资源优化又分为资源平衡和资源平滑两种。

资源平衡是指为了在资源需求与资源供给之间取得平衡，根据资源制约因素对开始日期和完成日期进行调整的一种技术。如果共享资源或关键资源只在特定时间可用，数量有限，就需要进行资源平衡。也可以为保持资源使用量处于均衡水平而进行资源平衡。资源平衡往往导致关键路径改变。可以用浮动时间平衡资源。因此，在项目进度计划期间，关键路径可能发生变化。

资源平滑是指对进度模型中的活动进行调整，从而使项目资源需求不超过预定的资源限制的一种技术。相对于资源平衡而言，资源平滑不会改变项目的关键路径，完工日期也不会延迟。也就是说，活动只在其自由和总浮动时间内延迟。但资源平滑技术可能无法实现所有资源的优化。

（3）进度压缩。指在不缩减项目范围的前提下，缩短或加快进度工期，以满足进度制约因素、强制日期或其他进度目标。进度压缩技术包括包括赶工和快速跟进。

赶工是指通过增加资源，以最小的成本代价来压缩进度工期的一种技术。赶工的例子包括批准加班、增加额外资源或支付加急费用，据此来加快关键路径上的活动。赶工只适用于那些通过增加资源就能缩短持续时间的，且位于关键路径上的活动。但赶工并非总是切实可行的，因为它可能导致风险和/或成本的增加。

快速跟进是将正常情况下按顺序进行的活动或阶段改为至少部分并行开展。例如，在大楼的建筑图纸尚未全部完成前就开始建地基。快速跟进可能造成返工和风险增加，所以它只适用于能够通过并行活动来缩短关键路径上的项目工期的情况。若进度加快而使用提前量通常会增加相关活动之间的协调工作，并增加质量风险。快速跟进还有可能增加项目成本。

（4）计划评审技术（Program Evaluation and Review Technique，PERT）。本技术又称为三点估算技术。

1）对于活动的时间估计。PERT按照三种不同情况进行估计：①乐观时间（To）：任何事情都顺利的情况下，完成某项工作的时间；②最可能时间（Ty）：正常情况下，完成某项工作的时间；③悲观时间（Tp）：最不利的情况下，完成某项工作的时间。

假定三个估计服从β分布，由此可算出每个活动的期望t_i：

$$t_i = \frac{a_i + 4m_i + b_i}{6}$$

式中：a_i表示第 i 项活动的乐观时间，m_i表示第 i 项活动的最可能时间，b_i表示第 i 项活动的悲观时间。

根据 β 分布的方差计算方法，第 i 项活动的持续时间方差为

$$\delta_i^2 = \frac{(b_i - a_i)^2}{36}$$

2）项目周期估计。PERT 认为整个项目的完成时间是各个活动完成时间之和，且服从正态分布。

3. 主要输出

（1）进度基准。是经过批准的进度模型，只有通过正式的变更控制程序才能进行变更，用作与实际结果进行比较的依据。经干系人接受和批准，进度基准包含基准开始日期和基准结束日期。在监控过程中，将用实际开始和完成日期与批准的基准日期进行比较，以确定是否存在偏差。进度基准是项目管理计划的组成部分。

（2）项目进度计划。是进度模型的输出，为各个相互关联的活动标注了计划日期、持续时间、里程碑和所需资源等。项目进度计划中至少要包括每个活动的计划开始日期与计划完成日期。可以采用的图形方式有：①横道图（也称为甘特图，是展示进度信息的一种图表方式，纵向表示活动，横向表示日期，用横条表示活动自开始日期至完成日期的持续时间）；②里程碑图（与横道图类似，但仅标示出主要可交付成果和关键外部接口的计划开始或完成时间）；③项目进度网络图（通常用活动节点法绘制，没有时间刻度，纯粹显示活动及其相互关系，项目进度网络图也可以是包含时间刻度的进度网络图，称为时标图）。

（3）进度数据。进度数据是用以描述和控制进度计划的信息集合。进度数据至少包括进度里程碑、进度活动、活动属性，以及已知的全部假设条件与制约因素。而所需的其他数据因应用领域的不同而不同。经常可用作支持细节的信息包括：①按时段列出的资源需求，往往以资源直方图表示；②备选的进度计划，如最好情况或最坏情况下的进度计划、经资源平衡或未经资源平衡的进度计划、有强制日期或无强制日期的进度计划；③使用的进度储备等。

进度数据还可以包括资源直方图、现金流预测，以及订购与交付进度安排等其他相关信息。

（4）项目日历。在项目日历中规定可以开展进度活动的可用工作日和工作班次，它把可用于开展进度活动的时间段（按天或更小的时间单位划分）与不可用的时间段区分开来。在一个进度模型中，可能需要采用不止一个项目日历来编制项目进度计划，因为有些活动需要不同的工作时段。因此，可能需要对项目日历进行更新。

11.11 规划成本管理

【基础知识点】

规划成本管理是确定如何估算、预算、管理、监督和控制项目成本的过程。本过程的主要作用是在整个项目期间为如何管理项目成本提供指南和方向。本过程仅开展一次或仅在项目的预定义点

开展。应该在项目规划阶段的早期就对成本管理工作进行规划，建立各成本管理过程的基本框架，以确保各过程的有效性及各过程之间的协调性。成本管理计划是项目管理计划的组成部分，其过程及所用工具与技术应记录在成本管理计划中。

1. 主要输入

（1）项目章程。项目章程中规定的总体里程碑进度计划会影响项目的进度管理。

（2）项目管理计划。规划成本管理过程使用的项目管理计划组件主要包括：进度管理计划（进度管理计划确定了编制、监督和控制项目进度的准则和活动，同时也提供了影响成本估算和管理的过程及控制方法）；风险管理计划（风险管理计划提供了识别、分析和监督风险的方法，同时也提供了影响成本估算和管理的过程及控制方法）。

2. 主要输出

规划成本管理的主要输出是成本管理计划。成本管理计划是项目管理计划的组成部分，描述将如何规划、安排和控制项目成本。成本管理过程及所用工具与技术应记录在成本管理计划中。

在成本管理计划中一般需要规定：计量单位，精确度，准确度（为活动成本估算规定一个可接受的区间），组织程序链接（工作分解结构为成本管理计划提供了框架，以便据此规范地开展成本估算、预算和控制。在项目成本核算中使用的WBS组成部分称为控制账户，每个控制账户都有唯一的编码或账号，直接与执行组织的会计制度相联系），控制临界值（需要规定偏差临界值，用于监督成本绩效，它是在需要采取某种措施前，允许出现的最大差异，通常用偏离基准计划的百分数来表示），绩效测量规则，报告格式（需要规定各种成本报告的格式和编制频率），其他细节（关于成本管理活动的其他细节，如对战略筹资方案的说明、处理汇率波动的程序、记录项目成本的程序等）。

11.12 估算成本

【基础知识点】

估算成本是对完成项目工作所需资金进行近似估算的过程。本过程的主要作用是确定项目所需的资金。本过程应根据需要在整个项目期间定期开展。成本估算是对完成活动所需资源的可能成本进行的量化评估，是在某特定时点根据已知信息所做出的成本预测。

通常用某种货币单位进行成本估算，但有时也可采用其他计量单位，如人·时数或人·天数，以消除通货膨胀的影响。进行成本估算，应该考虑针对项目收费的全部资源，一般包括人工、材料、设备、服务、设施，以及一些特殊的成本种类，如通货膨胀补贴、融资成本或应急成本。成本估算可在活动层级呈现，也可以通过汇总形式呈现。

1. 主要输入

（1）项目管理计划。估算成本过程使用的项目管理计划组件主要包括：①成本管理计划；②质量管理计划；③范围基准［包括项目范围说明书、工作分解结构（WBS）、WBS字典］。

（2）项目文件。可作为估算成本过程输入的项目文件包括：①经验教训登记册；②项目进度计划；③资源需求；④风险登记册。

2. 主要输出

（1）成本估算。包括完成项目工作可能需要的成本、应对已识别风险的应急储备。可以是汇总的或详细分列的。应覆盖项目所使用的全部资源，如果间接成本也包含在项目估算中，则可在活动层次或更高层次上计列间接成本。

（2）估算依据。相关的支持信息可包括：关于估算依据的文件（如估算是如何编制的）；关于全部假设条件的文件；关于各种已知制约因素的文件；有关已识别的、在估算成本时应考虑的风险的文件；对估算区间的说明（如“10000±10”元就说明了预期成本的所在区间）；对最终估算的置信水平的说明等。

11.13 制订预算

【基础知识点】

制订预算是汇总所有单个活动或工作包的估算成本，建立一个经批准的成本基准的过程。本过程的主要作用是确定可据以监督和控制项目绩效的成本基准。本过程仅开展一次或仅在项目的预定义点开展。

1. 主要输入

（1）项目管理计划。相关的组件主要包括：①成本管理计划（成本管理计划描述了如何将项目成本纳入项目预算中）；②资源管理计划（提供了有关人力和其他资源的费率、差旅成本估算，和其他可预见的成本信息，这些信息是估算整个项目预算时必须考虑的因素）；③范围基准（包括项目范围说明书、WBS 和 WBS 字典的详细信息，可用于成本估算和管理）。

（2）项目文件。相关的项目文件主要包括：①估算依据（包含了基本的假设条件，如项目预算中是否应该包含间接成本或其他成本）；②成本估算（各工作包内每个活动的成本估算汇总后，即得到各工作包的成本估算）；③项目进度计划（包含了项目活动、里程碑、工作包和控制账户的计划开始和完成时间，可根据这些信息，把计划成本和实际成本汇总到相应日历时段）；④风险登记册（通过审查风险登记册可以确定如何汇总风险应对成本，风险登记册的更新包含在项目文件更新中）。

2. 主要输出

（1）成本基准。成本基准是经过批准的、按时间段分配的项目预算，不包括任何管理储备，只有通过正式的变更控制程序才能变更，用作与实际结果进行比较的依据，成本基准是不同进度活动经批准的预算的总和。

（2）项目资金需求。根据成本基准，确定总资金需求和阶段性（如季度或年度）资金需求。成本基准中包括预计支出及预计债务。项目资金通常以增量的方式投入，并且可能是非均衡的，如果有管理储备，则总资金需求等于成本基准加管理储备。在资金需求文件中，也可说明资金来源。

11.14 规划质量管理

【基础知识点】

规划质量管理是识别项目及其可交付成果的质量要求和（或）标准，并书面描述项目将如何证明符合质量要求和（或）标准的过程。本过程的主要作用是在整个项目期间为如何管理和核实质量提供指南和方向。本过程仅开展一次或仅在项目的预定义点开展。质量规划应与其他知识领域规划过程并行开展。

1. 主要输入

（1）项目管理计划。主要相关的组件包括：①需求管理计划（提供了识别、分析和管理需求的方法）；②风险管理计划（提供了识别、分析和监督风险的方法。将风险管理计划和质量管理计划的信息相结合，有助于成功交付产品和项目）；③干系人参与计划（提供了记录干系人需求和期望的方法，为质量管理奠定了基础）；④范围基准（在确定适用于项目的质量标准和目标时，以及在确定要求质量审查的项目可交付成果和过程时，需要考虑 WBS 和项目范围说明书中记录的可交付成果，而范围说明书包含可交付成果的验收标准，用以界定可能导致质量成本变化并进而导致项目成本的显著升高或降低，满足所有验收标准意味着满足干系人的需求）。

（2）项目文件。相关的项目文件主要包括：①假设日志（记录了与质量要求和标准合规相关的全部假设条件和制约因素）；②需求文件（记录了项目和产品为满足干系人的期望应达到的要求，它包括针对项目和产品的质量要求，这些需求有助于项目团队规划将如何实施项目质量控制）；③需求跟踪矩阵（将产品需求连接到可交付成果，有助于确保需求文件中的各项需求都得到测试，矩阵提供了核实需求时所需测试的概述）；④风险登记册（包含了可能影响质量要求的各种威胁和机会的信息）；⑤干系人登记册（有助于识别对质量有特别兴趣或影响的干系人，尤其注重客户和项目发起人的需求和期望）。

2. 主要工具与技术

（1）数据收集。数据收集技术主要包括：标杆对照、头脑风暴、访谈。

标杆对照是将实际的或计划的项目实践或项目的质量标准与可比项目的实践进行比较，以便识别最佳实践，形成改进意见，并为绩效考核提供依据。作为标杆的项目可以来自执行组织内部或外部，或者来自同一应用领域或其他应用领域。也允许用不同应用领域或行业的项目做类比。

头脑风暴可以向团队成员或专家收集数据，以制订最适合新项目的质量管理计划。

访谈有经验的项目参与者、干系人和主题专家有助于了解他们对项目和产品质量的隐性和显性、正式的和非正式的需求和期望。

（2）数据分析。数据分析技术主要包括：成本效益分析，质量成本（COQ）。

成本效益分析是用来估算备选方案优势和劣势的财务分析工具，以确定可以创造最佳效益的备选方案。成本效益分析可帮助项目经理确定规划的质量活动是否有效利用了成本。达到质量要求的主要效益包括减少返工、提高生产率、降低成本、提升干系人满意度及提升盈利能力。对每个质量活动进行成本效益分析，就是要比较其可能成本与预期效益。

质量成本（COQ）包括一种或多种成本：①预防成本（预防特定项目的产品、可交付成果或服务质量低劣所带来的成本）；②评估成本（评估、测量、审计和测试特定项目的产品、可交付成果或服务所带来的成本）；③失败成本（内部/外部），指因产品、可交付成果或服务与干系人需求或期望不一致而导致的成本。最优 COQ 能够在预防成本和评估成本之间找到恰当的投资平衡点，用于规避失败成本。

（3）决策技术。多标准决策分析工具（如优先矩阵）可用于识别关键事项和合适的备选方案，并通过一系列决策排列出备选方案的优先顺序。先对标准排序和加权，再应用于所有备选方案，计算出各个备选方案的数学得分，然后根据得分对备选方案排序。在本过程中，它有助于排定质量测量指标的优先顺序。

（4）数据表现。数据表现技术主要包括：流程图、逻辑数据模型、矩阵图、思维导图。

流程图也称过程图，用来显示在一个或多个输入转化成一个或多个输出的过程中，所需的步骤顺序和可能分支。通过映射水平价值链的过程细节来显示活动、决策点、分支循环、并行路径及整体处理顺序。有时又被称为“过程流程图”或“过程流向图”，可帮助改进过程并识别可能出现质量缺陷或可以纳入质量检查的地方。

逻辑数据模型是指把组织数据可视化，用业务语言加以描述，不依赖任何特定技术。逻辑数据模型可用于识别会出现数据完整性或其他问题的地方。

矩阵图在行列交叉的位置展示因素、原因和目标之间的关系强弱。在规划质量管理过程中，矩阵图有助于识别对项目成功至关重要的质量测量指标。

思维导图是一种用于可视化组织信息的绘图法。通常是基于单个质量概念创建的，是绘制在空白页面中央的图像，之后再增加以图像、词汇或词条形式表现的想法。有助于快速收集项目质量要求、制约因素、依赖关系和联系。

（5）测试与检查的规划。在规划阶段，项目经理和项目团队决定如何测试或检查产品、可交付成果或服务，以满足干系人的需求和期望，以及如何满足产品的绩效和可靠性目标。

3. 主要输出

（1）质量管理计划。质量管理计划是项目管理计划的组成部分，描述如何实施适用的政策、程序和指南以实现质量目标。它描述了项目管理团队为实现一系列项目质量目标所需的活动和资源。应该在项目早期就对质量管理计划进行评审，以确保决策是基于准确信息的。这样做的好处是，更加关注项目的价值定位，降低因返工而造成的成本超支金额和进度延误次数。

质量管理计划的内容一般包括：项目采用的质量标准；项目的质量目标；质量角色与职责；需要质量审查的项目可交付成果和过程；为项目规划的质量控制和质量管理活动；项目使用的质量工具；与项目有关的主要程序，如处理不符合要求的情况、纠正措施程序，以及持续改进程序等。

（2）质量测量指标。专用于描述项目或产品属性，以及控制质量过程将如何验证符合程度。质量测量指标的例子包括按时完成的任务的百分比、以 CPI 测量的成本绩效、故障率、识别的日缺陷数量、每月总停机时间、每个代码行的错误、客户满意度分数，以及测试计划所涵盖的需求的百分比（即测试覆盖度）。

11.15 规划资源管理

【基础知识点】

规划资源管理是定义如何估算、获取、建设、管理和控制实物以及团队资源的过程。本过程的主要作用是根据项目类型和复杂程度确定适用于项目资源的管理方法和管理程度。本过程仅开展一次或仅在项目的预定义点开展。

项目资源可能包括团队成员、用品、材料、设备、服务和设施。资源可以从组织内部资产获得，或者通过采购过程从组织外部获取。其他项目可能会在同一时间和地点竞争项目所需的相同资源，从而对项目成本、进度、风险、质量和其他项目领域造成显著影响。

规划资源管理过程的主要输入为项目管理计划和项目文件，主要工具与技术为数据表现，主要输出为资源管理计划和团队章程。

1. 主要输入

（1）项目管理计划。主要相关的组件包括：质量管理计划（有助于定义项目所需的资源水平，以实现和维护已定义的质量水平并达到项目测量指标）；范围基准（范围基准中识别了可交付成果，决定了需要管理资源的类型和数量）。

（2）项目文件。可作为规划资源管理过程输入的项目文件主要包括：项目进度计划（提供了所需资源的时间轴）；需求文件（指出了项目所需的资源的类型和数量，并可能影响管理资源的方式）；风险登记册（包含了可能影响资源规划的各种威胁和机会的信息）；干系人登记册（有助于识别对项目所需资源有特别兴趣或影响的那些干系人，以及会影响资源使用偏好的干系人）。

2. 主要工具与技术

数据表现有多种格式来记录和阐明团队成员的角色与职责，大多数格式属于层级型、矩阵型或文本型，一般来说，层级型可用于表示高层级角色，而文本型则更适合用于记录详细职责。

（1）层级型。

工作分解结构（WBS）：WBS 用来显示如何把项目可交付成果分解为工作包，有助于明确高层级的职责。

组织分解结构（OBS）：WBS 显示项目可交付成果的分解，而 OBS 则按照组织现有的部门、单元或团队排列，并在每个部门下列出项目活动或工作包，运营部门只需要找到其所在的 OBS 位置，就能看到自己的全部项目职责。

资源分解结构：资源分解结构是按资源类别和类型，对团队和实物资源的层级列表，用于规划、管理和控制项目工作，每向下一个层次都代表对资源的更详细描述，直到信息细到可以与工作分解结构（WBS）相结合，用来规划和监控项目工作。

（2）矩阵型。矩阵型展示项目资源在各个工作包中的任务分配。矩阵型图表的一个例子是职责分配矩阵（RAM），它显示了分配给每个工作包的项目资源，用于说明工作包或活动与项目团队成员之间的关系。在大型项目中，可以制定多个层次的 RAM。

（3）文本型。文本型可以详细描述团队成员的职责，通常以概述的形式，提供诸如职责、职权、能力和资格等方面的信息，这种文件有多种名称，如职位描述、角色—职责—职权表，该文件可作为未来项目的模板，特别是在根据当前项目的经验教训对其内容进行更新之后。

3. 主要输出

（1）资源管理计划。作为项目管理计划的一部分，资源管理计划提供了关于如何分类、分配、管理和释放项目资源的指南。主要包括：

1）识别资源。用于识别和量化项目所需的团队和实物资源的方法。

2）获取资源。关于如何获取项目所需的团队和实物资源的指南。

3）角色与职责。具体包括：①角色：某人承担的职务或分配给某人的职务。②职权：使用项目资源、作出决策、签字批准、验收可交付成果并影响他人开展项目工作的权力。③职责：项目团队成员必须履行的职责和工作。④能力：项目团队成员需具备的技能和才干。一旦发现成员能力与职责不匹配，就应主动采取措施，如安排培训、招募新成员、调整进度计划或工作范围。

4）项目组织图。以图形方式展示项目团队成员及其报告关系。可以是正式的或非正式的，非常详细的或高度概括的。

5）项目团队资源管理。关于如何定义、配备、管理和最终遣散项目团队资源的指南。

6）培训。针对项目成员的培训策略。

7）团队建设。建设项目团队的方法。

8）资源控制。依据需要确保实物资源充足可用，并为项目需求优化实物资源采购而采用的方法，包括有关整个项目生命周期内的库存、设备和用品管理的信息。

9）认可计划。将给予团队成员哪些认可和奖励，以及何时给予。

（2）团队章程。团队章程是为团队创建团队价值观、共识和工作指南的文件。对项目团队成员的可接受行为确定了明确的期望，尽早认可并遵守明确的规则，有助于减少误解，提高生产力；由团队制订或参与制订的团队章程可发挥最佳效果，可定期审查和更新团队章程，确保团队始终了解团队基本规则，并指导新成员融入团队。

团队章程主要包括：团队价值观；沟通指南；决策标准和过程；冲突处理过程；会议指南；团队共识。

11.16 估算活动资源

【基础知识点】

估算活动资源是估算执行项目所需的团队资源、设施、设备、材料、用品和其他资源的类型和数量的过程。本过程的主要作用是明确完成项目所需的资源种类、数量和特性。本过程应根据需要在整个项目期间定期开展。估算活动资源过程与其他过程紧密相关（如估算成本过程）。

本过程的主要输入为项目管理计划和项目文件，主要输出为资源需求、资源分解结构和估算依据。

1. 主要输入

（1）项目管理计划。本过程使用的项目管理计划组件主要包括：①资源管理计划（定义了识别项目所需不同资源的方法，还定义了量化各个活动所需的资源以及整合这些信息的方法）；②范围基准（识别了实现项目目标所需的项目和产品范围，而范围决定了对团队和实物资源的需求）。

（2）项目文件。可作为本过程输入的项目文件主要包括：①活动属性；②活动清单；③假设日志；④成本估算资源日历；⑤风险登记册。

2. 主要输出

（1）资源需求。识别了各个工作包或工作包中每个活动所需的资源类型和数量，可以汇总这些需求，以估算每个工作包、每个 WBS 分支以及整个项目所需的资源。

（2）资源分解结构。是资源依类别和类型的层级展现，资源类别包括（但不限于）人力、材料、设备和用品，资源类型则包括技能水平、要求证书、等级水平或适用于项目的其他类型。在估算活动资源过程中，资源分解结构用于指导项目的分类活动。在这一过程中，资源分解结构是一份完整的文件，用于获取和监督资源。

（3）估算依据。资源估算所需的支持信息的数量和种类因应用领域而异。但不论其详细程度如何，支持性文件都应该清晰、完整地说明资源估算是如何得出的。资源估算的支持信息包括：①估算方法；②用于估算的资源；③与估算有关的假设条件；④已知的制约因素；⑤估算范围；⑥估算的置信水平；⑦有关影响估算的已识别风险的文件等。

11.17 规划沟通管理

【基础知识点】

规划沟通管理是基于每个干系人或干系人群体的信息需求、可用的组织资产，以及具体项目的需求，为项目沟通活动制订恰当的方法和计划的过程。本过程的主要作用是为及时向干系人提供相关信息、引导干系人有效参与项目而编制书面沟通计划。本过程应根据需要在整个项目期间定期开展。

项目经理需在项目生命周期的早期，针对项目干系人多样性的信息需求，制订有效的沟通管理计划。应该在整个项目期间，定期审查本过程的成果并做必要修改。在大多数项目中，需要及早开展沟通的规划工作。各项目的信息需求和信息发布方式可能差别很大。在本过程中，需要考虑并合理记录用来存储、检索和最终处置项目信息的方法。

1. 主要输入

（1）项目管理计划。规划沟通管理过程使用的项目管理计划组件主要包括：①资源管理计划

（它指导如何对项目资源进行分类、分配、管理和释放。团队成员和小组可能有沟通要求，应该在沟通管理计划中列出）；②干系人参与计划（它确定了有效吸引干系人参与所需的管理策略，而这些策略通常通过沟通来落实）。

（2）项目文件。可作为本过程输入的项目文件主要包括：①需求文件（可能包含项目干系人对沟通的需求）；②干系人登记册（用于规划与干系人的沟通活动）。

2. 主要工具与技术

（1）沟通模型。可以是最基本的线性（发送方和接收方）沟通过程，也可以是增加了反馈元素（发送方、接收方和反馈）、更具互动性的沟通形式，甚至可以是融合了发送方或接收方的人性因素、试图考虑沟通复杂性的更加复杂的沟通模型。

发送方负责信息的传递，确保信息的清晰性和完整性，并确认信息已被正确理解；接收方负责确保完整地接收信息，正确地理解信息，并需要告知已收到或做出适当的回应。可能存在干扰有效沟通的各种噪声和其他障碍。

（2）沟通方法。沟通方法主要包括以下三种。

1）互动沟通。在两方或多方之间进行的实时多向信息交换。诸如会议、电话、即时信息、社交媒体和视频会议等。

2）推式沟通。向需要接收信息的特定接收方发送或发布信息。这种方法可以确保信息的发送，但不能确保信息送达目标受众或被目标受众理解。在推式沟通中，可以用于沟通的有信件、备忘录、报告、电子邮件、传真、语音邮件、博客、新闻稿。

3）拉式沟通。适用于大量复杂信息或大量信息受众的情况。它要求接收方在遵守有关安全规定的前提之下自行访问相关内容。这种方法包括门户网站、组织内网、电子在线课程、经验教训数据库或知识库。

3. 主要输出

本过程的主要输出是沟通管理计划。

沟通管理计划是项目管理计划的组成部分，描述将如何规划、结构化、执行与监督项目沟通，以提高沟通的有效性。

沟通管理计划主要包括：干系人的沟通需求；需沟通的信息，包括语言、形式、内容和详细程度；上报步骤；发布信息的原因；发布所需信息、确认已收到，或做出回应（若适用）的时限和频率；负责沟通相关信息的人员；负责授权保密信息发布的人员；接收信息的人员或群体，包括他们的需要、需求和期望；用于传递信息的方法或技术，如备忘录、电子邮件、新闻稿，或社交媒体；为沟通活动分配的资源，包括时间和预算；随着项目进展而更新与优化沟通管理计划的方法；通用术语表；项目信息流向图、工作流程（可能包含审批程序）、报告清单和会议计划等；来自法律法规、技术、组织政策等的制约因素等。

沟通管理计划还包括关于项目状态会议、项目团队会议、网络会议和电子邮件等的指南和模板。如果项目要使用项目网站和项目管理软件，需要将其写入沟通管理计划。

11.18 规划风险管理

【基础知识点】

规划风险管理是定义如何实施项目风险管理活动的过程。本过程的主要作用是确保风险管理的水平、方法和可见度与项目风险程度，以及项目对组织和其他干系人的重要程度相匹配。本过程仅开展一次或仅在项目的预定义点开展。

1. 风险基本概念

每个项目都在两个层面上存在风险：一是每个项目都有会影响项目达成目标的单个风险；二是由单个风险和不确定性的其他来源联合导致的整体项目风险。项目风险管理过程同时兼顾这两个层面的风险。项目风险会对项目目标产生负面或正面的影响，也就是威胁与机会。项目风险管理旨在利用或强化正面风险（机会），规避或减轻负面风险（威胁）。

（1）风险的属性。

1）风险事件的随机性。

2）风险的相对性。风险总是相对项目活动主体而言的。同样的风险对于不同的主体有不同的影响。影响人们的风险承受能力的因素主要包括：①收益的大小；②投入的大小；③项目活动主体的地位和拥有的资源（级别高的管理人员比级别低的管理人员能够承担的风险相对要大）。

3）风险的可变性。主要包括：①风险性质的变化；②风险后果的变化；③出现新风险。

（2）风险的分类。

1）按照风险后果划分：

a. 纯粹风险：不能带来机会、无获得利益可能的风险，叫纯粹风险。纯粹风险只有两种可能的后果：造成损失和不造成损失。纯粹风险造成的损失是绝对的损失。活动主体蒙受了损失，全社会也跟着受损失。纯粹风险总是和威胁、损失、不幸相联系。

b. 投机风险：既可能带来机会、获得利益，又隐含威胁、造成损失的风险，叫投机风险。投机风险有三种可能的后果：造成损失、不造成损失和获得利益。投机风险如果使活动主体蒙受了损失，但全社会不一定也跟着受损失。相反，其他人有可能因此而获得利益。纯粹风险和投机风险在一定条件下可以相互转化。项目管理人员必须避免投机风险转化为纯粹风险。风险不是零和游戏。

2）按照风险来源（或损失产生的原因）划分：

a. 自然风险：由于自然力的作用，造成财产损毁或人员伤亡的风险属于自然风险。

b. 人为风险：由于人的活动而带来的风险。可以细分为行为、经济、技术、政策和组织风险等。

3）按照风险是否可管理划分：可管理的风险是指可以预测，并可采取相应措施加以控制的风险。反之，则为不可管理的风险。风险能否管理，取决于风险不确定性是否可以消除，以及活动主体的管理水平。要消除风险的不确定性，就必须掌握有关的数据、资料和其他信息。随着数据、资料和其他信息的增加以及管理水平的提高，有些不可管理的风险可以变为可管理的风险。

4）按照风险影响范围划分：可以分为局部风险和总体风险。局部风险影响的范围小，而总体风险影响范围大。局部风险和总体风险也是相对的。

5）按照风险后果的承担者划分：若按其后果的承担者来划分则有项目业主风险、政府风险、承包商风险、投资方风险、设计单位风险、监理单位风险、供应商风险、担保方风险和保险公司风险等。

6）按照风险的可预测性划分：

a. 已知风险。

b. 可预测风险：是根据经验，可以预见其发生，但不可预见其后果的风险。

c. 不可预测风险：是有可能发生，但其发生的可能性即使最有经验的人亦不能预见的风险。不可预测风险有时也称为未知风险或未识别的风险。它们是新的、以前未观察到或很晚才显现出来的风险。这些风险一般是外部因素作用的结果。例如，地震、百年不遇的暴雨、通货膨胀、政策变化等。

2. 主要输入

（1）项目管理计划。在规划风险管理时，应考虑所有已批准的项目管理子计划，使风险管理计划与各计划相协调。同时，各子计划中所列出的方法论可能也会影响规划风险管理过程。

（2）项目文件。可作为规划风险管理过程输入的项目文件是关于记录干系人详细信息的文档（干系人登记册），概述了其在项目中的角色和对项目风险的态度；可用于确定项目风险管理的角色和职责，以及为项目设定的风险临界值。

3. 主要输出

规划风险管理过程的主要输出是风险管理计划。

风险管理计划是项目管理计划的组成部分，描述如何安排与实施风险管理活动。风险管理计划的内容主要包括：

（1）风险管理策略。描述了用于管理本项目风险的一般方法。

（2）方法论。指确定用于开展本项目风险管理的具体方法、工具及数据来源。

（3）角色与职责。指确定每项风险管理活动的领导者、支持者和团队成员，并明确职责。

（4）资金。指确定开展项目风险管理活动所需资金，并制订应急储备和管理储备的使用方案。

（5）时间安排。指确定在项目生命周期中实施项目风险管理过程的时间和频率，确定风险管理活动并将其纳入项目进度计划。

（6）风险类别。指确定对项目风险进行分类的方式。通常借助风险分解结构（RBS）来构建风险类别。风险分解结构是潜在风险来源的层级展现。

（7）干系人风险偏好。应在风险管理计划中记录项目关键干系人的风险偏好。他们的风险偏好会影响规划风险管理过程的细节。特别是，应该针对每个项目目标，把干系人的风险偏好表述成可测量的风险临界值。

（8）风险概率和影响。根据具体的项目环境，组织和关键干系人的风险偏好和临界值，来制订风险概率和影响。项目可能自行制定关于概率和影响级别的具体定义，或者用组织提供的通用定义作为基础来制定。应根据拟开展项目风险管理过程的详细程度，来确定概率和影响级别的数量，更多级别（通常为5级）对应于更详细的风险管理方法，更少级别（通常为3级）对应于更简单的方法。

（9）概率和影响矩阵。组织可在项目开始前确定优先级排序规则，并将其纳入组织过程资产，或者也可为具体项目量身定制优先级排序规则。在常见的概率和影响矩阵中，会同时列出机会和威胁，以正面影响定义机会，以负面影响定义威胁。概率和影响可以用描述性术语（如很高、高、中、低和很低）或数值来表达。如果使用数值，就可以把两个数值相乘，得出每个风险的概率-影响分值，以便据此在每个优先级组别之内排列单个风险的相对优先级。

（10）报告格式。确定将如何记录、分析和沟通项目风险管理过程的结果。在这一部分，描述风险登记册、风险报告以及项目风险管理过程的其他输出的内容和格式。

（11）跟踪。确定将如何记录风险活动，以及如何审计风险的管理过程。

11.19 识别风险

【基础知识点】

识别风险是识别单个项目风险及整体项目风险的来源并记录风险特征的过程。主要作用是记录现有的单个项目风险及整体项目风险的来源。本过程还汇集相关信息，以便项目团队能够恰当应对已识别风险。本过程需要在整个项目期间开展。在识别风险时，要同时考虑单个项目风险及整体项目风险的来源。项目团队的参与尤其重要，以便培养和保持他们对已识别的单个项目风险、整体项目风险级别和相关风险应对措施的主人翁意识和责任感。识别风险是一个迭代的过程。迭代的频率和每次迭代所需的参与程度因情况而异，应在风险管理计划中做出相应规定。

1. 主要输入

（1）项目管理计划。与本过程相关的项目管理计划组织主要包括：①需求管理计划（可能指出了特别有风险的项目目标）；②进度管理计划（可能列出了受不确定性或模糊性影响的一些进度领域）；③成本管理计划（可能列出了受不确定性或模糊性影响的一些成本领域）；④质量管理计划（可能列出了受不确定性或模糊性影响的一些质量领域，或者关键假设可能引发风险的一些质量领域）；⑤资源管理计划（可能列出了受不确定性或模糊性影响的一些资源领域，或者关键假设可能引发风险的一些资源领域）；⑥风险管理计划（规定了风险管理的角色和职责，说明了如何将风险管理活动纳入预算和进度计划，并描述了风险类别）；⑦范围基准（包括可交付成果及其验收标准，其中有些可能引发风险，还包括工作分解结构，可用作安排风险识别工作的框架）；⑧进度基准（通常可以找出存在不确定性或模糊性的里程碑日期和可交付成果的交付日期，或者可能引发风险的关键假设条件）；⑨成本基准（可以找出存在不确定性或模糊性的成本估算或资金需求，或者关键假设可能引发风险的方面）。

（2）项目文件。相关的项目文件主要包括：

1）假设日志。假设日志所记录的假设条件和制约因素可能引发单个项目风险，还可能影响整体项目风险的级别。

2）成本估算。是对项目成本的定量评估，理想情况下用区间表示，区间的大小预示着风险程度。

3）持续时间估算。是对项目持续时间的定量评估，理想情况下用区间表示，区间的大小预示着风险程度。

4）问题日志。所记录的问题可能引发单个项目风险，还可能影响整体项目风险的级别。

5）经验教训登记册。可以查看与项目早期所识别的风险相关的经验教训，以确定类似风险是否可能在项目的剩余时间再次出现。

6）需求文件。列明了项目需求，使团队能够确定哪些需求存在风险。

7）资源需求。是对项目所需资源的定量评估，理想情况下用区间表示，区间的大小预示着风险程度。

8）干系人登记册。规定了哪些个人或小组可能参与项目的风险识别工作，还会详细说明哪些个人适合扮演风险责任人的角色。

2. 主要工具与技术

（1）数据收集。数据收集的主要技术包括：

1）头脑风暴。目标是获取一份全面的项目风险来源的清单。可以用风险类别（如风险分解结构）作为识别风险的框架。因为头脑风暴生成的创意并不成型，所以应该特别注意对头脑风暴识别的风险进行清晰描述。

2）核对单。是包括需要考虑的项目、行动或要点的清单。它常被用作提醒。基于从类似项目和其他信息来源积累的历史信息和知识来编制核对单。必须确保不要用核对单来取代所需的风险识别工作。同时，项目团队也应该注意考察未在核对单中列出的事项。此外，还应该不时地审查核对单，增加新信息，删除或存档过时信息。

3）访谈。可通过访谈，来识别项目风险的来源。应该在信任和保密的环境下开展访谈，以获得真实可信、不带偏见的意见。

（2）数据分析。数据分析的主要技术包括：

1）根本原因分析。常用于发现导致问题的深层原因并制定预防措施。可以用问题陈述（如项目可能延误或超支）作为出发点，也可以用收益陈述（如提前交付或低于预算）作为出发点，识别出相应的机会。

2）假设条件和制约因素分析。开展假设条件和制约因素分析，来探索假设条件和制约因素的有效性，确定其中哪些会引发项目风险。从假设条件的不准确、不稳定、不一致或不完整，可以识别出威胁，通过清除或放松会影响项目或过程执行的制约因素，可以创造出机会。

3）SWOT 分析。这是对项目的优势、劣势、机会和威胁（简称 SWOT）进行逐个检查。在识别风险时，它会将内部产生的风险包含在内，从而拓宽识别风险的范围。

4）文件分析。通过对项目文件的结构化审查，可以识别出一些风险。可供审查的文件主要包括计划、假设条件、制约因素、以往项目档案、合同、协议和技术文件。不确定性或模糊性，以及同一文件内部或不同文件之间的不一致，都可能是项目风险的提示信号。

3. 主要输出

（1）风险登记册。风险登记册中记录了已识别项目风险的详细信息。其中主要包括：①已识别风险的清单（在风险登记册中，每个项目风险都被赋予一个独特的标识号，需要按照所需的详细程度对已识别风险进行描述，确保明确理解）；②潜在风险责任人（如果已在识别风险过程中识别出潜在的风险责任人，就要把该责任人记录到风险登记册中，随后将由实施定性风险分析过程进行确认）；③潜在风险应对措施清单（如果已在识别风险过程中识别出某种潜在的风险应对措施，就要把它记录到风险登记册中。随后将由规划风险应对过程进行确认）。

（2）风险报告。风险报告提供了关于整体项目风险的信息，以及关于已识别的单个项目风险的概述信息。其主要内容包括：①整体项目风险的来源，说明哪些是整体项目风险的最重要因素；②关于已识别的单个项目风险的概述信息；③根据风险管理计划中规定的报告要求，风险报告中可能还包含其他信息。

11.20 实施定性风险分析

【基础知识点】

实施定性风险分析是通过评估单个项目风险发生的概率和影响以及其他特征，对风险进行优先级排序，从而为后续分析或行动提供基础的过程。本过程的主要作用是重点关注高优先级的风险。本过程需要在整个项目期间开展。具有主观性。在整个项目生命周期中要定期开展实施定性风险分析过程。在敏捷或适应型开发环境中，实施定性风险分析过程通常要在每次迭代开始前进行。

1. 主要输入

（1）项目管理计划。本过程使用的项目管理计划的子计划是风险管理计划。本过程中需要特别注意的是风险管理的角色和职责、预算和进度活动安排，以及风险类别（通常在风险分解结构中定义）、概率和影响定义、概率和影响矩阵和干系人的风险临界值。

（2）项目文件。可作为本过程输入的项目文件主要包括：

1）假设日志。用于识别、管理和监督可能影响项目的关键假设条件和制约因素，它们可能影响对项目风险的优先级的评估。

2）风险登记册。包括了将在本过程评估的、已识别的项目风险的详细信息。

3）干系人登记册。它包括可能被指定为风险责任人的项目干系人的详细信息。

2. 主要工具与技术

（1）数据分析。数据分析的主要技术包括：

1）风险数据质量评估。旨在评价关于单个项目风险的数据的准确性和可靠性。使用低质量的风险数据，可能导致定性风险分析对项目来说基本没用。如果数据质量不可接受，就可能需要收集更好的数据。

2）风险概率和影响评估。考虑的是特定风险发生的可能性，而风险影响评估考虑的是风险对一项或多项项目目标的潜在影响。低概率和影响的风险将被列入风险登记册中的观察清单，以供未来监控。

3）其他风险参数评估。其他风险的特征主要包括：①紧迫性；②邻近性；③潜伏期；④可管理性；⑤可控性；⑥可监测性；⑦连通性；⑧战略影响力；⑨密切度。

（2）风险分类。可依据风险来源、受影响的项目领域，以及其他实用类别（如项目阶段、项目预算、角色和职责）来分类，还可以根据共同根本原因进行分类。

（3）数据表现。主要表现技术有：

1）概率和影响矩阵。概率和影响矩阵是把每个风险发生的概率和一旦发生对项目目标的影响映射起来的表格。此矩阵将概率和影响进行组合，以便于把单个项目风险划分到不同的优先级组别。

2）层级图。如果使用了两个以上的参数对风险进行分类，那就不能使用概率和影响矩阵，而需要使用其他图形（如气泡图）。

3. 主要输出

（1）风险登记册（更新）。用实施定性风险分析过程生成的新信息去更新风险登记册。更新内容可能包括每项单个项目风险的概率和影响评估、优先级别或风险分值、指定风险责任人、风险紧迫性信息或风险类别，以及低优先级风险的观察清单或需要进一步分析的风险。

（2）风险报告（更新）。更新后的风险报告记录最重要的单个项目风险（通常为概率和影响最高的风险）、所有已识别风险的优先级列表以及简要的结论。

11.21 实施定量风险分析

【基础知识点】

实施定量风险分析过程是就已识别的单个项目风险和不确定性的其他来源对整体项目目标的影响进行定量分析的过程。本过程的主要作用是量化整体项目风险，并提供额外的定量风险信息，以支持风险应对规划。本过程需要在整个项目期间开展。并非所有项目都需要实施定量风险分析。要使用被定性风险分析过程评估为对项目目标存在重大潜在影响的单个项目风险的信息。定量风险分析也可以在规划风险应对过程之后开展，以分析已规划的应对措施对降低整体项目风险最大可能的有效性。

1. 主要输入

（1）项目管理计划。本过程使用的项目管理计划的组件主要包括：①风险管理计划（风险管理计划确定项目是否需要使用定量风险分析，还会详述可用于分析的资源，以及预期的分析频率）；②范围基准、进度基准、成本基准（范围基准、进度基准和成本基准均提供了对单个项目风险和其他不确定性来源的影响开展评估的起点）。

（2）项目文件。本过程输入的项目文件主要包括：

1）假设日志。如果认为假设条件会引发项目风险，那么就应该把它们列作定量风险分析的输入。在定量风险分析期间，也可以建立模型来分析制约因素的影响。

2）估算依据。开展定量风险分析时，可以把用于项目规划的估算依据反映在所建立的变量分析模型中。可能包括估算目的、分类、准确性、方法论和资料来源。

3）成本估算。提供了对成本变化性进行评估的起始点。

4）成本预测。包括项目的完工尚需估算（ETC）、完工估算（EAC）、完工预算（BAC）和完工尚需绩效指数（TCPI）。把这些预测指标与定量成本风险分析的结果进行比较，以确定与实现这些指标相关的置信水平。

5）持续时间估算。提供了对进度变化性进行评估的起始点。

6）里程碑清单。项目的重要阶段决定着进度目标。把这些进度目标与定量进度风险分析的结果进行比较，以确定与实现这些目标相关的置信水平。

7）资源需求。提供了对变化性进行评估的起始点。

8）风险登记册。包含了用作定量风险分析输入的单个风险的详细信息。

9）风险报告。描述了整体项目风险来源，以及当前的整体项目风险状态。

10）进度预测。可以将预测与定量进度风险分析的结果进行比较，以确定与实现预测目标相关的置信水平。

2. 主要工具与技术

（1）不确定性表现方式。概率分布可能有多种形式，最常用的有三角分布、正态分布、对数正态分布、贝塔分布、均匀分布或离散分布。

（2）数据分析。数据分析的主要技术包含：

1）模拟。在定量风险分析中，使用模型来模拟单个项目风险和其他不确定性来源的综合影响，以评估它们对项目目标的潜在影响。模拟通常采用蒙特卡洛分析。

2）敏感性分析。敏感性分析有助于确定哪些单个项目风险或不确定性来源对项目结果具有最大的潜在影响。它在项目结果变化与定量风险分析模型中的要素变化之间建立联系。敏感性分析的结果通常用龙卷风图来表示。

3）决策树分析。用决策树在若干备选行动方案中选择一个最佳方案。在决策树中，用不同的分支代表不同的决策或事件，即项目的备选路径。

4）影响图。影响图是在不确定条件下进行决策的图形辅助工具。它将一个项目或项目中的一种情境表现为一系列实体、结果和影响，以及它们之间的关系和相互影响。

3. 主要输出

实施定量风险分析过程的主要输出是更新的风险报告。

其主要内容包括：对整体项目风险最大可能性的评估结果（整体项目风险有两种主要的测量方式：项目成功的可能性；项目固有的变化性）；项目详细概率分析的结果；单个项目风险优先级清单；定量风险分析结果的趋势；风险应对建议。

11.22 规划风险应对

【基础知识点】

规划风险应对是为处理整体项目风险敞口，以及应对单个项目风险而制订可选方案、选择应对策略并商定应对行动的过程。本过程的主要作用是制订应对整体项目风险和单个项目风险的适当方法。本过程还将分配资源，并根据需要将相关活动添加进项目文件和项目管理计划。本过程需要在整个项目期间开展。

风险应对方案应该与风险的重要性相匹配，并且能够经济、有效地应对挑战，同时在当前项目背景下现实可行，获得全体干系人的同意，并由一名责任人具体负责。要为实施商定的风险应对策略制订具体的应对行动。如果选定的策略并不完全有效，或者发生了已接受的风险，就需要制订应急计划。同时，也需要识别次生风险。次生风险是实施风险应对措施而直接导致的风险。

1. 主要输入

（1）项目管理计划。本过程使用的项目管理计划组件主要包括：①资源管理计划（资源管理计划有助于协调用于风险应对的资源和其他项目资源）；②风险管理计划（本过程会用到风险管理计划中的风险角色和职责、风险临界值）；③成本基准（成本基准包含了拟用于风险应对的应急资金的信息）。

（2）项目文件。可作为规划风险应对过程输入的项目文件主要包括：①经验教训登记册（查看关于项目早期的风险应对的经验教训，确定类似的应对是否适用于项目后期）；②项目进度计划（用于确定如何同时规划风险应对活动和其他项目活动）；③项目团队派工单（列明了可用于风险应对的人力资源）；④资源日历（确定了潜在的资源何时可用于风险应对）；⑤风险登记册（包含了已识别并排序的、需要应对的单个项目风险的详细信息。列出了每项风险的指定风险责任人，还可能包含在早期的项目风险管理过程中识别的初步风险应对措施。风险登记册可能还会提供有助于规划风险应对的、关于已识别风险的其他信息）；⑥风险报告（其中的项目整体风险最大可能风险的当前级别，会影响风险应对策略的选择。也可能按优先级顺序列出单个项目风险，并对单个项目风险的分布情况进行更多分析，这些信息都会影响风险应对策略的选择）；⑦干系人登记册（列出风险应对的潜在责任人）。

2. 主要工具与技术

（1）威胁应对策略。可以考虑以下五种备选的应对策略：①上报（如果项目团队或项目发起人认为某威胁不在项目范围内，或提议的应对措施超出了项目经理的权限，就应该采用上报策略）；②规避（风险规避是指项目团队采取行动来消除威胁，或保护项目免受威胁的影响，它可能适用于发生概率较高，且具有严重负面影响的高优先级的威胁）；③转移（转移涉及将应对威胁的责任转移给第三方，让第三方管理风险并承担威胁发生的影响）；④减轻（风险减轻是指采取措施来降低威胁发生的概率和影响）；⑤接受（风险接受是指承认威胁的存在，分为主动或被动方式）。

（2）机会应对策略。可以考虑以下五种备选策略：①上报（如果项目团队或项目发起人认为某机会不在项目范围内，或提议的应对措施超出了项目经理的权限，就应该采取上报策略）；②开拓（如果组织想确保把握住高优先级的机会，就可以选择开拓策略）；③分享（分享涉及将应对机会的责任转移给第三方，使其享有机会所带来的部分收益）；④提高（提高策略用于提高机会出现的概率和影响，提前采取提高措施通常比机会出现后尝试改善收益更加有效）；⑤接受（接受机会是指承认机会的存在，此策略可用于低优先级的机会，也可用于无法以任何其他方式经济、有效地应对的机会）。

（3）整体项目风险应对策略。风险应对措施的规划和实施不应只针对单个项目风险，还应针对整体的项目风险。用于应对单个项目风险的策略也适用于整体项目风险，主要包括：

1）规避。如果整体项目风险有严重的负面影响，并已超出商定的项目风险临界值，就可以采用规避策略。

2）开拓。如果整体项目风险有显著的正面影响，并已超出商定的项目风险临界值，就可以采用开拓策略。

3）转移或分享。如果整体项目风险的级别很高，组织无法有效加以应对，就可能需要让第三方代表组织对风险进行管理。

4）减轻或提高。本策略涉及变更整体项目风险的级别，以优化实现项目目标的可能性。

5）接受。即使整体项目风险已超出商定的临界值，如果无法针对整体项目风险采取主动的应对策略，组织可能选择继续按当前的定义推动项目进展。接受策略又分为主动或被动方式。

3. 主要输出

（1）风险登记册（更新）。更新可能包括：商定的应对策略；实施所选应对策略所需要的具体行动；风险发生的触发条件、征兆和预警信号；实施所选应对策略所需要的预算和进度活动；应急计划及启动该计划所需的风险触发条件；回退计划，供风险发生且主要应对措施不足以应对时使用；采取预定应对措施之后仍存在的残余风险，以及被有意接受的风险；由实施风险应对措施而直接导致的次生风险。

（2）风险报告（更新）。更新风险报告，记录针对当前整体项目风险敞口和高优先级风险的经商定的应对措施，以及实施这些措施之后的预期变化。

11.23 规划采购管理

【基础知识点】

规划采购管理是记录项目采购决策，明确采购方法，识别潜在卖方的过程。本过程的主要作用是确定是否从项目外部获取货物和服务。货物和服务可从执行组织的其他部门采购，或者从外部渠道采购。本过程仅开展一次或仅在项目的预定义点开展。

一般的采购步骤包括：准备采购工作说明书（SOW）或工作大纲（TOR）；准备高层级的成本估算，制定预算；发布招标广告；确定合格卖方的名单；准备并发布招标文件；由卖方准备并提交建议书；对建议书开展技术（包括质量）评估；对建议书开展成本评估；准备最终的综合评估报告

（包括质量及成本），选出中标建议书；结束谈判，买方和卖方签署合同。

1. 主要输入

（1）项目管理计划。与本过程相关的项目管理计划组件主要包括：

1）范围管理计划。范围管理计划说明如何在项目实施阶段管理承包商的工作范围等。

2）质量管理计划。质量管理计划包含项目需要遵循的行业标准与准则。这些标准与准则应写入招标文件，如建议邀请书，并将最终在合同中引用。这些标准与准则也可用于供应商资格预审，或作为供应商甄选标准的一部分。

3）资源管理计划。资源管理计划包括关于哪些资源需要采购或租赁的信息，以及任何可能影响采购的假设条件或制约因素。

4）范围基准。范围基准包含范围说明书、WBS 和 WBS 字典。在项目早期，项目范围可能仍要继续演进。应该针对项目范围中已知的工作编制工作说明书（SOW）和工作大纲（TOR）。

（2）项目文件。可作为本过程输入的项目文件主要包括：

1）里程碑清单。重要里程碑清单说明卖方需要在何时交付成果。

2）项目团队派工单。项目团队派工单包含关于项目团队技能和能力的信息，以及他们可用于支持采购活动的时间。如果项目团队不具备开展采购活动的能力，则需要外聘人员或对现有人员进行培训，或者二者同时进行。

3）需求文件。需求文件包括以下内容：一是卖方需要满足的技术要求；二是具有合同和法律意义的需求，如健康、安全、安保、绩效、环境、保险、知识产权、同等就业机会、执照、许可证，以及其他非技术要求。

4）需求跟踪矩阵。将产品需求从来源连接到满足需求的可交付成果。

5）资源需求。包含关于某些特定需求的信息。

6）风险登记册。列明风险清单，以及风险分析和风险应对规划的结果。有些风险应通过采购协议转移给第三方。

7）干系人登记册。提供有关项目参与者及其项目利益的详细信息，包括监管机构、合同签署人员和法务人员。

2. 主要输出

（1）采购管理计划。采购管理计划可包括以下内容：如何协调采购与项目的其他工作，如项目进度计划的制订和控制；开展重要采购活动的时间表；用于管理合同的采购测量指标；与采购有关的干系人角色和职责，如果执行组织有采购部，项目团队拥有的职权和受到的限制；可能影响采购工作的制约因素和假设条件；司法管辖权和付款货币；是否需要编制独立估算，以及是否应将其作为评价标准；风险管理事项，包括对履约保函或保险合同的要求，以减轻某些项目风险；拟使用的预审合格的卖方（如果有）等。

（2）采购策略。采购策略包含的主要内容如下：

1）交付方法：①专业服务项目的交付方法；②工业或商业施工项目的交付方法。

2）合同支付类型。合同支付类型与项目交付方法无关，需要与采购组织的内部财务系统相协调。主要包括：总价、固定总价、成本加奖励费用、成本加激励费用、工料、目标成本及其他。

3）采购阶段相关信息。可能包括：①采购工作的顺序安排或阶段划分，每个阶段的描述，以及每个阶段的具体目标；②用于监督的采购绩效指标和里程碑；③从一个阶段过渡到下一个阶段的标准；④用于追踪采购进展的监督和评估计划；⑤向后续阶段转移知识的过程。

（3）采购工作说明书。依据项目范围基准，为每次采购编制工作说明书（SOW），仅对将要包含在相关合同中的那一部分项目范围进行定义。应力求清晰、完整和简练。在采购过程中，应根据需要对工作说明书进行修订，直到它成为所签协议的一部分。

工作大纲通常包括：①承包商需要执行的任务，以及所需的协调工作；②承包商必须达到的适用标准；③需要提交批准的数据；④由买方提供给承包商的，适用时，将用于合同履行的全部数据和服务的详细清单；⑤关于初始成果提交和审查（或审批）的进度计划。

（4）招标文件。招标文件可以是信息邀请书、报价邀请书、建议邀请书，或其他适当的采购文件。使用不同文件的条件如下：

1）信息邀请书（RFI）：需要卖方提供关于拟采购货物和服务的更多信息时使用。随后一般还会使用报价邀请书或建议邀请书。

2）报价邀请书（RFQ）：如果需要供应商提供关于将如何满足需求和（或）将需要多少成本的更多信息，就使用报价邀请书。

3）建议邀请书（RFP）：如果项目中出现问题且解决办法难以确定，就使用建议邀请书，它是最正式的"邀请书"文件。

3. 合同类型

以项目范围为标准进行划分，可以将合同分为：项目总承包合同、项目单项承包合同和项目分包合同三类；以项目付款方式为标准进行划分，通常可将合同分为两大类，即总价合同和成本补偿合同。另外，常用的合同类型还有混合型的工料合同。

（1）项目总承包合同。买方将项目的全过程作为一个整体发包给同一个卖方的合同。需要特别注意的是，总承包合同要求只与同一个卖方订立承包合同，但并不意味着只订立一个总合同。

（2）项目单项承包合同。一个卖方只承包项目中的某一项或某几项内容，买方分别与不同的卖方订立项目单项承包合同。采用项目单项承包合同的方式有利于吸引更多的卖方参与投标竞争，使买方可以选择在某一单项上实力强的卖方。同时也有利于卖方专注于自身经验丰富且技术实力雄厚的部分的建设。但这种方式对于买方的组织管理协调能力提出了较高的要求。

（3）项目分包合同。分包合同涉及两种合同关系，即买方与卖方的承包合同关系，以及卖方与分包方的分包合同关系。如果分包的项目出现问题，买方既可以要求卖方承担责任，也可以直接要求分包方承担责任。订立项目分包合同必须同时满足以下五个条件：①经过买方认可；②分包的部分必须是项目非主体工作；③只能分包部分项目，而不能转包整个项目；④分包方必须具备相应的资质条件；⑤分包方不能再次分包。

（4）总价合同。总价合同（Fixed Price Contract）为既定产品或服务的采购设定一个总价。允许范围变更，但范围变更通常会导致合同价格提高。从付款的类型上来划分，总价合同又可以分为：

固定总价（Firm Fixed Price，FFP）；总价加激励费用（Fixed Price Incentive Fee，FPIF）合同；总价加经济价格调整合同（Fixed Price with Economic Price Adjustment，FPEPA）；订购单，也称为“单边合同”。

（5）成本补偿合同（Cost-Reimbursable Contract）。向卖方支付为完成工作而发生的全部合法实际成本（可报销成本），外加一笔费用作为卖方的利润。成本补偿合同也可为卖方超过或低于预定目标而规定财务奖励条款。成本补偿合同又分为：①成本加固定费用（Cost Plus Fixed Fee，CPFF）合同，为卖方报销履行合同工作所发生的一切合法成本（即成本实报实销），并向卖方支付一笔固定费用作为利润，该费用以项目初始估算成本（目标成本）的某一百分比计算；②成本加激励费用（Cost Plus Incentive Fee，CPIF）合同，为卖方报销履行合同工作所发生的一切合法成本（即成本实报实销），并在卖方达到合同规定的绩效目标时，向卖方支付预先确定的激励费用；③成本加奖励费用（Cost Plus Award Fee，CPAF）合同，为卖方报销履行合同工作所发生的一切合法成本（即成本实报实销），买方再凭自己的主观感觉给卖方支付一笔利润，完全由买方根据自己对卖方绩效的主观判断来决定奖励费用，并且卖方通常无权申诉。

（6）工料合同（Time and Material，T&M）。是指按项目工作所花费的实际工时数和材料数，按事先确定的单位工时费用标准和单位材料费用标准进行付款。是兼具成本补偿合同和总价合同的某些特点的混合型合同。

合同类型选择的原则：如果工作范围很明确，且项目的设计已具备详细的细节，则使用总价合同。如果工作性质清楚，但工作量不是很清楚，而且工作不复杂，又需要快速签订合同，则使用工料合同。如果工作范围尚不清楚，则使用成本补偿合同。如果双方分担风险，则使用工料合同；如果买方承担成本风险，则使用成本补偿合同；如果卖方承担成本风险，则使用总价合同。如果是购买标准产品，且数量不大，则使用单边合同等。

4. 合同内容

合同一般需包含的内容有：项目名称；标的内容和范围；项目的质量要求；项目的计划、进度、地点、地域和方式；项目建设过程中的各种期限；技术情报和资料的保密；风险责任的承担，明确项目的风险承担方式；技术成果的归属；验收的标准和方法；价款、报酬（或使用费）及其支付方式；违约金或者损失赔偿的计算方法；解决争议的方法；名词术语解释。此外，合同中还可以包括相关文档资料、项目变更的约定，以及有关技术支持服务的条款等内容作为上述基本条款的补充。

11.24 规划干系人参与

【基础知识点】

规划干系人参与是根据干系人的需求、期望、利益和对项目的潜在影响，制订项目干系人参与项目的方法的过程。本过程的主要作用是提供与干系人进行有效互动的可行计划。本过程应根据需要在整个项目期间定期开展。为满足项目干系人的多样性信息需求，应在项目生命周期的早期制订一份有效的计划；然后，随着干系人群体的变化，定期审查和更新该计划。会触发该计划更新的情况主要包括：①项目新阶段开始；②组织结构或行业内部发生变化；③新的个人或群体成为干系人，现有干系人不再是干系人群体的成员，或特定干系人对项目成功的重要性发生变化；④当其他项目过程（如变更管理、风险管理或问题管理）的输出导致需要重新审查干系人参与策略等。

1. 主要输入

（1）项目管理计划。本过程使用的项目管理计划组件主要包括：

1）资源管理计划。包含团队成员及其他干系人角色和职责的信息。

2）沟通管理计划。用于干系人管理的沟通策略以及用于实施策略的计划，既是项目干系人管理的各个过程的输入，又会收录来自这些过程的相关信息。

3）风险管理计划。可能包含风险临界值或风险态度，有助于选择最佳的干系人参与策略组合。

（2）项目文件。相关的项目文件主要包括：

1）假设日志。有关于假设条件和制约因素的信息，可能与特定干系人关联。

2）变更日志。记录了对原始项目范围的变更。变更通常与具体干系人相关联，因为干系人可能是变更请求提出者、变更请求审批者、受变更实施影响者。

3）问题日志。为了管理和解决问题日志中的问题，需要与受影响干系人额外沟通。

4）项目进度计划。进度计划中的活动需要与具体干系人关联，即把特定干系人指定为活动责任人或执行者。

5）风险登记册。包含项目的已识别风险，它通常会把这些风险与具体干系人关联，即把特定干系人指定为风险责任人或受风险影响者。

6）干系人登记册。提供项目干系人的清单、分类情况和其他信息。

2. 主要工具与技术

规划干系人参与的主要工具与技术为干系人参与度评估矩阵。干系人参与度评估矩阵用于将干系人当前参与水平与期望参与水平进行比较，干系人参与水平可分为如下几种：

1）不了解型：不知道项目及其潜在影响。

2）抵制型：知道项目及其潜在影响，但抵制项目工作或成果可能引发的任何变更，此类干系人不会支持项目工作或项目成果。

3）中立型：了解项目，但既不支持，也不反对。

4）支持型：了解项目及其潜在影响，并且会支持项目工作及其成果。

5）领导型：了解项目及其潜在影响，而且积极参与，以确保项目取得成功。

3. 主要输出

规划干系人参与过程的主要输出是干系人参与计划。该计划制订了干系人有效参与和执行项目决策的策略和行动。干系人参与计划可以是正式的或非正式的，非常详细的或高度概括的，这个基于项目的需要和干系人的期望。干系人参与计划主要包括调动干系人个人或群体参与的特定策略或方法。

11.25 考点实练

1．规划范围管理的输入不包括（　　）。

A．项目章程　　B．项目管理计划　　C．范围管理计划　D．组织过程资产

解析： 范围管理计划是经过规划范围管理后的输出，而不是输入。

答案： C

2．收集需求中输入的项目文件不包括（　　）。

A．假设日志　　B．需求文件　　C．经验教训登记册　D．干系人登记册

解析： 需求文件是收集需求过程的输出，而不是输入。假设日志识别了有关产品、项目、环境、干系人以及会影响需求的其他因素的假设条件，所以是收集需求的输入。

答案： B

3．定义范围是制订项目和产品详细描述的过程，其主要作用是（　　）。

A．描述产品、服务或成果的边界和验收标准

B．为定义产品范围和项目范围奠定基础

C．在整个项目期间对如何管理范围提供指南和方向

D．定义工作之间的逻辑顺序，以便在既定的所有项目制约因素下获得最高效率

解析： 定义范围的主要作用是确定所交付的产品、成果、服务的边界及验收的标准。

答案： A

4．以下不属于估算活动资源的输入的是（　　）。

A．进度管理计划　　B．活动清单、活动属性

C．活动资源需求　　D．活动成本估算

解析： 活动资源需求是估算活动资源的输出，而非输入。

答案： C

5．以下说法错误的是（　　）。

A．进度管理计划规定了用于估算活动持续时间的方法和准确度，以及其他标准，如项目更新周期

B．活动清单列出了需要进行持续时间估算的所有活动

C．估算的活动资源需求会对活动持续时间产生影响

D．资源日历中的资源可用性、资源类型和资源性质，一般不会影响活动的持续时间

解析： 资源可用性、资源类型和性质，都会影响活动的持续时间。例如，熟练人员通常比不熟练人员能在更短时间内完成活动。

答案： D

6．以下说法错误的是（　　）。

A．进度规划方法包括关键路径法（CPM）和关键链法（CCM）

B．制订进度计划需要审查和修正持续时间估算与资源估算，创建项目进度模型，制订项目进度计划，并在经批准后作为基准用于跟踪项目进度

C．制订可行的项目进度计划，是一个一次性可以做好的过程

D．经批准的最终进度计划将作为基准用于控制进度过程

解析：制订可行的项目进度计划，往往是一个反复进行的过程。

答案：C

7．以下说法错误的是（　）。

A．执行项目成本管理的第一个过程是由项目管理团队制订项目成本管理计划，该过程是编制项目整体管理计划过程的一部分

B．范围基准包括项目范围说明书和 WBS 详细信息，可用于成本估算和管理

C．进度基准定义了项目成本将在何时发生

D．发布的商业信息不会影响规划成本管理过程

解析：发布的商业信息是属于影响规划成本管理过程的事业环境因素。

答案：D

8．以下说法错误的是（　）。

A．质量管理计划被用于制订项目管理计划

B．干系人登记册有助于识别对质量重视或有影响的那些干系人

C．风险登记册包含可能影响质量要求的各种威胁和机会的信息

D．验收标准的界定可能导致质量成本并进而导致项目成本的显著增加或降低，满足所有验收标准意味着发起人和客户的需求得以满足

解析：A 选项的表述恰恰相反，项目管理计划应该用于制订质量管理计划，是制定质量管理计划时的输入。

答案：A

9．（　）是对每个质量活动进行成本效益分析，就是要比较其可能的成本与预期的效益。达到质量要求的主要效益包括减少返工、提高生产率、降低成本、提升干系人满意度和提升盈利能力。

A．成本效益分析法　B．质量成本法　C．标杆对照　D．实验设计

解析：成本效益分析可帮助项目经理确定规划的质量活动是否有效利用了成本。达到质量要求的主要效益包括减少返工、提高生产率、降低成本、提升干系人满意度及提升盈利能力。对每个质量活动进行成本效益分析，就是要比较其可能成本与预期效益。质量成本法是在产品生命周期中发生的所有成本，包括为预防不符合要求、为评价产品或服务是否符合要求以及因未达到要求而产生的所有成本。

标杆对照是将实际或计划的项目实践与可比项目的实践进行对照，以便识别最佳实践。

实验设计是一种统计方法，用来识别哪些因素会对正在生产的产品的流程的特定变量产生影响。

答案：A

10．以下（　　）不属于箭线图法的基本原则。

A．网络图中每一项活动和每一个事件都必须有唯一的一个代号，即网络图中不会有相同的代号

B．任两项活动的紧前事件和紧后事件代号至少有一个不相同，节点代号沿箭线方向越来越大

C．流入同一节点的活动，都有共同的紧后活动

D．使用方框或者长方形（被称作节点）代表活动，箭头连接以显示节点间的逻辑关系

解析：箭线图的三个原则：①网络图中的每一项活动和每一个事件都必须有唯一的代号，即不会有相同的代号；②任两项活动的紧前事件和紧后事件代号至少有一个不相同，节点代号沿箭线方向越来越大；③流入（流出）同一节点的活动，均有共同的紧后活动（或紧前活动）。

答案：D

第12章 执行过程组

12.0 章节考点分析

第 12 章执行过程组包括完成项目管理计划中确定的工作，以满足项目要求的 10 个过程：项目整合管理中的“指导与管理项目工作”和“管理项目知识”；项目质量管理中的“管理质量”；项目资源管理中的“获取资源”“建设团队”和“管理团队”；项目沟通管理中的“管理沟通”；项目风险管理中的“实施风险应对”；项目采购管理中的“实施采购”；项目干系人管理中的“管理干系人参与”。本过程组需要按照项目管理计划来协调资源，管理干系人参与，以及整合并实施项目活动。本过程组的主要作用是，根据计划执行为满足项目要求、实现项目目标所需的项目工作。

根据考试大纲，本章知识点会涉及单项选择题、案例分析题，其中单项选择题约占 8～12 分，案例分析题属于重点考点。这部分内容侧重于理解掌握。本章的架构如图 12-1 所示。

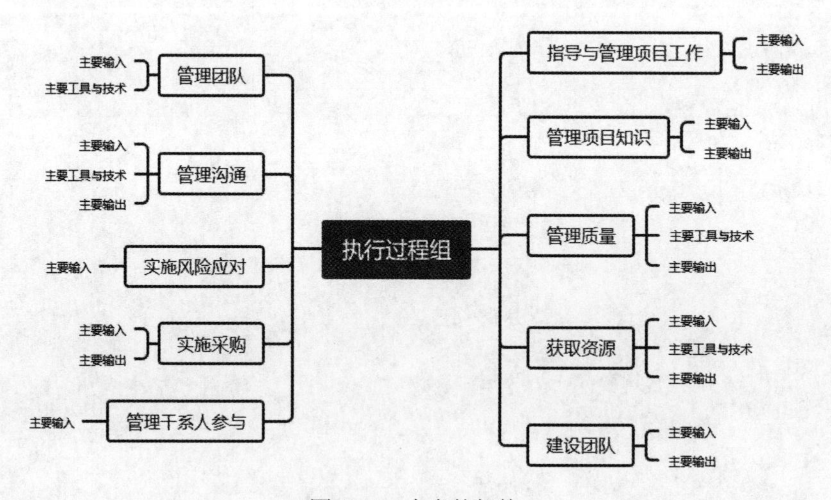

图 12-1 本章的架构

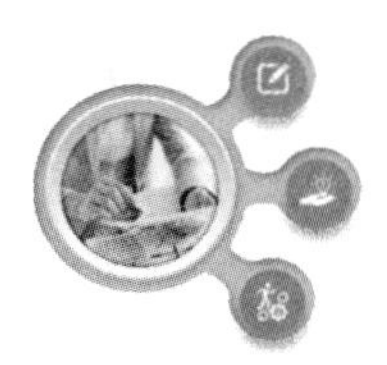

【导读小贴士】

执行过程组会耗费绝大多数的项目预算、资源和时间。共需要开展以下 11 类工作：

（1）按照资源管理计划，从项目执行组织内部或外部获取项目所需的团队资源和实物资源。

（2）对于团队资源，组建、建设和管理团队。对于实物资源，将其在正确的时间分配到正确的工作上。

（3）按照采购计划开展采购活动，从项目执行组织外部获取项目所需的资源、产品或服务。

（4）领导团队按照计划执行项目工作，随时收集能真实反映项目执行情况的工作绩效数据，并完成符合范围、进度、成本和质量要求的可交付成果。

（5）开展管理质量过程相关工作，有效执行质量管理体系。

（6）执行经批准的变更请求，包括纠正措施、缺陷补救和预防措施。

（7）执行经批准的风险应对策略和措施，降低威胁对项目的影响，提升机会对项目的影响。

（8）执行沟通管理计划，管理项目信息的流动，确保干系人了解项目情况。

（9）执行干系人参与计划，维护与干系人之间的关系，引导干系人的期望，促进其积极参与和支持项目。

（10）开展管理项目知识过程相关工作，促进利用现有知识，并形成新知识，进行知识分享和知识转移，促进本项目顺利实施和项目执行组织的发展。

（11）对项目团队成员和项目干系人进行培训或辅导，促进其更好地参与项目。

12.1 指导与管理项目工作

【基础知识点】

指导与管理项目工作是为实现项目目标而领导和执行项目管理计划中所确定的工作，并实施已批准变更的过程。本过程的主要作用是对项目工作和可交付成果开展综合管理，以提高项目成功的可能性。本过程需要在整个项目期间开展。

在项目执行过程中，收集工作绩效数据并传达给合适的控制过程做进一步分析。通过分析工作绩效数据，得到关于可交付成果的完成情况以及与项目绩效相关的其他细节，工作绩效数据用作监控过程组的输入，并可作为反馈输入到经验教训库，以改善未来工作的绩效。

主要输入为项目管理计划和项目文件，主要输出为可交付成果、工作绩效数据、问题日志和变更请求。

1. 主要输入

（1）项目管理计划。项目管理计划是说明项目执行、监控和收尾方式的一份文件，它整合并综合了所有子管理计划和基准，以及管理项目所需的其他信息。范围管理计划、需求管理计划、成本管理计划、进度管理计划、质量管理计划、范围基准、进度基准、成本基准等项目管理计划组件都可用作指导与管理项目工作过程的输入。

（2）项目文件。可作为本过程输入的项目文件主要包括：

1）变更日志。变更日志记录所有变更请求的状态。

2）经验教训登记册。经验教训用于改进项目绩效，以免重犯错误。登记册有助于确定针对哪些方面设定规则或指南，以使团队行动保持一致。

3）里程碑清单。里程碑清单列出特定里程碑的计划实现日期。

4）项目沟通记录。项目沟通记录包含绩效报告、可交付成果的状态，以及项目生成的其他信息。

5）项目进度计划。进度计划至少包含工作活动清单、持续时间、资源，以及计划的开始与完成日期。

6）需求跟踪矩阵。需求跟踪矩阵把产品需求连接到相应的可交付成果，有助于把关注点放在最终结果上。

7）风险登记册。风险登记册提供可能影响项目执行的各种威胁和机会的信息。

8）风险报告。风险报告提供关于整体项目风险来源的信息，以及关于已识别单个项目风险的概括信息。

2. 主要输出

（1）可交付成果。可交付成果是在某一过程、阶段或项目完成时，必须产出的任何独特并可核实的产品、成果或服务能力。它通常是为实现项目目标而完成的有形的组成部分，并可包括项目管理计划的组成部分。

（2）工作绩效数据。是在执行项目工作的过程中，从每个正在执行的活动中收集到的原始观察结果和测量值。数据通常是最低层次的细节，将交由其他过程从中提炼并形成信息。在工作执行过程中收集数据，再交由 10 大知识领域的相应的控制过程做进一步分析。

（3）问题日志。问题日志是一种记录和跟进所有问题的项目文件，需要记录和跟进的内容可能包括：①问题类型；②问题提出者和提出时间；③问题描述；④问题优先级；⑤由谁负责解决问题；⑥目标解决日期；⑦问题状态；⑧最终解决情况。问题日志可以帮助项目经理有效跟进和管理问题，确保它们得到调查和解决。作为本过程的输出，问题日志被首次创建。在整个项目生命周期应该随同监控活动更新问题日志。

（4）变更请求。变更请求是关于修改文件、可交付成果或基准的正式提议。如果在开展项目工作时发现问题，就可提出变更请求。变更请求可源自项目内部或外部，可能来自项目需求，也可能是法律（合同）强制要求。变更请求可能包括：

1）纠正措施：为使项目工作绩效重新与项目管理计划一致，进行的有目的的活动。

2）预防措施：为确保项目工作的未来绩效符合项目管理计划，进行的有目的的活动。

3）缺陷补救：为了修正不一致产品或产品组件进行的有目的的活动。

4）更新：对正式受控的项目文件或计划等进行的变更，以反映修改或增加的意见或内容。

12.2 管理项目知识

【基础知识点】

管理项目知识是使用现有知识并生成新知识，以实现项目目标，并且帮助组织学习的过程。本过程的主要作用是，利用已有的组织知识来创造或改进项目成果，并且使当前项目创造的知识可用于支持组织运营和未来的项目或阶段。知识管理的重点是把现有的知识条理化和系统化，知识通常分为“显性知识”和“隐性知识”。管理项目知识的关键活动是知识分享和知识集成。知识管理过程通常包括：①知识获取与集成；②知识组织与存储；③知识分享；④知识转移与应用；⑤知识管理审计。

知识管理的审计对象包括知识资源、安全和能力。组织知识管理的安全体系既包括知识管理系统的安全设备、软件和其他安全装置，也包括为使知识管理安全使用的安全政策、措施、策略和规章制度等。

知识能力审计主要包括：①群体的知识管理水平是否达到当前管理的基本要求；②群体的专业知识结构的合理性；③人员的知识供需安排的适当性；④组织主要管理人员的知识贡献与知识管理的规划是否一致；⑤人员的知识运用能力及创新知识能力等。

1. 主要输入

（1）项目管理计划。范围管理计划、需求管理计划、成本管理计划、进度管理计划、质量管理计划、范围基准、进度基准、成本基准等项目管理计划组件都可用作管理项目知识过程的输入。

（2）项目文件。可作为管理项目知识过程输入的项目文件主要包括：

1）经验教训登记册。提供了有效的知识管理实践。

2）项目团队派工单。说明了项目团队已具有的能力和经验以及可能缺乏的知识。

3）资源分解结构。包含有关团队组成的信息，有助于了解团队拥有和缺乏的知识。

4）供方选择标准。包含供方能力和潜能、技术专长和方法、具体的相关经验知识转移计划（包括培训计划等信息），有助于了解供方所拥有的知识。

5）干系人登记册。包含已识别的干系人的详细情况，有助于了解他们可能拥有的知识。

（3）可交付成果。可交付成本通常是为实现项目目标而完成的、有形的、项目结果的组成部分，包括项目管理计划的组成部分。

2. 主要输出

本过程的主要输出是经验教训登记册。

可以包含情况的类别和描述，还可以包括与情况相关的影响、建议和行动方案。经验教训登记册可以记录遇到的挑战、问题、意识到的风险和机会，或其他适用的内容。经验教训登记册在项目早期创建，项目或阶段结束时，应把相关信息归入经验教训知识库，成为组织过程资产的一部分。

12.3 管理质量

【基础知识点】

管理质量是把组织的质量政策用于项目，并将质量管理计划转化为可执行的质量活动的过程。本过程的主要作用是提高实现质量目标的可能性，以及识别无效过程和导致质量低劣的原因，促进质量过程改进。管理质量过程执行在项目质量管理计划中所定义的一系列有计划、有系统的行动和过程，这有助于：①通过执行有关产品特定方面的设计准则，设计出最优的、成熟的产品；②建立信心，相信通过质量保证工具与技术可以使输出在完工时满足特定的需求和期望；③确保使用质量过程并确保其使用能够满足项目的质量目标；④提高过程和活动的效率与效果，获得更好的成果和绩效并提高干系人满意度。

管理质量是所有人的共同职责，甚至是客户。

管理质量过程的主要工作包括：①执行质量管理计划中规划的质量管理活动，确保项目工作过程和工作成果达到质量测量指标及质量标准；②把质量标准和质量测量指标转化成测试与评估文件，供控制质量过程使用；③根据风险评估报告识别与处置项目质量目标的机会和威胁，以便提出必要的变更请求，如调整质量管理方法或质量测量指标等；④根据质量控制测量结果评价质量管理绩效及质量管理体系的合理性，以便提出必要的变更请求，实现过程改进；⑤质量管理持续优化改进，需参考已记入经验教训登记册的质量管理经验教训；⑥根据质量管理计划、质量测量指标、质量控制测量结果、管理质量过程的实施情况等，编制质量报告，并向项目干系人报告项目质量绩效。

1. 主要输入

（1）项目管理计划。质量管理计划是项目管理计划的组件。质量管理计划定义了项目和产品质量的可接受水平，并描述了如何确保可交付成果和过程达到这一质量水平。质量管理计划还描述了不合格产品的处理方式以及需要采取的纠正措施。

（2）项目文件。可作为管理质量过程输入的项目文件主要包括：①经验教训登记册（项目早期与质量管理有关的经验教训，可以运用到项目后期阶段，以提高质量管理的效率与效果）；②质量控制测量结果（质量控制测量结果用于分析和评估项目过程和可交付成果的质量是否符合执行组织的标准或特定要求，质量控制测量结果也有助于分析这些测量结果的产生过程，以确定实际测量结果的正确程度）；③质量测量指标（核实质量测量指标是控制质量过程的一个环节；管理质量过程依据这些质量测量指标设定项目的测试场景和可交付成果，用作质量改进的依据）；④风险报告（使用风险报告识别整体项目风险，这些风险能够影响项目的质量目标）。

2. 主要工具与技术

（1）数据收集。核对单是一种结构化工具，通过具体列出各检查项来核实一系列步骤是否已经执行，确保在质量控制过程中规范地执行经常性任务。在管理质量过程中，可以用核对单收集数据，反映该做的事情是否已做，以及是否已做到符合要求。

（2）数据分析。数据分析包括备选方案分析、文件分析、过程分析和根本原因分析。备选方案分析用于分析多种可选的质量活动实施方案，并做出选择。文件分析用于分析质量控制测量结果、质量测试与评估结果、质量报告等，以便判断质量过程的实施情况好坏。过程分析用于把一个生产过程分解成若干环节，逐一加以分析，发现最值得改进的环节。根本原因分析用于分析导致某个或某类质量问题的根本原因。

（3）决策。多标准决策分析是借助决策矩阵，用系统分析方法建立多种标准，以对众多需要决策内容进行评估和排序。可用多标准决策分析技术来对多种质量活动实施方案进行排序，并作出选择。

（4）数据表现。数据表现的主要工具包括：

1）亲和图。亲和图用于根据其亲近关系对导致质量问题的各种原因进行归类，展示最应关注的领域。

2）因果图。因果图也叫鱼刺图或石川图，用来分析导致某一结果的一系列原因，有助于人们进行创造性、系统性思维，找出问题的根源。它是进行根本原因分析的常用方法。

3）流程图。流程图展示了引发缺陷的一系列步骤，用于完整地分析某个或某类质量问题产生的全过程。

4）直方图。直方图是一种显示各种问题分布情况的柱状图。

5）矩阵图。矩阵图在行列交叉的位置展示因素、原因和目标之间的关系强弱。六种常规的矩阵图是：①屋顶形，用于表示同属一组变量的各个变量之间的关系；②L 形，通常为倒 L 形，用于表示两组变量之间的关系；③T 形，用于表示一组变量分别与另两组变量的关系，后两组变量之间没有关系；④X 形，用于表示四组变量之间的关系，每组变量同时与其他两组有关系；⑤Y 形，用于表示三组变量之间的两两关系，每两组变量之间都有关系；⑥C 形，用于表示三组变量之间的关系。三组变量同时有关系。

6）散点图。散点图是一种展示两个变量之间的关系的图形，它能够展示两支轴的关系，一般一支轴表示过程、环境或活动的任何要素，另一支轴表示质量缺陷。是最简单的回归分析工具。

（5）审计。审计是用于确定项目活动是否遵循了组织和项目的政策、过程与程序的一种结构化且独立的过程。质量审计目标一般包括：①识别全部正在实施的良好及最佳实践；②识别所有违规做法、差距及不足；③分享所在组织和行业中类似项目的良好实践；④积极、主动地提供协助，以改进过程的执行，从而帮助团队提高生产效率；⑤强调每次审计都应对组织经验教训知识库的积累做出贡献。

（6）面向 X 的设计。X 既可以是卓越（excellence）的意思，也可以是产品的某种特性，如可靠性、可用性、安全性和经济性。前者追求整个产品在整个生命周期中的最优化，后者重点改进产品的某个特性。使用面向 X 的设计可以降低成本、改进质量、提高绩效和客户满意度。

（7）问题解决。问题解决是指用结构化的方法从根本上解决在控制质量过程或质量审计中发现的质量管理问题。从定义问题、识别根本原因，到形成备选解决方案、选择最好的方案，再到实施选定的方案、核实解决效果。

（8）质量改进方法。在管理质量过程中，要基于过程分析的结果，用质量改进方法去做过程改进。可以用来做过程改进的方法有：戴明环、六西格玛、精益生产和精益六西格玛等。

3. 主要输出

（1）质量报告。质量报告可能是图形、数据或定性文件，其中包含的信息可帮助其他过程和部门采取纠正措施，以实现项目质量目标。质量报告的信息可以包含团队上报的质量管理问题，针对过程、项目和产品的改善建议、纠正措施建议，以及在控制质量过程中发现的情况的概述。

（2）测试与评估文件。可基于行业需求和组织模板创建测试与评估文件。它们是控制质量过程的输入，用于评估质量目标的实现情况。这些文件可能包括专门的核对单（又称检查单）和详尽的需求跟踪矩阵。

12.4 获取资源

【基础知识点】

获取资源是获取项目所需的团队资源、设施、设备、材料、用品和其他资源的过程。本过程的主要作用是，概述和指导资源的选择，并将其分配给相应的活动。本过程应根据需要在整个项目期间定期开展。获取资源过程旨在以正确的方式在正确的时间获取适合的人力资源和实物资源。本过程还需要对所获取的资源进行分配，并形成相应的资源分配文件，包括物质资源分配单和项目团队派工单。

1. 主要输入

（1）项目管理计划。获取资源过程使用的项目管理计划组件主要包括：①资源管理计划（资源管理计划为如何获取项目资源提供指南）；②采购管理计划（采购管理计划提供了将从项目外部获取的资源的信息，包括如何将采购与其他项目工作整合起来，以及涉及资源采购工作的干系人）；③成本基准（成本基准提供了项目活动的总体预算）。

（2）项目文件。可作为获取资源过程输入的项目文件主要包括：①项目进度计划（展示了各项活动及其开始和结束日期，有助于确定需要提供和获取资源的时间）；②资源日历（记录了每个项目资源在项目中的可用时间段，资源日历需要在整个项目过程中渐进明细和更新，资源日历是获取资源过程的输出，在重复本过程时随时可用）；③资源需求（资源需求识别了需要获取的资源）；④干系人登记册（可能会发现干系人对项目特定资源的需求或期望，在获取资源过程中应加以考虑）。

2. 主要工具与技术

（1）决策。多标准决策分析可用于获取资源过程的决策，选择标准常用于选择项目的物质资源或项目团队。可使用的选择标准包括：①可用性；②成本；③能力；④经验；⑤知识；⑥技能；⑦态度；⑧其他客观因素。

（2）人际关系与团队技能。适用于本过程的人际关系与团队技能一般为谈判。

（3）预分派。指事先确定项目的物质或团队资源，下列情况需要进行预分派：①在竞标过程中承诺分派特定人员进行项目工作；②项目取决于特定人员的专有技能；③在完成资源管理计划的前期工作之前，制定项目章程过程或其他过程已经指定了某些团队成员的工作。

（4）虚拟团队。项目经理可以借助电子邮件、电话会议、社交媒体、网络会议和视频会议等沟通技术组建虚拟团队来提高获取人力资源的灵活性。虚拟团队特别需要有效的沟通管理计划与真正的团队建设。应该在项目关键时点把虚拟团队成员召集在一起进行临时的集中办公，以加强团队建设。

3. 主要输出

（1）物质资源分配单。记录了项目将使用的材料、设备、用品、地点和其他实物资源。

（2）项目团队派工单。记录了团队成员及其在项目中的角色和职责，可包括项目团队名单，还需要把人员姓名插入项目管理计划的其他部分，如项目组织图和进度计划。

（3）资源日历。识别了每种具体资源可用时的工作日、班次、正常营业的上下班时间、周末和公共假期。

12.5 建设团队

【基础知识点】

建设团队是提高工作能力、促进团队成员互动、改善团队整体氛围，以提高项目绩效的过程。本过程的主要作用是，改进团队协作、增强人际关系技能、激励员工、减少摩擦以及提升整体项目绩效。本过程需要在整个项目期间开展。

建设项目团队的目标包括：①提高团队成员的知识和技能；②提高团队成员之间的信任和认同感；③创建富有生气、凝聚力和协作性的团队文化；④提高团队参与决策的能力。

塔克曼阶梯理论提出团队建设通常要经过形成阶段、震荡阶段、规范阶段、成熟阶段和解散阶段。

1. 主要输入

（1）项目管理计划。组件包括资源管理计划。资源管理计划为如何通过团队绩效评价和其他形式的团队管理活动，为项目团队成员提供奖励、提出反馈、增加培训或采取惩罚措施提供了指南。

（2）项目文件。相关的项目文件主要包括：①经验教训登记册（项目早期与团队建设有关的经验教训可以运用到项目后期阶段）；②项目进度计划（定义了如何以及何时为项目团队提供培训，以培养项目不同阶段所需的能力，并根据项目执行期间的任何差异，识别需要的团队建设策略）；③项目团队派工单（识别了团队成员的角色与职责）；④资源日历（定义了项目团队成员何时能参与团队建设活动，有助于说明团队在整个项目期间的可用性）；⑤团队章程（用于指导团队建设的高层文件，包含团队工作指南）。

2. 主要输出

本过程的主要输出是团队绩效评价。

评价团队有效性的指标可包括：①个人技能的改进，从而使成员更有效地完成工作任务；②团队能力的改进，从而使团队成员更好地开展工作；③团队成员离职率的降低；④团队凝聚力的加强，从而使团队成员公开分享信息和经验，并互相帮助来提高项目绩效。

12.6 管理团队

【基础知识点】

管理团队是跟踪团队成员工作表现、提供反馈、解决问题并管理团队变更，以优化项目绩效的过程。本过程的主要作用是，影响团队行为、管理冲突以及解决问题。本过程需要在整个项目期间开展。

管理团队的主要工作包括：在管理团队的过程中，分析冲突背景、原因和阶段，采用适当方法解决冲突；考核团队绩效并向成员反馈考核结果；持续评估工作职责的落实情况，分析团队绩效的改进情况，考核培训、教练和辅导的效果；持续评估团队成员的技能并提出改进建议，持续评估妨碍团队的困难和障碍的排除情况，持续评估与成员的工作协议的落实情况；发现、分析和解决成员之间的误解，发现和纠正违反基本规则的言行；对于虚拟团队，则还要持续评估虚拟团队成员参与的有效性。

1. 主要输入

（1）项目管理计划。与本过程相关的项目管理计划组件主要包括资源管理计划。资源管理计划为如何管理和最终遣散项目团队资源提供指南。

（2）项目文件。相关的项目文件主要包括：①问题日志（在管理项目团队过程中，可用问题日志记录由谁负责在规定的目标时间内解决特定问题，并监督解决情况）；②经验教训登记册（项目早期的经验教训可以运用到项目后期阶段，以提高团队管理的效率与效果）；③项目团队派工单（项目团队派工单识别了团队成员的角色与职责）；④团队章程（团队章程为团队应如何决策、举行会议和解决冲突提供指南）。

（3）工作绩效报告。它包括从进度控制、成本控制、质量控制和范围确认中得到的结果，有助于项目团队管理。

（4）团队绩效评价。不断地评价项目团队绩效，有助于采取措施解决问题、调整沟通方式、解决冲突和改进团队互动。

2. 主要工具与技术

（1）人际关系与团队技能。适用于管理团队的人际关系与团队技能主要包括：

1）冲突管理。冲突的来源包括资源稀缺、进度优先级排序和个人工作风格差异等。冲突的发展划分成如下五个阶段：①潜伏阶段；②感知阶段；③感受阶段；④呈现阶段；⑤结束阶段。在冲突发展的潜伏阶段和感知阶段，重点是预防冲突。在冲突发展进入感受阶段及呈现阶段后，则重点在解决冲突。

2）制定决策。进行有效决策需要：①着眼于所要达到的目标；②遵循决策流程；③研究环境因素；④分析可用信息；⑤激发团队创造力；⑥理解风险等。

3）情商。

4）影响力。

5）领导力。

（2）项目管理信息系统。项目管理信息系统可包括资源管理或进度计划软件，可用于在各个项目活动中管理和协调团队成员。

12.7　管理沟通

【基础知识点】

管理沟通是确保项目信息及时且恰当地收集、生成、发布、存储、检索、管理、监督和最终处置的过程。本过程的主要作用是，促成项目团队与干系人之间的有效率且有效果的沟通。主要工作是根据项目管理计划中的沟通管理计划有效率且有效果地开展沟通，得到项目沟通记录。

1. 主要输入

（1）项目管理计划。与本过程相关的项目管理计划组织主要包括：①资源管理计划（描述为管理团队或物质资源所需开展的沟通）；②沟通管理计划（描述将如何对项目沟通进行规划、结构化和监控）；③干系人参与计划（描述如何用适当的沟通策略引导干系人参与项目）。

（2）项目文件。与本过程相关的项目文件主要包括：①变更日志（用于向受影响的干系人传达变更，以及变更请求的情况）；②问题日志（将与问题有关的信息传达给受影响的干系人）；③经验教训登记册（项目早期获取的与管理沟通有关的经验教训）；④质量报告（包括与质量问题、项目和产品改进，以及过程改进相关的信息）；⑤风险报告（提供关于整体项目风险来源的信息，以及关于已识别的单个项目风险的概述信息，这些信息应传达给风险责任人及其他受影响的干系人）；⑥干系人登记册（确定了需要各类信息的人员、群体或组织）。

（3）工作绩效报告。可表现为有助于引起关注、制定决策和采取行动的仪表指示图、热点报告、信号灯图或其他形式。

2. 主要工具与技术

（1）沟通技术。包括对话、会议、书面文件、数据库、社交媒体和网站。

（2）沟通方法。

（3）沟通技能。包括沟通胜任力、反馈、非口头技能、演示。

（4）项目管理信息系统。

（5）项目报告。是收集和发布项目信息及绩效的行为。

（6）人际关系与团队技能。包括积极倾听、文化意识、会议管理、人际交往和政策意识等。

（7）会议。

3. 主要输出

本过程的主要输出是项目沟通记录。其主要内容包括绩效报告、可交付成果的状态、进度进展、产生的成本、演示，以及干系人需要的其他信息。

12.8 实施风险应对

【基础知识点】

实施风险应对是执行商定的风险应对计划的过程。主要作用是，确保按计划执行商定的风险应对措施，来管理整体项目风险、最小化单个项目威胁，以及最大化单个项目机会。本过程需要在整个项目期间开展。项目经理作为整体项目风险的责任人，必须根据规划风险应对过程的结果，组织所需的资源，采取已商定的应对策略和措施处理整体项目风险，使整体项目风险保持在合理水平。

实施风险应对的主要输入有项目管理计划和项目文件。

（1）项目管理计划。与本过程相关的项目管理计划组件主要是风险管理计划。风险管理计划列明了与风险管理相关的项目团队成员和其他干系人的角色和职责，据此对风险应对措施分配责任人。风险管理计划定义了适用于本项目的风险管理方法及项目的风险临界值。

（2）项目文件。与本过程相关的项目文件主要包括：①经验教训登记册（项目早期获得的与实施风险应对有关的经验教训，可用于项目后期提高本过程的有效性）；②风险登记册（记录了每项单个风险的商定风险应对措施，以及负责应对的指定责任人）；③风险报告（包括对当前整体项目风险的评估，以及商定的风险应对策略，还会描述重要的单个项目风险及其应对计划）。

12.9 实施采购

【基础知识点】

实施采购是获取卖方应答、选择卖方并授予合同的过程。本过程的主要作用是，选定合格卖方并签署关于货物或服务交付的法律协议。本过程的最后成果是签订的协议，包括正式合同。本过程应根据需要在整个项目期间定期开展。

采购形式一般有：直接采购、邀请招标、竞争招标。以招投标方式进行的采购，实施采购过程包括招标、投标、评标和授标四个环节。

常用的评标方法包括：加权打分法、筛选系统、独立估算。

1. 主要输入

（1）项目管理计划。实施采购过程使用的项目管理计划组件主要包括：①范围管理计划（描述如何管理总体工作范围，包括由卖方负责的工作范围）；②需求管理计划（有助于识别和分析拟通过采购来实现的需求）；③沟通管理计划（描述买方和卖方之间如何开展沟通）；④风险管理计划（描述如何安排和实施项目风险管理活动）；⑤采购管理计划（包含在实施采购过程中应该开展的活动）；⑥配置管理计划（有助于确定卖方必须实现的重要配置参数）；⑦成本基准（包括用于开展采购的预算，用于管理采购过程的成本，以及用于管理卖方的成本）。

（2）项目文件。与本过程相关的主要项目文件包括：①经验教训登记册（在项目早期获取的与实施采购有关的经验教训，可用于项目后期阶段，以提高本过程的效率）；②项目进度计划（确定项目活动的开始和结束日期，包括采购活动，它还会规定承包商最终的交付日期）；③需求文件（可能包括卖方需要满足的技术要求及具有合同和法律意义的需求，如健康、安全、安保、绩效、环境、保险、知识产权、同等就业机会、执照、许可证，以及其他非技术要求）；④风险登记册（有助于评估与特定潜在的卖方及其建议书有关的风险）；⑤干系人登记册（此文件包含与已识别干系人有关的所有详细信息，有助于邀请潜在的卖方提交建议书，以及考虑各主要干系人对建议书评审的要求和期望）。

（3）采购文档。其中可能包括当前项目启动之前的较旧文件。采购文档可包括：①招标文件（包括发给卖方的信息邀请书、建议邀请书、报价邀请书或其他文件，以便卖方编制应答文件）；②采购工作说明书（向卖方清晰地说明目标、需求及成果）；③独立成本估算（可由内部或外部人员编制，用于评价投标人提交的建议书的合理性）；④供方选择标准（描述如何评估投标人的建议书，包括评估标准和权重）。

（4）卖方建议书。卖方为响应采购文件包而编制的建议书，其中包含的基本信息将被评估团队用于选定一个或多个投标人。

2. 主要输出

（1）选定的卖方。

（2）协议。协议的内容一般包括：采购工作说明书或主要的可交付成果；进度计划、里程碑或进度计划中规定的日期；绩效报告；定价和支付条款；检查、质量和验收标准；担保和后续产品支持；激励和惩罚；保险和履约保函；下属分包商批准；一般条款和条件；变更请求处理；终止条款和替代争议解决方法。

12.10 管理干系人参与

【基础知识点】

管理干系人参与是与干系人进行沟通和协作以满足其需求与期望、处理问题，并促进干系人合理参与的过程。本过程的主要作用是，让项目经理能够提高干系人的支持，并尽可能降低干系人的抵制。在管理干系人参与过程中，需要开展多项活动，包括：①在适当的项目阶段引导干系人参与，以便获取、确认或维持他们对项目成功的持续承诺；②通过谈判和沟通的方式管理干系人期望；③处理与干系人管理有关的任何风险或潜在关注点，预测干系人可能在未来引发的问题；④澄清和解决已识别的问题等。

管理干系人参与的主要输入有项目管理计划和项目文件。

（1）项目管理计划。本过程使用的项目管理计划组件主要包括：①沟通管理计划（描述与干系人沟通的方法、形式和技术）；②风险管理计划（描述了风险类别、风险偏好和报告格式）；③干系人参与计划（为管理干系人期望提供指导和信息）；④变更管理计划（描述了提交、评估和执行项目变更的过程）。

（2）项目文件。可作为管理干系人过程输入的项目文件主要包括：①变更日志（记录变更请求及其状态，并将其传递给适当的干系人）；②问题日志（记录项目或干系人的关注点，以及关于处理问题的行动方案）；③经验教训登记册（在项目早期获取的与管理干系人参与有关的经验教训，可用于项目后期阶段，以提高本过程的效率和效果）；④干系人登记册（提供项目干系人清单，及执行干系人参与计划所需的任何信息）。

12.11 考点实练

1．过程改进通常是在（　）过程中。

A．规划质量管理　B．管理质量　C．控制质量　D．检查质量

解析：管理质量是把组织的质量政策用于项目，并将质量管理计划转化为可执行的质量活动的过程。本过程的主要作用是提高实现质量目标的可能性，以及识别无效过程和导致质量低劣的原因，促进质量过程改进。

答案：B

2．项目经理观察到有些项目团队成员开始调整工作习惯以配合其他成员。但是，他们彼此仍然缺乏信任。项目经理可以得出（　）的结论。

A．团队处于规范阶段，很有可能进入到成熟阶段

B．团队处于震荡阶段，很有可能进入到规范阶段

C．团队处于规范阶段，很有可能退回到震荡阶段

D．团队处于震荡阶段，很有可能退回到形成阶段

解析：规范阶段的特征是：团队成员开始协同工作，并调整各自的工作习惯和行为来支持团队，成员之间学习相互信任。信任不足够充分则会导致回退至震荡阶段。

答案：C

3．执行过程组的主要目标是（　）。

A．跟踪并审查项目进度　B．管理干系人的期望

C．完成确定的工作满足项目目标　D．监控进度表

解析：执行过程组的主要作用就是通过耗费绝大多数的资源，根据计划执行为满足项目的要求，实现项目目标所需的项目工作。

答案：C

4．以下关于采购工作说明书的叙述中，（　）是错误的。

A．采购工作说明书与项目范围基准没有关系

B．采购工作说明书与项目的工作说明书不同

C．应在编制采购计划的过程中编写采购工作说明书

D．采购工作说明书定义了与项目合同相关的范围

解析：本题考查的是工作说明书的定义。对所购买的产品、成果或服务来说，采购工作说明书

定义了与合同相关的那部分项目范围。每个采购工作说明书来自于项目范围基准。工作说明书是对项目所要提供的产品、成果或服务的描述。在一些应用领域中，对一份采购工作说明书有具体的内容和格式要求。每一个单独的采购项需要一个工作说明书。然而，多个产品或服务也可以组成一个采购项，写在一个工作说明书里。随着采购过程的进展，采购工作说明书可根据需要修订和进一步明确。编制采购管理计划过程可能导致申请变更，从而引发项目管理计划的相应内容和其他分计划的更新。

综上所述，采购工作说明书与项目的工作说明书之间存在区别和联系。采购工作说明书不是一次编写完成的，编制采购管理计划的过程可能会引起采购工作说明书的变更，采购工作说明书定义了与合同相关的部分项目范围。每个采购说明书来自于项目的范围基准，与项目范围基准之间存在密切关系。因此应选择 A 项。

答案： A

5．管理项目干系人参与过程的主要作用是（　　）。

A．限制干系人参与项目　　B．鼓励干系人参与项目

C．提升干系人对项目的支持　　D．与干系人进行沟通

解析： 管理干系人参与过程实际上就是“实施干系人管理”的过程，主要作用是帮助项目经理提升来自干系人的支持，并把反对者的抵制降到最低，从而提高项目成功率。

答案： C

6．项目经理有责任处理项目过程中发生的冲突，以下解决方法中，（　　）会使冲突的双方最满意，也是冲突管理最有效的一种方法。

A．双方沟通，积极分析，选择合适的方案来解决问题

B．双方各作出一些让步，寻求一种折中的方案来解决问题

C．将眼前的问题搁置，等待合适的时机再进行处理

D．冲突的双方各提出自己的方案，最终听从项目经理的决策

解析： 冲突管理最有效的方法就是问题解决。

答案： A

7．（　　）指通过考虑风险发生的概率及风险发生后对项目目标及其他因素的影响，对已识别风险的优先级进行评估。

A．风险管理　　B．定性风险分析　　C．风险控制　　D．风险应对计划编制

解析： 本题考查的是风险管理的过程。定性风险分析是指通过考虑风险发生的概率，风险发生后对项目目标及其他因素（即费用、进度、范围和质量风险承受度水平）的影响，对已识别风险的优先性进行评估。

答案： B

第13章

监控过程组

13.0 章节考点分析

第13章监控过程组由监督项目执行情况并在必要时采取纠正措施，识别必要的计划变更并启动相应的变更程序等12个过程组成。各过程之间存在相互作用，工作并行开展。监督是收集项目绩效数据，计算绩效指标，并报告和发布绩效信息。这个项目过程组的目的在于，定期监督和计量项目绩效以及时发现实际情况与项目管理计划之间的偏差，对预知可能出现的问题制定预防措施，以及控制变更。监控过程组不仅监视和控制某一过程组正在进行的工作，而且还监视和控制整个项目的成果。

根据考试大纲，本章知识点会涉及单项选择题、案例分析题，其中单项选择题约占9～11分，案例分析题属于重点考点。这部分内容侧重于理解掌握。本章的架构如图13-1所示。

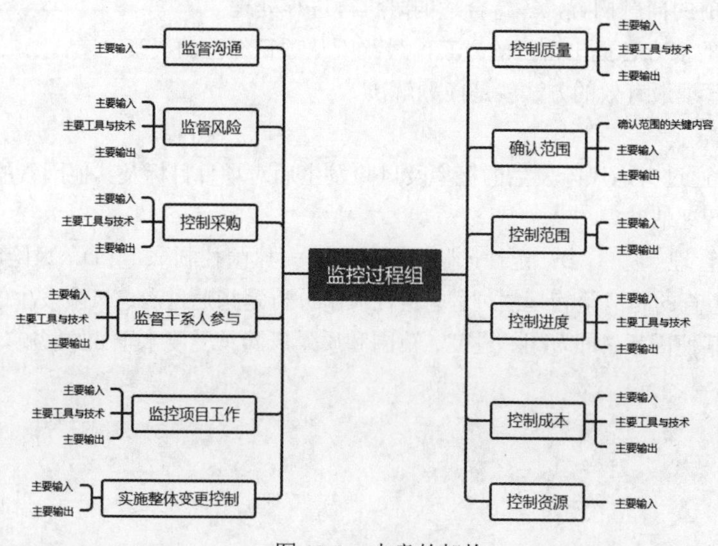

图13-1 本章的架构

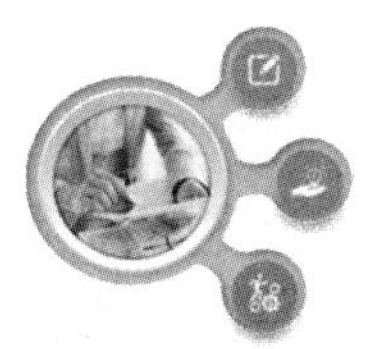

【导读小贴士】

持续的监督使项目团队和其他干系人得以洞察项目的健康状况，并识别需要格外注意的方面。在监控过程组，需要监督和控制在每个知识领域、每个过程组、每个生命周期阶段以及整个项目中正在进行的工作。监控过程组包括12个过程：项目范围管理中的“确认范围”和“控制范围”；项目进度管理中的“控制进度”；项目成本管理中的“控制成本”；项目质量管理中的“控制质量”；项目资源管理中的“控制资源”；项目沟通管理中的“监督沟通”；项目风险管理中的“监督风险”；项目采购管理中的“控制采购”；项目干系人管理中的“监督干系人参与”；项目整合管理中的“监控项目工作”和“实施整体变更控制”。

13.1 控制质量

【基础知识点】

控制质量是为了评估绩效，确保项目输出完整、正确且满足客户期望，而监督和记录质量管理活动执行结果的过程。本过程的主要作用是，核实项目可交付成果和工作已经达到主要干系人的质量要求，可供最终验收。控制质量过程确定项目输出是否达到预期目的。本过程需要在整个项目期间开展。

1. 主要输入

（1）项目管理计划。可用于控制质量的项目管理计划组件是质量管理计划，质量管理计划定义了如何在项目中开展质量控制。

（2）项目文件。相关的项目文件主要包括：①经验教训登记册（在项目早期的经验教训可以运用到后期阶段，以改进质量控制）；②质量测量指标（描述项目或产品属性，以及控制质量过程将如何验证符合程度）；③测试与评估文件（用于评估质量目标的实现程度）。

（3）批准的变更请求。批准的变更请求可包括各种修正，如缺陷补救、修订的工作方法和修订的进度计划。批准的变更请求的实施需核实，并需要确认完整性、正确性，以及是否重新测试。

（4）可交付成果。可交付成果作为指导与管理项目工作过程的输出的可交付成果将得到检查，并与项目范围说明书定义的验收标准作比较。

（5）工作绩效数据。包括产品状态数据，例如观察结果、质量测量指标、技术绩效测量数据，以及关于进度绩效和成本绩效的项目质量信息。

2. 主要工具与技术

（1）数据收集。数据收集的技术主要包括：①核对单（核对单有助于以结构化方式管理控制质量活动）；②核查表（又称计数表，用于合理排列各种事项，以便有效地收集关于潜在质量问题的有用数据，在开展检查以识别缺陷时，用核查表收集属性数据就特别方便）；③统计抽样（样本用于测量控制和确认质量，抽样的频率和规模应在规划质量管理过程中确定）；④问卷调查（问卷调查可用于在部署产品或服务之后收集关于客户满意度的数据）。

（2）数据分析。数据分析的主要技术有：①绩效审查（绩效审查针对实际结果，测量、比较和分析规划质量管理过程中定义的质量测量指标）；②根本原因分析（根本原因分析用于识别缺陷成因）。

（3）检查。指检验工作产品，以确定是否符合书面标准。检查也可称为审查、同行审查、审计或巡检等，而在某些应用领域，这些术语的含义比较狭窄和具体。检查也可用于确认缺陷补救。

（4）测试/产品评估。旨在根据项目需求提供有关被测产品或服务质量的客观信息。目的是找出产品或服务中存在的错误、缺陷、漏洞或其他不合规问题。

（5）数据表现。数据表现的主要技术包括：①因果图（用于识别质量缺陷和错误可能造成的结果）；②控制图（用于确定一个过程是否稳定，或者是否具有可预测的绩效，反映了可允许的最大值和最小值，上下控制界限不同于规格界限）；③直方图（直方图可按来源或组成部分展示缺陷数量）；④散点图（散点图可在一个轴上展示计划的绩效，在另一个轴上展示实际绩效）。

（6）会议。会议的内容可以包含：①审查已批准的变更请求；②回顾/经验教训。

3. 主要输出

（1）质量控制测量结果。质量控制测量结果是对质量控制活动的结果的书面记录，应以质量管理计划所确定的格式加以记录。

（2）核实的可交付成果。核实的可交付成果是确认范围过程的一项输入，以便正式验收。如果存在任何与可交付成果有关的变更请求或改进事项，可能会执行变更、开展检查并重新核实。

（3）工作绩效信息。工作绩效信息包含有关项目需求实现情况的信息、拒绝的原因、要求的返工、纠正措施建议、核实的可交付成果列表、质量测量指标的状态，以及过程调整需求。

13.2 确认范围

【基础知识点】

确认范围是正式验收已完成的项目可交付成果的过程。本过程的主要作用是，使验收过程具有客观性；同时通过确认每个可交付成果来提高最终产品、服务或成果获得验收的可能性。本过程应根据需要在整个项目期间定期开展。确认范围过程依据从项目范围管理知识领域的相应过程获得的输出（如需求文件或范围基准），以及从其他知识领域的执行过程获得的工作绩效数据，对可交付成果的确认和最终验收。

1. 确认范围的关键内容

（1）确认范围的步骤。基本步骤：①确定需要进行范围确认的时间；②识别范围确认需要哪些投入；③确定范围正式被接受的标准和要素；④确定范围确认会议的组织步骤；⑤组织范围确认会议。

通常情况下，在确认范围前，项目团队需要先进行质量控制工作。确认范围过程与控制质量过程的不同之处在于，前者关注可交付成果的验收，而后者关注可交付成果的正确性及是否满足质量要求。控制质量过程通常先于确认范围过程，但二者也可同时进行。

（2）确认范围时需要检查的问题。主要需检查的问题包括：①可交付成果是否是确定的、可确认的；②每个可交付成果是否有明确的里程碑，里程碑是否有明确的、可辨别的事件；③是否有明确的质量标准，可交付成果的交付不但要有明确的标准标志，而且要有是否按照要求完成的标准，可交付成果和其标准之间是否有明确联系；④审核和承诺是否有清晰的表达；⑤项目范围是否覆盖了需要完成的产品或服务的所有活动，有没有遗漏或错误；⑥项目范围的风险是否太高，管理层是否能够降低风险发生时对项目的影响。

（3）干系人关注点的不同。管理层主要关注项目范围；客户主要关注产品范围；项目管理人员主要关注项目制约因素；项目团队成员主要关注项目范围中自己参与的元素和负责的元素。

2. 主要输入

（1）项目管理计划。本过程主要用到的项目管理计划组件包括：①范围管理计划（定义了如何正式验收已经完成的可交付成果）；②需求管理计划（描述了如何确认项目需求）；③范围基准（用范围基准与实际结果比较，以决定是否有必要进行变更、采取纠正措施或预防措施）。

（2）项目文件。本过程用到的项目文件主要包括：①需求文件（将需求与实际结果比较，以决定是否有必要进行变更、采取纠正措施或预防措施）；②需求跟踪矩阵（含有与需求相关的信息，包括如何确认需求）；③质量报告（可包括由团队管理或需上报的全部质量保证事项、改进建议，以及在控制质量过程中发现的情况的概述，在验收产品之前，需要查看所有这些内容）；④经验教训登记册（在项目早期获得的经验教训可以运用到后期阶段，以提高验收可交付成果的效率与效果）。

（3）核实的可交付成果。核实的可交付成果是指已经完成，并被控制质量过程检查为正确的可交付成果。

（4）工作绩效数据。可能包括符合需求的程度、不一致的数量、不一致的严重性或在某时间段内开展确认的次数。

3. 主要输出

（1）验收的可交付成果。符合验收标准的可交付成果应该由客户或发起人正式签字批准。这些文件将提交给结束项目或阶段过程。

（2）工作绩效信息。工作绩效信息包括项目进展信息。

13.3 控制范围

【基础知识点】

控制范围是监督项目和产品的范围状态，管理范围基准变更的过程。本过程的主要作用是在整个项目期间保持对范围基准的维护，且需要在整个项目期间开展。控制项目范围确保所有变更请求、推荐的纠正措施或预防措施都通过实施整体变更控制过程进行处理。在变更实际发生时，也需要采用控制范围过程来管理这些变更。未经控制的产品或项目范围的扩大被称为范围蔓延。

1. 主要输入

（1）项目管理计划。本过程使用的项目管理计划组件主要包括：①范围管理计划（记录了如何控制项目和产品范围）；②需求管理计划（记录了如何管理项目需求）；③变更管理计划（定义了管理项目变更的过程）；④配置管理计划（定义了哪些是配置项，哪些配置项需要正式变更控制，以及针对这些配置项的变更控制过程）；⑤范围基准（用范围基准与实际结果比较，以决定是否有必要进行变更、采取纠正措施或预防措施）；⑥绩效测量基准（使用挣值分析时，将绩效测量基准与实际结果比较，以决定是否有必要进行变更、采取纠正措施或预防措施）。

（2）项目文件。本过程用到的项目文件主要包括：①经验教训登记册（项目早期的经验教训可以运用到后期阶段，以改进范围控制）；②需求文件（用于发现任何对商定的项目或产品范围的偏离）；③需求跟踪矩阵（有助于探查任何变更或对范围基准的任何偏离对项目目标的影响，它还可以提供受控需求的状态）。

（3）工作绩效数据。可能包括收到的变更请求的数量，接受的变更请求的数量或者核实、确认和完成的可交付成果的数量。

2. 主要输出

本过程的主要输出是工作绩效信息。工作绩效信息是有关项目和产品范围实施情况（对照范围基准）的、相互关联且与各种背景相结合的信息，包括收到的变更的分类、识别的范围偏差和原因、偏差对进度和成本的影响，以及对将来范围绩效的预测。

13.4 控制进度

【基础知识点】

控制进度是监督项目状态，以更新项目进度和管理进度基准变更的过程。本过程的主要作用是在整个项目期间保持对进度基准的维护，且需要在整个项目期间开展。

作为实施整体变更控制过程的一部分，关注内容包括：①判断项目进度的当前状态；②对引起进度变更的因素施加影响；③重新考虑必要的进度储备；④判断项目进度是否已经发生变更；⑤在变更实际发生时对其进行管理。

如果采用敏捷方法，控制进度要关注的内容：①通过比较上一个时间周期中已交付并验收的工作总量与已完成的工作估算值；②实施回顾性审查；③剩余工作计划（未完项）重新进行优先级排序；④确定每次迭代时间内可交付成果的生成、核实和验收的速度；⑤确定项目进度已经发生变更；⑥在变更实际发生时对其进行管理。

1. 主要输入

（1）项目管理计划。本过程使用的项目管理计划组件包括：①进度管理计划（描述了进度的更新频率、进度储备的使用方式，以及进度的控制方式）；②进度基准（把进度基准与实际结果相比，以判断是否需要进行变更或采取纠正或预防措施）；③范围基准（在监控进度基准时，需明确考虑范围基准中的项目 WBS、可交付成果、制约因素和假设条件）；④绩效测量基准（使用挣值分析时，将绩效测量基准与实际结果比较，以决定是否有必要进行变更、采取纠正措施或预防措施）。

（2）项目文件。本过程涉及的项目文件主要包括：①经验教训登记册（项目早期的经验教训可运用到后期阶段，以改进进度控制）；②项目日历（在一个进度模型中，可能需要不止一个项目日历来预测项目进度，因为有些活动需要不同的工作时段）；③项目进度计划（是最新版本的项目进度计划）；④资源日历（显示了团队和物质资源的可用性）；⑤进度数据（在控制进度过程中需要对进度数据进行审查和更新）。

（3）工作绩效数据。工作绩效数据是指包含关于项目状态的数据，如哪些活动已经开始，它们的进展如何及哪些活动已经完成。

2. 主要工具与技术

（1）数据分析。分析技术主要包括：①挣值分析（用进度绩效测量指标如进度偏差和进度绩效指数（SPI）评价偏离初始进度基准的程度）；②迭代燃尽图（这类图用于追踪迭代未完项中尚待完成的工作。它分析与理想燃尽图的偏差）；③绩效审查（绩效审查是指根据进度基准，测量、对比和分析进度绩效，如实际开始和完成日期、已完成百分比，以及当前工作的剩余持续时间）；④趋势分析（趋势分析检查项目绩效随时间的变化情况，以确定绩效是在改善还是在恶化，图形分析技术有助于理解截至目前的绩效，并与未来的绩效目标进行对比）；⑤偏差分析（偏差分析关注实际开始和完成日期与计划的偏离，实际持续时间与计划的差异，以及浮动时间的偏差。它包括确定偏离进度基准的原因与程度，评估这些偏差对未来工作的影响，以及确定是否需要采取纠正或预防措施）；⑥假设情景分析（假设情景分析基于项目风险管理过程的输出，对各种不同的情景进行评估，促使进度模型符合项目管理计划和批准的基准）。

（2）关键路径法。检查关键路径的进展情况有助于确定项目进度状态。关键路径上的偏差将对项目的结束日期产生直接影响。评估次关键路径上的活动的进展情况，有助于识别进度风险。

（3）资源优化。资源优化是在同时考虑资源可用性和项目时间的情况下，对活动和活动所需资源进行的进度规划。

（4）提前量和滞后量。在网络分析中调整提前量与滞后量，设法使进度滞后的项目活动赶上计划。

（5）进度压缩。采用进度压缩技术使进度落后的项目活动赶上计划，可以对剩余工作使用快速跟进或赶工方法。

3. 主要输出

（1）工作绩效信息。包括与进度基准相比较的项目工作执行情况。可以在工作包层级和控制账户层级，计算开始和完成日期的偏差以及持续时间的偏差。使用挣值分析的项目，进度偏差（SV）和进度绩效指数（SPI）将记录在工作绩效报告中。

（2）进度预测。指根据已有的信息和知识，对项目未来的情况和事件进行的估算或预计。应该基于工作绩效信息，更新和重新发布进度预测。

13.5 控制成本

【基础知识点】

控制成本是监督项目状态，以更新项目成本和管理成本基准变更的过程。本过程的主要作用是，在整个项目期间保持对成本基准的维护。本过程需要在整个项目期间开展。要更新预算，就需要了解截至目前的实际成本。只有经过实施整体变更控制过程的批准，才可以增加预算。项目成本控制的目标包括：①对造成成本基准变更的因素施加影响；②确保所有变更请求都得到及时处理；③确保成本支出不超过批准的资金限额，既不超出按时段、按WBS组件、按活动分配的限额，也不超出项目总限额；④监督成本绩效，找出并分析与成本基准间的偏差；⑤对照资金支出，监督工作绩效；⑥防止在成本或资源使用报告中出现未经批准的变更；⑦向干系人报告所有经批准的变更及其相关成本；⑧设法把预期的成本超支控制在可接受的范围内等。

1. 主要输入

（1）项目管理计划。本过程使用的项目管理计划组件主要包括：①成本管理计划（描述将如何管理和控制项目成本）；②成本基准（把成本基准与实际结果相比，判断是否需要变更或采取纠正或预防措施）；③绩效测量基准（使用挣值分析时，将绩效测量基准与实际结果比较，以决定是否有必要进行变更、采取纠正措施或预防措施）。

（2）项目文件。作为本过程输入的项目文件是经验教训登记册，在项目早期获得的经验教训可以运用到后期阶段，以改进成本控制。

（3）项目资金需求。包括预计支出及预计债务。

（4）工作绩效数据。包含项目状态的数据，如哪些成本已批准、发生、支付和开具发票。

2. 主要工具与技术

（1）挣值分析（EVA）。挣值分析是把范围、进度和资源绩效综合起来考虑，以评估项目绩效和进展的方法，是一种常用的项目绩效测量方法。它把范围基准、成本基准和进度基准整合起来，形成绩效基准，以便评估和测量项目绩效和进展。挣值分析常用的指标如下。

1）计划值（Planned Value，PV）。是指项目实施过程中某阶段计划要求完成的工作量所需的预算工时（或费用）。PV 主要反映进度计划应当完成的工作量，不包括管理储备。项目的总计划值又被称为完工预算（BAC）。

2）实际成本（Actual Cost，AC）。实际成本是指项目实施过程中某阶段实际完成的工作量所消耗的工时（或费用），主要反映项目执行的实际消耗指标。

3）挣值（Earned Value，EV）。挣值是指项目实施过程中某阶段实际完成工作量及按预算定额计算出来的工时（或费用）之积。

4）进度偏差（Schedule Variance，SV）及进度绩效指数（Schedule Performance Index，SPI）。进度偏差是测量进度绩效的一种指标，可表明项目进度是落后还是提前于进度基准。由于当项目完工时，全部的计划值都将实现（即成为挣值），所以进度偏差最终将等于零。

SV 计算公式：SV=EV−PV。当 SV>0 时，说明进度超前；当 SV<0 时，说明进度落后；当 SV=0 时，则说明实际进度符合计划。

SPI 计算公式：SPI=EV/PV。当 SPI>1.0 时，说明进度超前；当 SPI<1.0 时，说明进度落后；当 SPI=1.0 时，则说明实际进度符合计划。

5）成本偏差（Cost Variance，CV）及成本绩效指数（Cost Performance Index，CPI）。指明了实际绩效与成本支出之间的关系，表示在某个给定时点的预算亏空或盈余量。项目结束时的成本偏差，就是完工预算（BAC）与实际成本之间的差值。

CV 计算公式：CV=EV−AC。当 CV<0 时，说明成本超支；当 CV>0 时，说明成本节省；当 CV=0 时，说明成本等于预算。

CPI 计算公式：CPI=EV/AC。当 CPI<1.0 时，说明成本超支；当 CPI>1.0 时，说明成本节省；当 CPI=1.0 时，说明成本等于预算。

6）预测。团队可根据项目绩效，对完工估算（EAC）进行预测，预测的结果可能与完工预算（BAC）存在差异。在计算 EAC 时，通常用已完成工作的实际成本（AC），加上剩余工作的完工尚需估算（Estimate To Complete，ETC），即：EAC=AC+ETC。

两种最常用的计算 ETC 的方法：

①基于非典型的偏差计算 ETC。计算公式为：ETC=BAC−EV。

②基于典型的偏差计算 ETC。计算公式为：ETC=(BAC−EV)/CPI，或者 EAC=BAC/CPI。

（2）偏差分析。对于不使用挣值管理的项目，通过比较计划成本和实际成本，来识别成本基准与实际项目绩效之间的差异。随着项目工作的逐步完成，偏差的可接受范围（常用百分比表示）将逐步缩小。

（3）趋势分析。旨在审查项目绩效随时间的变化情况，以判断绩效是正在改善还是正在恶化。图形分析技术有助于了解截至目前的绩效情况，并把发展趋势与未来的绩效目标进行比较。

（4）储备分析。在控制成本过程中，可以采用储备分析来监督项目中应急储备和管理储备的使用情况，从而判断是否还需要这些储备，或者是否需要增加额外的储备。在项目中开展进一步风险分析，可能会发现需要为项目预算申请额外的储备。

（5）完工尚需绩效指数（TCPI）。这是一种为了实现特定的管理目标，剩余资源的使用必须达到的成本绩效指标，是完成剩余工作所需的成本与剩余预算之比。如果 BAC 已明显不再可行，则项目经理应考虑使用 EAC 进行 TCPI 计算。经过批准后，就用 EAC 取代 BAC。基于 BAC 的 TCPI 公式：TCPI=(BAC−EV)/(BAC−AC)。

（6）项目管理信息系统。常用于监测 PV、EV 和 AC 这三个 EVA 指标，绘制趋势图，并预测最终项目结果的可能区间。

3. 主要输出

（1）工作绩效信息。包括有关项目工作实施情况的信息（对照成本基准），可以在工作包层级和控制账户层级上评估已执行的工作和工作成本方面的偏差。对于使用挣值分析的项目，CV、CPI、EAC、VAC 和 TCPI 将记录在工作绩效报告中。

（2）成本预测。无论是计算得出的 EAC 值，还是自下而上估算的 EAC 值，都需要记录下来，并传达给干系人。

13.6 控制资源

【基础知识点】

控制资源是确保按计划为项目分配实物资源，以及根据资源使用计划监督资源实际使用情况，并采取必要纠正措施的过程。本过程的主要作用是确保所分配的资源适时适地可用于项目，且在不再需要时被释放。本过程需要在整个项目期间开展。应在所有项目阶段和整个项目生命周期期间持续开展控制资源过程，更新资源分配时，需要了解已使用的资源和还需要获取的资源。进度基准或成本基准的任何变更，都必须经过实施整体变更控制过程的审批。

控制资源的主要输入有项目管理计划、项目文件、工作绩效数据和协议。

（1）项目管理计划。可用于控制资源的项目管理计划组件是资源管理计划，资源管理计划为如何使用、控制和最终释放实物资源提供指南。

（2）项目文件。本过程所使用的项目文件主要包括：①问题日志（用于识别有关缺乏资源、原材料供应延迟或低等级原材料等问题）；②经验教训登记册（在项目早期获得的经验教训可以运用到后期阶段，以改进实物资源控制）；③物质资源分配单（描述了资源的预期使用情况以及资源的详细信息）；④项目进度计划（展示了项目在何时何地需要哪些资源）；⑤资源分解结构（为项目过程中需要替换或重新获取资源的情况提供了参考）；⑥资源需求（识别了项目所需的材料、设备、用品和其他资源）；⑦风险登记册（识别了可能会影响设备、材料或用品的单个风险）。

（3）工作绩效数据。工作绩效数据是指包含有关项目状态的数据，如已使用的资源的数量和类型。

（4）协议。在项目中签署的协议是获取组织外部资源的依据，应在需要新的和未规划的资源时，或在当前资源出现问题时，在协议里定义相关程序。

13.7 监督沟通

【基础知识点】

监督沟通是确保满足项目及其干系人的信息需求的过程。本过程的主要作用是按沟通管理计划和干系人参与计划的要求优化信息传递流程。本过程需要在整个项目期间开展。通过监督沟通过程，来确定规划的沟通方法和沟通活动对项目可交付成果与预计结果的支持力度。项目沟通的影响和结果应该接受正式的评估和监督。监督沟通过程可能触发规划沟通管理、管理沟通过程的迭代，以便修改沟通计划并开展额外的沟通活动，来提升沟通的效果。

监督沟通的主要输入有项目管理计划、项目文件、工作绩效数据。

（1）项目管理计划。本过程使用的项目管理计划组件主要包括：①资源管理计划（通过描述角色和职责，以及项目组织结构图，资源管理计划可用于理解实际的项目组织及其任何变更）；②沟通管理计划（沟通管理计划是关于及时收集、生成和发布信息的现行计划，它确定了沟通过程中的团队成员、干系人和有关工作）；③干系人参与计划（包含引导干系人参与的沟通策略）。

（2）项目文件。可作为本过程输入的项目文件主要包括：①问题日志（问题日志提供项目的历史信息、干系人参与问题的记录，以及它们如何得以解决）；②经验教训登记册（项目早期的经验教训可用于项目后期阶段，以改进沟通效果）；③项目沟通记录（项目沟通记录提供已开展的沟通的信息）。

（3）工作绩效数据。包含关于已开展的沟通类型和数量的数据。

13.8 监督风险

【基础知识点】

监督风险是在整个项目期间，监督商定的风险应对计划的实施、跟踪已识别风险、识别和分析新风险，以及评估风险管理有效性的过程。本过程的主要作用是使项目决策都基于关于整体项目风险和单个项目风险的当前信息。本过程需要在整个项目期间开展。

1. 主要输入

（1）项目管理计划。监督风险过程使用的项目管理计划的组件是风险管理计划。风险管理计划规定了应如何及何时审查风险，应遵守哪些政策和程序，与本过程监督工作有关的角色和职责安排，以及报告格式。

（2）项目文件。可作为本过程输入的项目文件主要包括：①问题日志（用于检查未决问题是否更新，并对风险登记册进行必要更新）；②经验教训登记册（在项目早期获得的与风险相关的经验教训可用于后期阶段）；③风险登记册（主要内容包括已识别单个项目风险、风险责任人、商定的风险应对策略，以及具体的应对措施，可能还会提供其他详细信息，包括用于评估应对计划有效性的控制措施、风险的症状和预警信号、残余及次生风险，以及低优先级风险观察清单）；④风险报告（包括对当前整体项目风险入口的评估，以及商定的风险应对策略，还会描述重要的单个项目风险及其应对计划和风险责任人）。

（3）工作绩效数据。包含关于项目状态的信息，如已实施的风险应对措施、已发生的风险、仍活跃及已关闭的风险。

（4）工作绩效报告。通过分析绩效测量结果得出，能够提供关于项目工作绩效的信息，包括偏差分析结果、挣值数据和预测数据。监督与绩效相关的风险时，需要使用这些信息。

2. 主要工具与技术

（1）数据分析。本过程用到的数据分析技术主要包括两种：技术绩效分析与储备分析。

开展技术绩效分析，需要是把项目执行期间所取得的技术成果与取得相关技术成果的计划进行比较。它要求定义关于技术绩效的客观的、量化的测量指标，以便据此比较实际结果与计划要求。技术绩效测量指标可能包括处理时间、缺陷数量和储存容量等。实际结果偏离计划的程度可代表威胁或机会的潜在影响。

储备分析是指在项目的任一时点比较剩余应急储备与剩余风险量，从而确定剩余储备是否仍然合理。可以用各种图形（如燃尽图）来显示应急储备的消耗情况。

（2）审计。风险审计是一种审计类型，可用于评估风险管理过程的有效性。项目经理负责确保按项目风险管理计划所规定的频率开展风险审计。在实施审计前，应明确定义风险审计的程序和目标。

（3）会议。适用于监督风险过程的会议是风险审查会。应该定期安排风险审查，来检查和记录风险应对在处理整体项目风险和已识别单个项目风险方面的有效性。

3. 主要输出

本过程的主要输出是工作绩效信息。工作绩效信息是经过比较单个风险的实际发生情况和预计发生情况，所得到的关于项目风险管理执行绩效的信息。它可以说明风险应对规划和应对实施过程的有效性。

13.9 控制采购

【基础知识点】

控制采购是管理采购关系、监督合同绩效、实施必要的变更和纠偏，以及关闭合同的过程。本过程的主要作用是确保买卖双方履行法律协议，满足项目需求。本过程应根据需要在整个项目期间开展。

合同管理活动可能包括以下五个方面：①收集数据和管理项目记录，包括维护对实体和财务绩效的详细记录，以及建立可测量的采购绩效指标；②完善采购计划和进度计划；③建立与采购相关的项目数据的收集、分析和报告机制，并为组织编制定期报告；④监督采购环境，以便引导或调整实施；⑤向卖方付款。

1. 主要输入

（1）项目管理计划。可作为本过程输出的项目管理计划组件主要包括：①需求管理计划（描述将如何分析、记录和管理承包商需求）；②风险管理计划（描述如何安排和实施由卖方引发的风险管理活动）；③采购管理计划（规定了在控制采购过程中需要开展的活动）；④变更管理计划（包含关于如何处理由卖方引发的变更的信息）；⑤进度基准（如果卖方的进度拖后影响了项目的整体进度绩效，则可能需要更新并审批进度计划，以反映当前的期望）。

（2）项目文件。可作为本过程输出的项目文件主要有：①假设日志（记录了采购过程中做出的假设）；②经验教训登记册（在项目早期获取的经验教训可供项目未来使用，以改进承包商绩效和采购过程）；③里程碑清单（重要里程碑清单说明卖方需要在何时交付成果）；④质量报告（用于识别不合规的卖方过程、程序或产品）；⑤需求文件（可能包括卖方需要满足的技术要求以及具有合同和法律意义的需求）；⑥需求跟踪矩阵（将产品需求从来源连接到满足需求的可交付成果）；⑦风险登记册（取决于卖方的组织、合同的持续时间、外部环境、项目交付方法、所选合同类型，以及最终商定的价格，每个被选中的卖方都会带来特殊的风险）；⑧干系人登记册（包括关于已识别干系人的信息，如合同团队成员、选定的卖方、签署合同的专员，以及参与采购的其他干系人）。

（3）协议。协议是双方之间达成的包括对各方义务的一致理解。对照相关协议，确认其中的条款和条件的遵守情况。

（4）采购文档。采购文档包含用于管理采购过程的完整支持性记录，包括工作说明书、支付信息、承包商工作绩效信息、计划、图纸和其他往来函件。

（5）工作绩效数据。工作绩效数据包含与项目状态有关的卖方数据。

2. 主要工具与技术

（1）专家判断。在控制采购时，应征求具备专业知识或接受过相关培训的个人或小组的意见。

（2）索赔管理。如果买卖双方不能就变更补偿达成一致意见，或对变更是否发生存在分歧，那么被请求的变更就成为有争议的变更或潜在的推定变更。此类有争议的变更称为索赔。谈判是解决所有索赔和争议的首选方法。

（3）数据分析。用于监督和控制采购的数据分析技术主要包括：绩效审查、挣值分析和趋势分析。

（4）挣值分析（EVA）。用于计算进度和成本偏差，以及进度和成本绩效指数，以确定偏离目标的程度。

（5）趋势分析。可用于编制关于成本绩效的完工估算，以确定绩效是正在改善还是恶化。

（6）检查。是指对承包商正在执行的工作进行结构化审查，可能涉及对可交付成果的简单审查，或对工作本身的实地审查。

（7）审计。审计是对采购过程的结构化审查。应该在采购合同中明确规定与审计有关的权利和义务。买卖双方的项目经理都应该关注审计结果，以便对项目进行必要的调整。

3. 主要输出

（1）采购关闭。买方通常通过其授权的采购管理员，向卖方发出合同已经完成的正式书面通知。

（2）工作绩效信息。是卖方正在履行的工作的绩效情况，包括与合同要求相比较的可交付成果完成情况和技术绩效达成情况，以及与 SOW 预算相比较的已完工作的成本产生和认可情况。

13.10 监督干系人参与

【基础知识点】

监督干系人参与是监督项目干系人关系，并通过修订参与策略和计划来引导干系人合理参与项目的过程。本过程的主要作用是随着项目进展和环境变化，维持或提升干系人参与活动的效率和效果。

1. 主要输入

（1）项目管理计划。与本过程相关的项目管理计划中的组件主要包括：①资源管理计划（确定了对团队成员的管理方法）；②沟通管理计划（描述了适用于项目干系人的沟通计划和策略）；③干系人参与计划（定义了管理干系人需求和期望的计划）。

（2）项目文件。可作为本过程输入的项目文件主要包括：①问题日志（问题日志记录了所有与项目和干系人有关的已知问题）；②经验教训登记册（可用于项目后期阶段，以提高引导干系人参与的效率和效果）；③项目沟通记录（根据沟通管理计划和干系人参与计划与干系人开展的项目沟通，都在项目沟通记录中）；④风险登记册（记录了与干系人参与及互动有关的风险，包括它们的分类，以及潜在的应对措施）；⑤干系人登记册（记录了各种干系人信息，包括干系人名单、评估结果和分类情况）。

（3）工作绩效数据。工作绩效数据中包含了项目状态数据。

2. 主要工具与技术

（1）数据分析。

备选方案分析：在干系人参与效果没有达到期望要求时，应该开展备选方案分析，评估应对偏差的各种备选方案。

根本原因分析：开展根本原因分析，确定干系人参与未达预期效果的根本原因。

干系人分析：确定干系人群体和个人在项目任何特定时间的状态。

（2）决策。

多标准决策分析：考察干系人成功参与项目的标准，并根据其优先级排序和加权，识别出最适当的选项。

投票：通过投票，选出应对干系人参与水平偏差的最佳方案。

（3）数据表现。使用干系人参与度评估矩阵来跟踪每个干系人参与水平的变化。

（4）沟通技能。

（5）人际关系与团队技能。积极倾听、文化意识、领导力、人际交往、政策意识。

（6）会议。会议类型包括为监督和评估干系人的参与水平而召开的状态会议、站会、回顾会，以及干系人参与计划中规定的其他任何会议。

3. 主要输出

本过程的主要输出是工作绩效信息。其中主要是包括与干系人参与状态有关的信息。

13.11 监控项目工作

【基础知识点】

监控项目工作是跟踪、审查和报告整体项目进展，以实现项目管理计划中确定的绩效目标的过程。本过程的主要作用是让干系人了解项目的当前状态并认可为处理绩效问题而采取的行动，以及通过成本和进度预测，让干系人了解未来项目状态。

1. 主要输入

（1）项目管理计划。监控项目工作包括查看项目的各个方面。项目管理计划的任一组成部分都可作为监控项目工作过程的输入。

（2）项目文件。可作为本过程输出的项目文件主要包括：①假设日志（包含会影响项目的假设条件和制约因素的信息）；②估算依据（说明不同估算是如何得出的，用于决定如何应对偏差）；③成本预测（基于项目以往的绩效，用于确定项目是否仍处于预算的公差内，并识别任何必要的变更）；④问题日志（用于记录和监督由谁负责在目标日期内解决特定问题）；⑤经验教训登记册（可能包含应对偏差的有效方式以及纠正措施和预防措施）；⑥里程碑清单（列出特定里程碑实现日期，检查是否达到计划的里程碑）；⑦质量报告（包含质量管理问题，针对过程、项目和产品的改善建议，纠正措施建议以及在控制质量过程中发现的情况的概述）；⑧风险登记册（记录并提供了在项目执行过程中发生的各种威胁和机会的相关信息）；⑨风险报告（记录并提供了关于整体项目风险和单个风险的信息）；⑩进度预测（基于项目以往的绩效，用于确定项目是否仍处于进度的公差区间内，并识别任何必要的变更）。

（3）工作绩效信息。将工作绩效数据与项目管理计划组件、项目文件和其他项目变量比较之后生成工作绩效信息。通过这种比较可以了解项目的执行情况。

（4）协议。

2. 主要工具与技术

（1）数据分析。

备选方案分析：用于在出现偏差时选择要执行的纠正措施或纠正措施和预防措施的组合。

成本效益分析：有助于出现偏差时确定最节约成本的纠正措施。

挣值分析：对范围、进度和成本绩效进行了综合分析。

根本原因分析：关注识别问题的主要原因。它可用于识别出现偏差的原因以及项目经理为达成项目目标应重点关注的领域。

趋势分析：根据以往结果预测未来绩效。它可以预测项目的进度延误，提前让项目经理意识到，按照既定趋势发展，后期进度可能出现的问题。可以根据趋势分析的结果，提出必要的预防措施建议。

偏差分析：成本估算、资源使用、资源费率、技术绩效和其他测量指标。偏差分析审查目标绩效与实际绩效之间的差异（或偏差），可涉及持续时间估算，可以在每个知识领域，针对特定变量开展偏差分析。在监控项目工作过程中，通过偏差分析对成本、时间、技术和资源偏差进行综合分析，以了解项目的总体偏差情况。这样便于采取合适的预防或纠正措施。

（2）决策。常用于监控项目工作过程的决策技术是投票。投票可以用下列方法进行决策：一致同意、大多数同意或相对多数原则。

3. 主要输出

本过程的主要输出是工作绩效报告。需理解工作绩效数据、工作绩效信息和工作绩效报告之间的区别。理解仪表盘、大型可见图表、任务板、燃烧图的用法。

13.12 实施整体变更控制

【基础知识点】

实施整体变更控制是指审查所有变更请求，批准变更，管理对可交付成果、组织过程资产、项目文件和项目管理计划的变更，并对变更处理结果进行沟通的过程。本过程审查对项目文件、可交付成果或项目管理计划的所有变更请求，并决定对变更请求的处置方案。本过程的主要作用是确保对项目中已记录在案的变更做综合评审。

实施整体变更控制过程贯穿项目始终，项目经理对此承担最终责任。变更控制工具需要支持的配置管理活动包括：识别配置项、记录并报告配置项状态、进行配置项核实与审计。变更控制工具还需要支持的变更管理活动包括：识别变更、记录变更、做出变更决定和跟踪变更。

1. 主要输入

（1）项目管理计划。本过程主要用到的项目管理计划组件包括：①变更管理计划（为管理变更控制过程提供指导，并记录 CCB 的角色和职责）；②配置管理计划（描述项目的配置项、识别应记录和更新的配置项，以便保持项目产品的一致性和有效性）；③范围基准（提供项目和产品定义）；④进度基准（用于评估变更对项目进度的影响）；⑤成本基准（用于评估变更对项目成本的影响）。

（2）项目文件。本过程主要用到的项目文件包括：①需求跟踪矩阵（有助于评估变更对项目范围的影响）；②风险报告（提供了与变更请求有关的项目风险的来源的信息）；③估算依据（指出了持续时间、成本和资源估算是如何得出的，可用于计算变更对时间、预算和资源的影响）。

（3）工作绩效报告。对实施整体变更控制过程特别有用的工作绩效报告包括：资源可用情况、进度和成本数据、挣值报告、燃烧图或燃尽图。

（4）变更请求。可能包含纠正措施、预防措施、缺陷补救，以及针对正式受控的项目文件或可交付成果的更新。

2. 主要输出

本过程的主要输出是批准的变更请求。

由项目经理、CCB 或指定的团队成员，根据变更管理计划处理变更请求，做出批准、推迟或否决的决定。批准的变更请求应通过指导与管理项目工作过程加以实施。对于推迟或否决的变更请求，应通知提出变更请求的个人或小组。

13.13 考点实练

1. 以下（　　）不属于质量控制过程的输入。

A. 项目管理计划　B. 质量测量指标　C. 可交付成果　D. 核实的可交付成果

解析： 质量控制过程的输入包括项目管理计划、质量测量指标、质量核对单、工作绩效数据、批准的变更请求、可交付成果、项目文件和组织过程资产。

答案：D

2．通常把问题描述为一个要被弥补的差距或要达成的目标。通过观察问题陈述和询问“为什么”来发现原因，直到发现导致问题的根本原因。这种方法属于（　　）。

A．鱼骨图　　B．流程图　　C．帕累托图　　D．控制图

解析：鱼骨图又叫因果图或石川图，是一种用于发现问题根本原因的分析方法。

答案：A

3．以下说法错误的是（　　）。

A．确认范围是正式验收已完成的项目可交付成果的过程

B．确认范围审查可交付物的工作成果，以保证项目中所有工作都能准确、满意地完成

C．确认范围只需要在项目验收时进行范围的检验即可，并应该以书面文件的形式把完成的情况记录下来

D．确认范围的主要作用是使验收过程具有客观性，同时通过验收每个可交付成果，提高最终产品，服务或成果获得验收的可能性

解析：确认范围应该贯穿项目的始终，从 WBS 的确认或合同中具体分工界面的确认，到项目验收时范围的检验。

答案：C

4．绩效审查的技术有趋势分析、（　　）、关键链法、挣值管理。

A．关键路径法　　B．建模技术　　C．提前量与滞后量　D．进度压缩

解析：绩效审查的技术有趋势分析、关键路径法、关键链法、挣值管理。

答案：A

5．（　　）旨在审查项目绩效随时间的变化情况，以判断绩效是正在改善还是在恶化。

A．偏差分析　　B．趋势分析　　C．挣值绩效　　D．储备分析

解析：趋势分析旨在审查项目绩效随时间变化情况，以判断绩效是改善还是在恶化。

答案：B

6．关于控制采购的描述，不正确的是（　　）。

A．控制采购是管理采购关系、监督合同执行情况、并依据需要实施变更和采取纠正措施的过程

B．采购是买方行为，卖方不需要控制采购过程

C．控制采购过程中，还需要财务管理工作

D．控制采购可以保证对采购产品质量的控制

解析：控制采购的过程是买卖双方都需要的。该过程确保卖方的执行过程符合合同需求，确保买方可以按合同条款去执行。

答案：B

7．以下说法错误的是（　　）。

A．计划价值（PV）是指在某一时点上（通常为数据日期或项目完工日期），计划完成工

作的价值

B．挣值（EV）是指在某一时点上（通常为数据日期或项目完工日期），所完成的工作的计划价值

C．实际成本（AC）是指在某一时点上（通常是数据日期），全部完成工作的实际成本

D．BAC 表示将要执行的工作所需要的全部预算的总和，包括管理储备和应急储备

解析：BAC 表示将要执行的工作所需要的全部预算的总和，它是项目的成本基准，但是不包括管理储备。

答案：D

第14章 收尾过程组

14.0 章节考点分析

第 14 章收尾过程组包括为正式完成或关闭项目、阶段或合同而开展的过程。本过程组旨在核实为完成项目或阶段所需的所有过程组的全部过程均已完成，并正式宣告项目或阶段关闭。本过程组的主要作用是，确保恰当地关闭阶段、项目和合同。虽然本过程组只有一个过程，但是组织可以自行为项目、阶段或合同添加相关过程。

根据考试大纲，本章知识点会涉及单项选择题、案例分析题，其中单项选择题约占 7～9 分。这部分内容侧重于了解和记忆。本章的架构如图 14-1 所示。

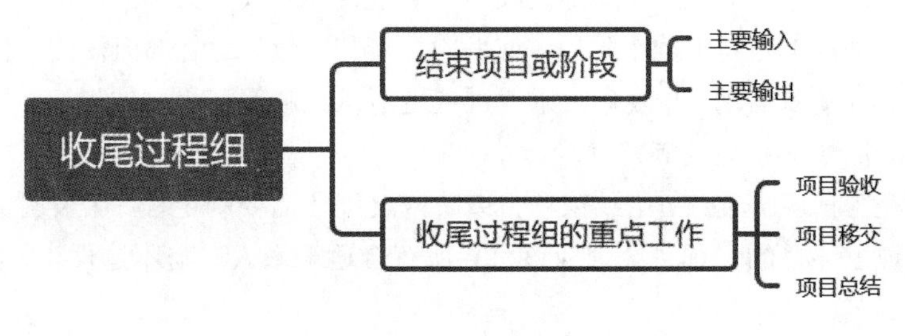

图 14-1　本章的架构

收尾过程组需要开展以下十类工作。

（1）确认所有的项目合同都已经妥善关闭，没有未解决问题。

（2）获得主要的干系人对项目可交付成果的最终验收，确保项目目标已经实现。

（3）把项目可交付成果移交给指定的干系人，如发起人或客户。这件工作经常可以与最终验收同时开展。

（4）编制和分发最终的项目绩效报告。这份报告既有利于干系人了解项目的最终绩效，又可称为开展项目后评价的重要依据。

（5）收集、整理并归档项目资料，更新组织过程资产。这是为了保留项目记录，遵守相关法律法规，供后续审计使用，以及供以后其他项目借鉴。

（6）收集各主要干系人对项目的反馈意见，调查满意度。

（7）评估项目合规性、实现组织变革和创造商业价值的情况。

（8）全面开展项目后评价，总结经验教训，更新组织过程资产。

（9）开展知识分享和知识转移，为后续的项目成果运营实现商业价值提供支持。

（10）开展财务、法律和行政收尾，宣布正式关闭项目，把对项目可交付成果的管理和使用责任转移给指定的干系人，如发起人或客户。

14.1 结束项目或阶段

【基础知识点】

结束项目或阶段是终结项目、阶段或合同的所有活动的过程。本过程的主要作用是存档项目或阶段信息，完成计划的工作，释放组织资源以展开新的工作。本过程仅开展一次或仅在项目的预定义点开展。

项目或阶段行政收尾所需的必要活动包括如下内容：①为达到阶段或项目的完工或退出标准所必须的行动和活动；②为关闭项目合同协议或项目阶段合同协议所必须开展的活动；③完成下列工作所必须开展的活动；④为向下一个阶段，或者向生产和（或）运营部门移交项目的产品、服务或成果所必须开展的行动和活动；⑤收集关于改进或更新组织政策和程序的建议，并将它们发送给相应的组织部门；⑥测量干系人的满意程度。

如果项目在完工前就提前终止，结束项目或阶段过程还需要制定程序，来调查和记录提前终止的原因。为了实现上述目的，项目经理应该引导所有合适干系人参与本过程。

1. 主要输入

（1）项目章程。项目章程记录了项目成功标准、审批要求，以及由谁来签署项目结束。

（2）项目管理计划。项目管理计划的所有组成部分均为结束项目或阶段过程的输入。

（3）项目文件。可作为结束项目或阶段过程输入的项目文件主要包括：①假设日志（记录了与技术规范、估算、进度和风险等有关的全部假设条件和制约因素）；②估算依据（用于根据实际结果来评估持续时间、成本和资源估算，以及成本控制）；③变更日志（包含了整个项目或阶段期间的所有变更请求的状态）；④问题日志（用于确认所有问题已解决，没有遗留未解决的问题）；⑤经验教训登记册（在归入经验教训知识库之前，完成对阶段或项目经验教训总结）；⑥里程碑清单（列出了完成项目里程碑的最终日期)；⑦项目沟通记录（包含整个项目期间所有的沟通)；⑧质量控制测量结果（记录了控制质量活动的结果，证明符合质量要求)；⑨质量报告（可包括由团队管理或需上报的全部质量保证事项、改进建议，以及在控制质量过程中发现的不合格项或其他事项的说明)；⑩需求文件（用于证明符合项目范围)；⑪风险登记册（提供了有关项目期间发生的风险的信息)；⑫风险报告（提供了有关风险状态信息，确认项目结束时没有未关闭风险)；⑬验收的其他相关文件（包括可交付成果、立项管理文件、协议和采购文档等)。

（4）验收的可交付成果。验收的可交付成果可包括批准的产品规范、交货收据和工作绩效文件。对于分阶段实施的项目或提前取消的项目，还可能包括部分完成或中间的可交付成果。

（5）协议。通常在合同条款和条件中定义对正式关闭采购的要求，并包括在采购管理计划中。在复杂项目中，可能需要同时或先后管理多个合同。

（6）采购文档。为关闭合同，需收集全部采购文档，并建立索引、加以归档。有关合同进度、范围、质量和成本绩效的信息，以及全部合同变更文档、支付记录和检查结果，都要归类收录。在项目结束时，应将“实际执行的”计划（图纸）或“初始编制的”文档、手册、故障排除文档和其他技术文档视为采购文件的组成部分。这些信息可用于总结经验教训，并为签署以后的合同而用作评价承包商的基础。

2. 主要输出

（1）最终产品、服务或成果。把项目交付的最终产品、服务或成果（对于阶段收尾，则是所在阶段的中间产品、服务或成果）移交给客户。

（2）项目最终报告。用项目最终报告总结项目绩效，其中可包含：项目或阶段的概述；范围目标、范围的评估标准，证明达到完工标准的证据；质量目标、项目和产品质量的评估标准、相关核实信息和实际里程碑交付日期以及偏差原因；成本目标，包括可接受的成本区间、实际成本，产生任何偏差的原因等；最终产品、服务或成果的确认信息的总结；进度计划目标包括成果是否实现项目预期效益：如果在项目结束时未能实现效益，则指出效益实现程度并预计未来实现情况；关于最终产品、服务或成果如何满足业务需求的概述。如果项目结束时未能满足业务需求，则指出需求满足程度并预计业务需求何时能得到满足；关于项目过程中发生的风险或问题及其解决情况的概述等。

14.2　收尾过程组的重点工作

1. 项目验收

项目验收是项目收尾中的首要环节，只有完成项目验收工作后，才能进入后续的项目总结等工作阶段。

项目的正式验收包括验收项目产品、文档及已经完成的交付成果。如果在项目执行过程中发生了合同变更，还应将变更内容也作为项目验收的评价依据。

系统集成项目在验收阶段主要包含四方面的工作：

（1）验收测试。验收测试是对信息系统进行全面的测试，依照双方合同约定的系统环境，以确保系统的功能和技术设计满足建设方的功能需求和非功能需求，并能正常运行。验收测试阶段应包括编写验收测试用例，建立验收测试环境，全面执行验收测试，出具验收测试报告以及验收测试报告的签署。

（2）系统试运行。信息系统通过验收测试环节以后，可以开通系统试运行。系统试运行期间主要包括数据迁移、日常维护以及缺陷跟踪和修复等方面的工作内容。在试运行期间，甲乙双方可以进一步确定具体的工作内容并完成相应的交接工作。对于在试运行期间系统发生的问题，根据其性质判断是否是系统缺陷，如果是系统缺陷，应该及时更正系统的功能；如果不是系统自身缺陷，而是额外的信息系统新需求，可以遵循项目变更流程进行变更，也可以将其暂时搁置，作为后续升级项目工作内容的一部分。

（3）系统文档验收。系统验收测试过程中，与系统相匹配的系统文档应同步交由用户进行验收。甲方也可按照合同或者项目工作说明书的规定，对所交付的文档加以检查和评价；对不清晰的地方可以提出修改要求。在最终交付系统前，系统的所有文档都应当验收合格并经甲乙双方签字认可。对于系统集成项目，所涉及的验收文档可能包括：①系统集成项目介绍；②系统集成项目最终报告；③信息系统说明手册；④信息系统维护手册；⑤软硬件产品说明书、质量保证书等。

（4）项目终验。在系统经过试运行以后的约定时间，如三个月或者六个月，双方可以启动项目的最终验收工作。通常情况下，大型项目都分为试运行和最终验收两个步骤。对于一般项目而言，可以将系统测试和最终验收合并进行，但需要对最终验收的过程加以确认。最终验收报告就是业主方认可承建方项目工作的最主要文件之一，这是确认项目工作结束的重要标志。对于信息系统而言，最终验收标志着项目的结束和售后服务的开始。

最终验收的工作包括双方对验收测试文件的认可和接受、双方对系统试运行期间的工作状况的认可和接受、双方对系统文档的认可和接受、双方对结束项目工作的认可和接受。项目最终验收合格后，应该由双方的项目组撰写验收报告提请双方工作主管认可。这标志着项目组开发工作的结束和项目后续活动的开始。

2. 项目移交

系统集成项目的移交通常包含三个主要移交对象：

（1）向用户移交。项目经理须依据项目立项管理文件、合同或协议中交付内容的规定，识别并整理向客户方移交的工作成果，从而满足立项管理文件、合同或协议的要求。向用户移交的最终内容可能包括：需求说明书、设计说明书、项目研发成果、测试报告、可执行程序及用户使用手册等。

（2）向运维和支持团队移交。项目研发阶段结束后，通常将进入运维阶段。运维团队依据组织运维要求，将对项目交付运维的交付物及交付时间提出要求。

项目经理须依据上线发布或运维移交的相关规定，识别并整理向运维和支持团队移交的工作成果，从而满足后续运维工作的需要。向运维和支持团队移交的最终内容可能包括：需求说明书、设计说明书、项目研发成果、测试报告、可执行程序、用户使用手册、安装部署手册或运维手册等。

（3）向组织移交过程资产。在项目收尾过程中，项目团队应归纳总结项目的过程资产和技术资产，提交组织更新至过程资产库。向组织移交的过程资产通常包括：①项目档案（包括在项目活动中产生的各种文件，如项目管理计划、范围计划、成本计划、进度计划、项目日历、风险登记册、其他登记册、变更管理文件、风险应对计划和风险影响评价等）；②项目或阶段收尾文件（包括表明项目或阶段完工的正式文件，以及用来把完成的项目或阶段可交付成果移交给他人的正式文件，如果项目在完工前提前终止，则需要在正式的收尾文件中说明项目终止的原因，并规定正式程序，把该项目的已完成和未完成的可交付成果移交他人）；③技术和管理资产（项目经理需要总结在项目执行过程中产出的可复用代码、组件、用例等，纳入组织过程资产库，供后续项目通过加强复用来提升研发效率和交付质量）。

项目经理需要总结在项目执行过程中产出的度量数据、优秀实践、经验教训、风险问题解决经验等管理内容，归纳到组织的过程资产库中，通过管理经验和最佳实践的传承以供未来项目的有效参考。

3. 项目总结

项目总结过程是对项目前期价值与目标达成情况的总结，以及对工作经验和教训的总结分析。由项目经理组织项目全体成员的参与，形成正式的项目总结结论。项目总结会议所形成的文件一定要通过所有人的确认，任何有违此项原则的文件都不能作为项目总结会议的结果。

一般的项目总结会应讨论如下内容：

（1）项目目标：包括项目价值和目标的完成情况、具体的项目计划完成率等，作为全体参与项目成员的共同成绩。

（2）技术绩效：最终的工作范围与项目初期的工作范围的比较结果是什么，工作范围上有什么变更，项目的相关变更是否合理，处理是否有效，变更是否对项目质量、进度和成本等有重大影响，项目的各项工作是否符合预计的质量标准，是否达到客户满意。

（3）成本绩效：最终的项目成本与原始的项目预算费用，包括项目范围的有关变更增加的预算是否存在大的差距，项目盈利状况如何。这牵扯到项目组成员的绩效和奖金的分配。

（4）进度计划绩效：最终的项目进度与原始的项目进度计划比较结果是什么，进度为何提前或者延后，是什么原因造成这样的影响。

（5）项目的沟通：是否建立了完善并有效利用的沟通体系；是否让客户参与过项目决策和执行的工作；是否要求让客户定期检查项目的状况；与客户是否有定期的沟通和阶段总结会议，是否及时通知客户潜在的问题，并邀请客户参与问题的解决等；项目沟通计划完成情况如何；项目内部会议记录资料是否完备等。

（6）识别问题和解决问题：项目中发生的问题是否解决，问题的原因是否可以避免，如何改进项目的管理和执行等。

（7）意见和改进建议：项目成员对项目管理本身和项目执行计划是否有合理化建议和意见，这些建议和意见是否得到大多数参与项目成员的认可，是否能在未来项目中予以改进。

14.3 考点实练

1．在项目总结阶段，（　）不属于项目总结会议中需要关注的内容。

A．项目目标　B．技术绩效　C．意见和改进建议　D．需交付内容

解析：项目总结会的内容有：项目目标、技术绩效、成本绩效、进度计划绩效、项目的沟通、识别问题和解决问题、意见和改进建议。

答案：D

2．下列（　）不属于系统集成项目在验收阶段需要进行的工作。

A．验收测试　B．系统试运行　C．系统审核　D．项目终验

解析：系统集成项目在验收阶段需要进行四个方面的工作：验收测试、系统试运行、系统文档验收、项目终验。

答案：C

3．下列（　）不属于项目验收的内容。

A．验收测试　B．系统维护工作　C．项目终验　D．系统试运行

解析：系统集成项目在验收阶段需要进行四个方面的工作：验收测试、系统试运行、系统文档验收、项目终验。

答案：B

4．下列关于项目总结的意义的表述，错误的是（　）。

A．了解项目全过程的工作情况及相关的团队或成员的绩效状况

B．了解出现的问题并进行改进措施总结

C．了解项目全过程中出现的值得吸取的经验并进行总结

D．对总结后的文档进行讨论，直接纳入企业的过程资产

解析：项目总结的意义：①了解项目全过程的工作情况及相关的团队或成员的绩效状况；②了解出现的问题并进行改进措施总结；③了解项目全过程中出现的值得吸取的经验并进行总结；④对总结后的文档进行讨论，通过后即存入公司的知识库，从而纳入企业的过程资产。

答案：D

第15章 组织保障

15.0 章节考点分析

第 15 章主要学习信息和文档管理、配置管理、变更管理等内容。

根据考试大纲，本章知识点会涉及单项选择题和案例分析题，按以往全国计算机技术与软件专业技术资格（水平）考试的出题规律，单选题约占 2～3 分，本章内容属于基础知识范畴，考查的知识点多来源于教材，扩展内容较少。本章的架构如图 15-1 所示。

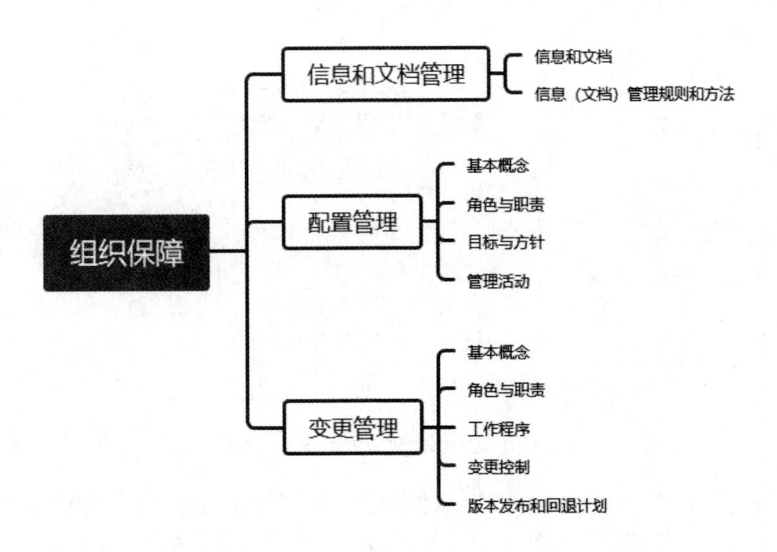

图 15-1　本章的架构

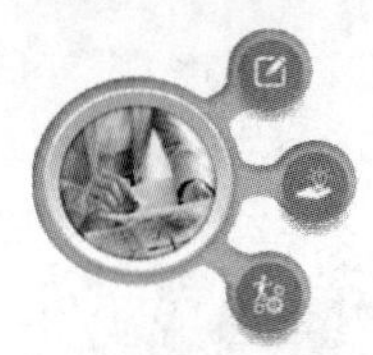

【导读小贴士】

本章的内容不属于十大管理的内容，但从历年考试来看，选择题和案例分析题中均会考到，本章所要讲述的内容，偏入门、偏概念，侧重于理解；本章的知识点是有限的，考生只要把握常考知识点，拿到该拿分数即可。

15.1 信息和文档管理

【基础知识点】

信息系统相关信息（文档）是指某种数据媒体和其中所记录的数据。它具有永久性，并可以由人或机器阅读，通常仅用于描述人工可读的东西。

对于信息系统开发项目来说，其文档一般分为开发文档、产品文档和管理文档。开发文档描述开发过程本身，基本的开发文档包括：可行性研究报告和项目任务书、需求规格说明、功能规格说明、设计规格说明（包括程序和数据规格说明）、开发计划、软件集成和测试计划、质量保证计划、安全和测试信息。产品文档描述开发过程的产物，基本的产品文档包括：培训手册、参考手册和用户指南、软件支持手册、产品手册和广告。管理文档记录项目管理的信息，如开发过程的每个阶段的进度和进度变更的记录；软件变更情况的记录；开发团队的职责定义、项目计划、项目阶段报告；配置管理计划。

文档的质量通常可以分为四级，如图 15-2 所示。

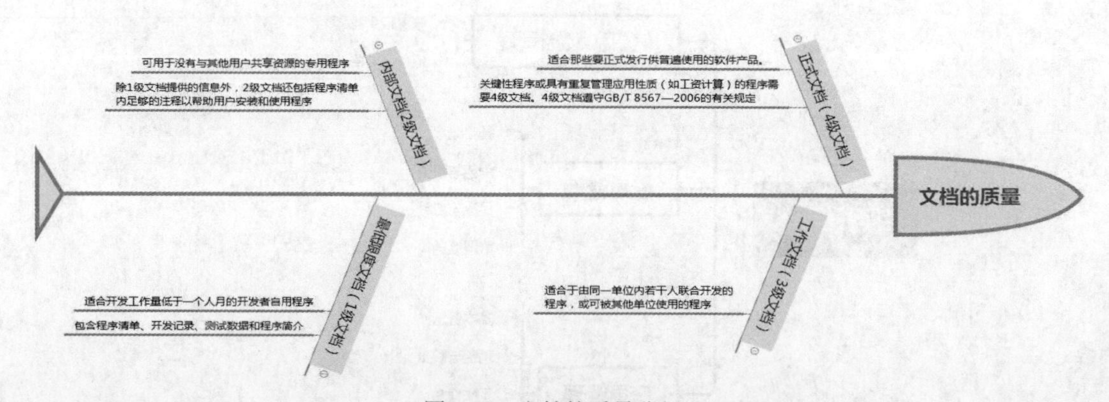

图 15-2 文档按质量分级

管理信息系统文档的规范化主要体现在文档书写规范、图表编号规则、文档目录编写标准和文档管理制度等几个方面。根据生命周期法的五个阶段，分类编号规则如图 15-3 所示。

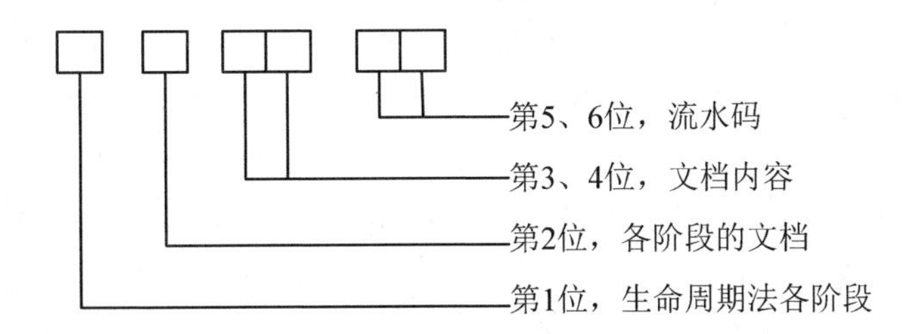

图 15-3　分类编号规则

15.2　配置管理

【基础知识点】

配置项是信息系统组件或与其有关的项目，包括软件、硬件和各种文档，如变更请求、服务、服务器、环境、设备、网络设施、应用系统等。

典型的配置项包括项目计划书、技术解决方案、需求文档、设计文档、源代码、可执行代码、测试用例、运行软件所需的各种数据、设备型号及其关键部件等，它们经评审和检查通过后进入配置管理。所有配置项都应按照相关规定统一编号后以一定的目录结构保存在 CMDB 中。

配置项可以分为基线配置项和非基线配置项两类，如基线配置项可能包括所有的设计文档和源程序等；非基线配置项可能包括项目的各类计划和报告等。

所有配置项的操作权限应由配置管理员严格管理，基本原则是：基线配置项向开发人员开放读取的权限；非基线配置项向项目经理、CCB 及相关人员开放。

配置项的状态可分为“草稿”“正式”和“修改”三种。配置项刚建立时，其状态为“草稿”。配置项通过评审后，其状态变为“正式”。此后若更改配置项，则其状态变为“修改”。当配置项修改完毕并重新通过评审时，其状态又变为“正式”，如图 15-4 所示。

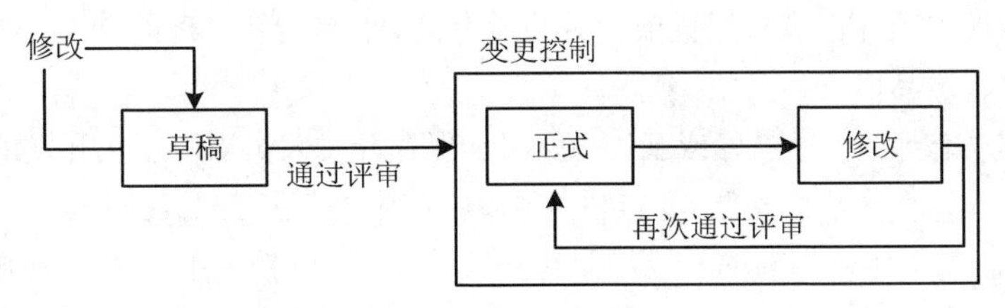

图 15-4　配置项状态变化

1. 配置项版本号的编号规则

配置项版本号规则如下：①处于“草稿”状态的配置项的版本号格式为 0.YZ，YZ 的数字范围为 01～99。随着草稿的修正，YZ 的取值应递增。YZ 的初值和增幅由用户自己把握；②处于“正式”状态的配置项的版本号格式为 X.Y，X 为主版本号，取值范围为 1～9。Y 为次版本号，取值范围为 0～9，配置项第一次成为“正式”文件时，版本号为 1.0，如果配置项升级幅度比较小，可以将变动部分制作成配置项的附件，附件版本依次为 1.0、1.1、…当附件的变动积累到一定程度时，配置项的 Y 值可适量增加，Y 值增加一定程度时，X 值将适量增加。当配置项升级幅度比较大时，才允许直接增大 X 值；③处于“修改”状态的配置项的版本号格式为 X.YZ，配置项正在修改时，一般只增大 Z 值，X.Y 值保持不变，当配置项修改完毕，状态成为“正式”时，将 Z 值设置为 0，增加 X.Y 值。

对配置项的任何修改都将产生新的版本。同时不能抛弃旧版本。

2. 配置基线

配置基线由一组配置项组成，这些配置项构成一个相对稳定的逻辑实体。基线中的配置项被“冻结”了，不能再被任何人随意修改。对基线的变更必须遵循正式的变更控制程序。

一个产品可以有多条基线，也可以只有一条基线。交付给用户使用的基线一般称为发行基线（Release），内部过程使用的基线一般称为构造基线（Build）。

对于每一个基线，要定义下列内容：建立基线的事件、受控的配置项、建立和变更基线的程序、批准变更基线所需的权限。

建立基线的价值可包括：①基线为项目工作提供了一个定点和快照；②新项目可以在基线提供的定点上建立，新项目作为一个单独分支，将与随后对原始项目（在主要分支上）所进行的变更进行隔离；③当认为更新不稳定或不可信时，基线为团队提供一种取消变更的方法；④可以利用基线重新建立基于某个特定发布版本的配置，以重现已报告的错误。

3. 配置管理数据库

配置管理数据库（简称配置库）是指包含每个配置项及配置项之间重要关系的详细资料的数据库。配置管理数据库主要内容包括：①发布内容，包括每个配置项及其版本号；②经批准的变更可能影响到的配置项；③与某个配置项有关的所有变更请求；④配置项变更轨迹；⑤特定的设备和软件；⑥计划升级、替换或弃用的配置项；⑦与配置项有关的变更和问题；⑧来自于特定时期特定供应商的配置项；⑨受问题影响的所有配置项。

配置库存放配置项并记录与配置项相关的所有信息，是配置管理的有力工具。配置库可以分为开发库、受控库、产品库三种类型。

开发库也称动态库、程序员库或工作库，用于保存开发人员当前正在开发的配置实体。动态库是开发人员的个人工作区，由开发人员自行控制，无须对其进行配置控制。

受控库也称主库，包含当前的基线加上对基线的变更。受控库中的配置项被置于完全的配置管理之下。在信息系统开发的某个阶段工作结束时，将当前的工作产品存入受控库。可以修改，需要走变更流程。

产品库也称静态库、发行库、软件仓库，包含已发布使用的各种基线的存档，被置于完全的配置管理之下。在开发的信息系统产品完成系统测试之后，作为最终产品存入产品库内，等待交付用户或现场安装。一般不再修改，真要修改的话需要走变更流程。

4. 配置库的建库模式

配置库的建库模式有两种：按配置项的类型建库和按开发任务建库。

按配置项的类型建库：这种模式适用于通用软件的开发组织。其特点是产品的继承性较强，工具比较统一，对并行开发有一定的需求。优点是有利于对配置项的统一管理和控制，同时也能提高编译和发布的效率。缺点是会造成开发人员的工作目录结构过于复杂，带来一些不必要的麻烦。

按开发任务建库：这种模式适用于专业软件的开发组织。其特点是使用的开发工具种类繁多，开发模式以线性发展为主。其优点是库结构设置策略比较灵活。

5. 配置管理角色与职责

（1）配置控制委员会。也称为变更控制委员会，它不只是控制变更，也负有更多的配置管理任务，具体工作包括：①制定和修改项目配置管理策略；②审批和发布配置管理计划；③审批基线的设置、产品的版本等；④审查、评价、批准、推迟或否决变更申请；⑤监督已批准变更的实施；⑥接收变更与验证结果，确认变更是否按要求完成；⑦根据配置管理报告决定相应的对策。

（2）配置管理负责人。也称配置经理，负责管理和决策整个项目生命周期中的配置活动，具体有：①管理所有活动，包括计划、识别、控制、审计和回顾；②负责配置管理过程；③通过审计过程确保配置管理数据库的准确和真实；④审批配置库或配置管理数据库的结构性变更；⑤定义配置项责任人；⑥指派配置审计员；⑦定义配置管理数据库范围、配置项属性、配置项之间的关系和配置项状态；⑧评估配置管理过程并持续改进；⑨参与变更管理过程评估；⑩对项目成员进行配置管理培训。

（3）配置管理员。配置管理员负责在整个项目生命周期中进行配置管理的主要实施活动，具体有：①建立和维护配置管理系统：②建立和维护配置库或配置管理数据库；③配置项识别；④建立和管理基线；⑤版本管理和配置控制；⑥配置状态报告；⑦配置审计；⑧发布管理和交付。

（4）配置项负责人。配置项负责人确保所负责的配置项的准确和真实：①记录所负责配置项的所有变更；②维护配置项之间的关系；③调查审计中发现的配置项差异，完成差异报告；④遵从配置管理过程；⑤参与配置管理过程评估。

6. 配置管理

（1）配置管理的目标。配置管理具体包括：①所有配置项能够被识别和记录；②维护配置项记录的完整性；③为其他管理过程提供有关配置项的准确信息；④核实有关信息系统的配置记录的正确性并纠正发现的错误；⑤配置项当前和历史状态得到汇报；⑥确保信息系统的配置项的有效控制和管理。

（2）配置管理关键成功因素。主要包括：①所有配置项应该记录；②配置项应该分类；③所有配置项要编号；④应该定期对配置库或配置管理数据库中的配置项信息进行审计；⑤每个配置项在建立后，应有配置负责人负责；⑥要关注配置项的变化情况；⑦应该定期对配置管理进行回顾；⑧能够与项目的其他管理活动进行关联。

（3）配置管理的日常管理活动。配置管理的日常管理活动主要包括：制订配置管理计划、配置项识别、配置项控制、配置状态报告、配置审计、配置管理回顾与改进等。

1）配置管理计划。配置管理计划是对如何开展项目配置管理工作的规划，是配置管理过程的基础，应该形成文件并在整个项目生命周期内处于受控状态。CCB 负责审批该计划。

2）配置项识别。包括为配置项分配标识和版本号等。要确定配置项的范围、属性、标识符、基准线以及配置结构和命名规则等。配置项识别的基本步骤是：①识别需要受控的配置项；②为每个配置项指定唯一的标识号；③定义每个配置项的重要特征；④确定每个配置项的所有者及其责任；⑤确定配置项进入配置管理的时间和条件；⑥建立和控制基线；⑦维护文档和组件的修订与产品版本之间的关系。

3）配置项控制。即对配置项和基线的变更控制，包括变更申请、变更评估、通告评估结果、变更实施、变更验证与确认、变更的发布基于配置库的变更控制等任务。

变更申请主要就是陈述要做什么变更，为什么要变更，以及打算怎样变更。CCB 负责组织对变更申请进行评估并确定，如变更对项目的影响、变更的内容是否必要、变更的范围是否考虑周全、变更的实施方案是否可行、变更工作量估计是否合理等。CCB 把关于每个变更申请的批准、否决或推迟的决定通知受此处置意见影响的每个干系人。项目经理组织修改相关的配置项，并在相应的文档、程序代码或配置管理数据中记录变更信息。项目经理指定人员对变更后的配置项进行测试或验证。项目经理应将变更与验证的结果提交给 CCB，由其确认变更是否已经按要求完成。配置管理员将变更后的配置项纳入基线。配置管理员将变更内容和结果通知相关人员，并做好记录。

基于配置库的变更控制流程如图 15-5 所示。

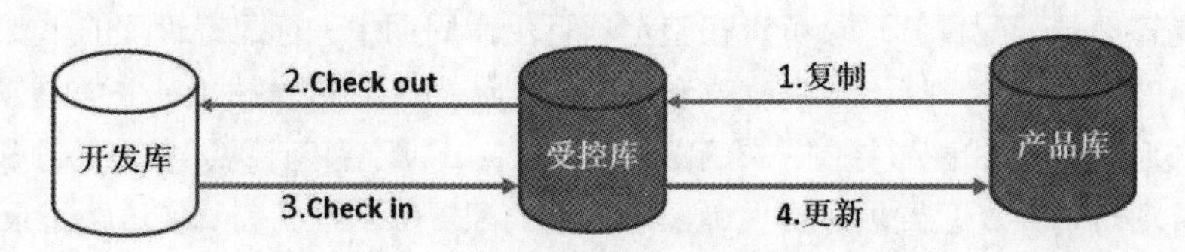

图 15-5　基于配置库的变更控制流程

现以某软件产品升级为例，其过程简述如下：①将待升级的基线（假设版本号为 V2.1）从产品库中取出，放入受控库。②程序员将欲修改的代码段从受控库中检出（Check out），放入自己的开发库中进行修改。代码被检出后即被“锁定”，以保证同一段代码只能同时被一个程序员修改，如果甲正在对其修改，乙就无法将其检出。③程序员将开发库中修改好的代码段检入（Check in）受控库。代码检入后，代码的“锁定”被解除，其他程序员就可以检出该段代码了。④软件产品的升级修改工作全部完成后，将受控库中的新基线存入产品库中（软件产品的版本号更新为 V2.2，旧的 V2.1 版并不删除，继续在产品库中保存）。

4）配置状态报告。也称配置状态统计，其任务是有效地记录和报告管理配置所需要的信息，目的是及时、准确地给出配置项的当前状况，供相关人员了解，以加强配置管理工作。配置状态报告应该主要包含：每个受控配置项的标识和状态；每个变更申请的状态和已批准的修改的实施状态；每个基线的当前和过去版本的状态以及各版本的比较；其他配置管理过程活动的记录等。

5）配置审计。配置审计的实施是为了确保项目配置管理的有效性，体现了配置管理的最根本要求，不允许出现任何混乱现象。

功能配置审计：是审计配置项的一致性（配置项的实际功效是否与其需求一致），具体验证主要包括：①配置项的开发已圆满完成；②配置项已达到配置标识中规定的性能和功能特征；③配置项的操作和支持文档已完成并且是符合要求的等。

物理配置审计：是审计配置项的完整性（配置项的物理存在是否与预期一致），具体验证主要包括：①要交付的配置项是否存在；②配置项中是否包含了所有必需的项目等。

6）配置管理回顾与改进。具体包括：①对本次配置管理回顾进行准备；②召开配置管理回顾会议；③根据会议结论，制订并提交服务改进计划；④根据过程改进计划，协调、落实改进等。

15.3 变更管理

【基础知识点】

变更管理的实质是根据项目推进过程中越来越丰富的项目认知，不断调整项目努力方向和资源配置，最大限度地满足项目需求，提升项目价值。

1. 常见的变更原因

变更的常见原因包括：①产品范围（成果）定义的过失或者疏忽；②项目范围（工作）定义的过失或者疏忽；③增值变更；④应对风险的紧急计划或回避计划；⑤项目执行过程与基准要求不一致带来的被动调整；⑥外部事件等。

2. 变更的分类

根据变更性质可分为重大变更、重要变更和一般变更，通过不同审批权限进行控制。根据变更的迫切性可分为紧急变更、非紧急变更。

3. 变更的管理原则

变更的管理原则是项目基准化和变更管理过程规范化，主要内容包括：①基准管理（基准是变更的依据，每次变更通过评审后，都应重新确定基准）；②变更控制流程化（所有变更都必须遵循变更控制流程）；③明确组织分工（至少应明确变更相关工作的评估、评审、执行的职能）；④评估变更的可能影响；⑤妥善保存变更产生的相关文档。

4. 变更的角色与职责

（1）变更的角色。变更的角色主要包括变更控制委员会、变更管理负责人、变更请求者。

变更委员会是由主要项目干系人代表组成的一个正式团体，它是决策机构，不是作业机构，通过评审手段决定项目基准是否能变更。其主要职责包括：①负责审查、评价、批准、推迟或否决项目变更；②将变更申请的批准、否决或推迟的决定通知受此处置意见影响的相关干系人；③接收变更与验证结果，确认变更是否按要求完成。

变更管理负责人也称变更经理，通常是变更管理过程解决方案的负责人，其主要职责包括：①负责整个变更过程方案的结果；②负责变更管理过程的监控；③负责协调相关的资源，保障所有变更按照预定过程顺利运作；④确定变更类型，组织变更计划和日程安排；⑤管理变更的日程安排；⑥变更实施完成之后的回顾和关闭；⑦承担变更相关责任，并且具有相应权限；⑧可能以逐级审批形式或团队会议的形式参与变更的风险评估和审批等。

变更请求者需要具备理解变更过程的能力要求，提出变更需求。其主要职责包括：①提出变更需求，记录并提交变更请求单；②初步评价变更的风险和影响，给变更请求设定适当的变更类型。

（2）职责。变更实施者需要具备执行变更方案的技术能力，按照批准的变更计划实施变更的内容（包括必要时的恢复步骤）。其主要职责包括：①负责按照变更计划实施具体的变更任务；②负责记录并保存变更过程中的产物，将变更后的基准纳入项目基准中；③参与变更正确性的验证与确认工作。

变更顾问委员会的主要职责包括：①在紧急变更时，可以对被授权者行使审批权限；②定期听取变更经理汇报，评估变更管理执行情况，必要时提出改进建议等。

5. 变更工作程序

（1）变更申请。变更提出应当及时以正式方式进行，并留下书面记录。变更的提出可以是各种形式，但在评估前应以书面形式提出。一般项目经理或者项目配置管理员负责该相关信息的收集，以及对变更申请的初审。

（2）对变更的初审。变更初审的目的主要包括：①对变更提出方施加影响，确认变更的必要性，确保变更是有价值的；②格式校验，完整性校验，确保评估所需信息准备充分；③在干系人间就提出供评估的变更信息达成共识等。变更初审的常见方式为变更申请文档的审核流转。

（3）变更方案论证。变更方案的主要作用，首先是对变更请求是否可实现进行论证，如果可能实现，则将变更请求由技术要求转化为资源需求，以供 CCB 决策。常见的方案内容包括技术评估和经济与社会效益评估。

（4）变更审查。审查通常采用文档、会签形式，重大的变更审查可以采用正式会议形式。对于涉及项目目标和交付成果的变更，客户和服务对象的意见应放在核心位置。

（5）发出通知并实施。变更通知不只是包括项目实施基准的调整，更要明确项目的交付日期、成果对相关干系人的影响。如果变更造成交付期调整，应在变更确认时发布，而非在交付前公布。

（6）实施监控。通常由项目经理负责基准的监控。CCB 监控变更明确的主要成果、进度里程碑等，也可以通过监理单位完成监控。

（7）效果评估。变更评估的关注内容主要包括：①评估依据是项目的基准；②结合变更的目标，评估变更所要达到的目的是否已达成；③评估变更方案中的技术论证、经济论证内容与实施过程的差距，并促使解决。

（8）变更收尾。变更收尾是判断发生变更后的项目是否已纳入正常轨道。

在变更控制中需要重点关注进度变更控制、成本变更控制和合同变更控制。

合同变更控制是规定合同修改的过程，它包括文书工作、跟踪系统、争议解决程序以及批准变更所需的审批层次。合同变更控制应当与整体变更控制相结合。

版本发布前的准备工作包括：①进行相关的回退分析；②备份版本发布所涉及的存储过程、函数等其他数据的存储及回退管理；③备份配置数据，包括数据备份的方式；④备份在线生产平台接口、应用、工作流等版本；⑤启动回退机制的触发条件；⑥对变更回退的机制职责的说明。

回退步骤通常包括：①通知相关用户系统开始回退；②通知各关联系统进行版本回退；③回退存储过程等数据对象；④配置数据回退；⑤应用程序、接口程序、工作流等版本回退；⑥回退完成通知各周边关联系统；⑦回退后进行相关测试，保证回退系统能够正常运行；⑧通知用户回退完成等。

15.4 考点实练

1．配置管理是为了系统地控制配置变更，在信息系统项目的整个生命周期中维持配置的（　　）。

A．完整性和可跟踪性　　B．完整性和真实性

C．高效性和可跟踪性　　D．高效性和真实性

解析：配置管理是为了系统地控制配置变更，在信息系统项目的整个生命周期中维持配置的完整性和可跟踪性，而标识信息系统建设在不同时间点上配置的学科。

答案：A

2．状态为“草稿”的配置项修改后，其状态为（　　）。

A．修改　　B．正式　　C．草稿　　D．待审

解析：可将配置项状态分为“草稿”“正式”和“修改”三种。配置项刚建立时，其状态为“草稿”。配置项通过评审后，其状态变为“正式”。此后若更改配置项，则其状态变为“修改”，当配置项修改完毕并重新通过评审时，其状态又变为“正式”。

答案：B

3．在信息系统开发的某个阶段工作结束时，将当前的工作产品存入（　　）。

A．开发库　　B．受控库　　C．产品库　　D．配置管理数据库

解析：配置库可以分为开发库、受控库、产品库三种类型。其中，受控库也称主库，包含当前的基线以及对基线的变更。受控库中的配置项被置于完全的配置管理之下。在信息系统开发的某个阶段工作结束时，将当前的工作产品存入受控库。

答案：B

4．（　　）负责对项目成员进行配置管理培训。

A．项目经理　　B．CCB　　C．配置管理员　　D．配置管理负责人

解析：配置管理负责人也称配置经理，负责管理和决策整个项目生命周期中的配置活动，具体有：①管理所有活动，包括计划、识别、控制、审计和回顾；②负责配置管理过程；③通过审计过程确保配置管理数据库的准确和真实；④审批配置库或配置管理数据库的结构性变更；⑤定义配置项责任人；⑥指派配置审计员；⑦定义配置管理数据库范围、配置项属性、配置项之间关系和配置项状态；⑧评估配置管理过程并持续改进；⑨参与变更管理过程评估；⑩对项目成员进行配置管理培训。

答案：D

5．功能配置审计验证内容不包括（　　）。

A．配置项的开发是否已圆满完成

B．配置项中是否包含了所有必需的项目

C．配置项是否已达到配置标识中规定的性能和功能特征

D．配置项的操作和支持文档是否已完成并且是符合要求的

解析：

（1）功能配置审计是审计配置项的一致性（配置项的实际功效是否与其需求一致），具体验证主要包括：①配置项的开发已圆满完成；②配置项已达到配置标识中规定的性能和功能特征；③配置项的操作和支持文档已完成并且是符合要求的等。

（2）物理配置审计是审计配置项的完整性（配置项的物理存在是否与预期一致），具体验证主要包括：①要交付的配置项是否存在；②配置项中是否包含了所有必需的项目等。

答案：B

6．变更管理的原则主要内容不包括（　　）。

A．基准管理　　B．明确组织分工

C．对变更产生的因素施加影响　　D．妥善保存变更产生的相关文档

解析：变更管理的原则是项目基准化和变更管理过程规范化。主要内容包括：

- 基准管理：基准是变更的依据。每次变更通过评审后，都应重新确定基准。
- 变更控制流程化：所有变更都必须遵循变更控制流程。
- 明确组织分工：至少应明确变更相关工作的评估、评审、执行的职能。
- 评估变更的可能影响。
- 妥善保存变更产生的相关文档。

答案：C

7．根据信息系统项目文档的分类，质量保证计划属于（　　）。

A．开发文档　　B．产品文档　　C．操作文档　　D．管理文档

解析：对于信息系统开发项目来说，其文档一般分为开发文档、产品文档和管理文档。

（1）开发文档描述开发过程本身，基本的开发文档包括：可行性研究报告和项目任务书、需求规格说明、功能规格说明、设计规格说明（包括程序和数据规格说明、开发计划、软件集成和测试计划、质量保证计划、安全和测试信息等）。

（2）产品文档描述开发过程的产物，基本的产品文档包括：培训手册、参考手册和用户指南、软件支持手册、产品手册和信息广告。

（3）管理文档记录项目管理的信息，如开发过程的每个阶段的进度和进度变更的记录；软件变更情况的记录；开发团队的职责定义、项目计划、项目阶段报告；配置管理计划。

答案：A

第16章 监理基础知识

16.0 章节考点分析

第16章是新版系统集成项目管理工程师教材中新增部分，系统化地介绍信息系统工程监理的基础知识。预计本章知识涉及选择题，约占2～3分，本章内容属于基础知识范畴，考查的知识点多来源于教材，扩展内容较少。本章的架构如图16-1所示。

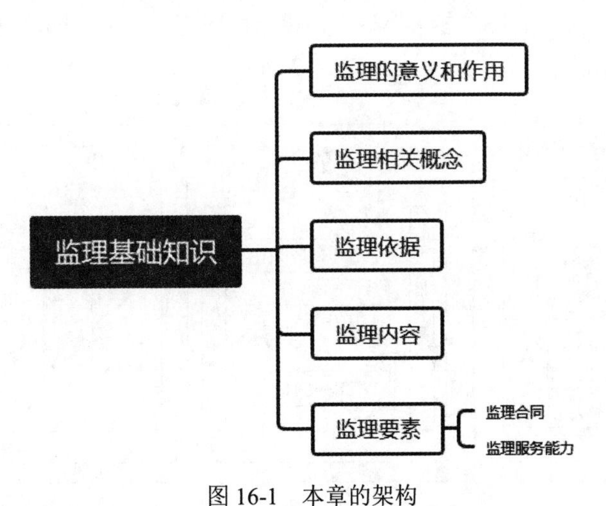

图16-1 本章的架构

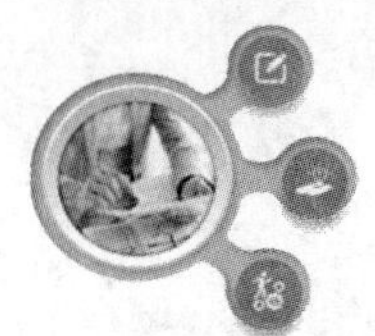

【导读小贴士】

信息系统工程监理在国家信息化项目的建设和应用过程中起到了至关重要的作用，作为信息系统集成项目管理工程师，应掌握相关监理知识。本章监理内容偏入门、偏概念，侧重于理解；本章的知识点是有限的，考生只要把握易考知识点，拿到该拿分数即可。

16.1 监理的意义和作用

【基础知识点】

（1）监理的地位和作用。信息系统监理通常直接面对业主单位和承建单位，在双方之间形成一种系统的工作关系，在保障工程质量、进度、投资控制和合同管理、信息管理，协调双方关系中处于重要的、不可替代的地位。

信息系统监理为项目业主单位提供信息系统工程相关的技术建议；为项目承建单位提供技术建议和解决对策。

信息系统监理保证项目交付成果的质量，对项目的交付成果和项目的管理成果进行必要检验和审核，确保相关成果达到质量要求。

信息系统监理协调项目干系人间的关系，促进项目建设过程中的各类项目信息得到全面有效的共享、一致的理解和认同，保证项目质量目标的贯彻和落实。

（2）信息系统工程监理的技术参考模型。该模型由四部分组成，即监理支撑要素、监理运行周期、监理对象和监理内容，其相互关系如图 16-2 所示。

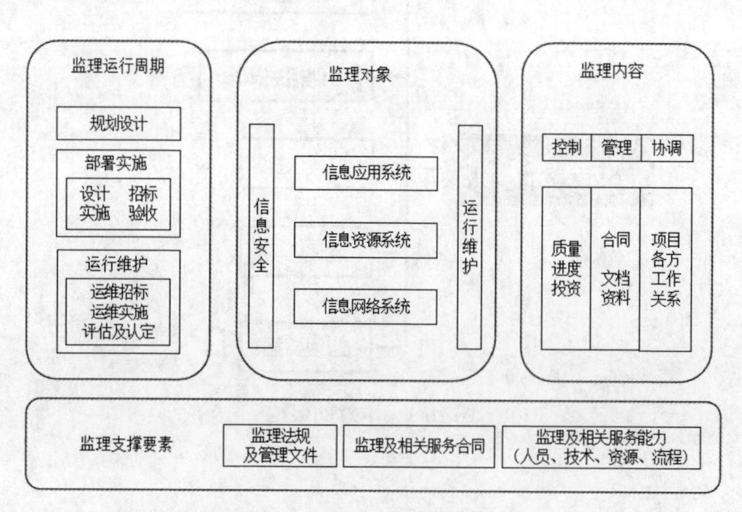

图 16-2　信息系统工程监理及相关服务技术参考模型

监理支撑要素包括：监理法规及管理文件、监理及相关服务合同和监理及相关服务能力。其中监理服务能力要素由人员、技术、资源和流程四部分组成。

信息系统工程监理对象包括五个方面：信息网络系统、信息资源系统、信息应用系统、信息安全和运行维护。

监理活动最基础的内容被概括为“三控、两管、一协调”。三控是指信息系统工程质量控制、信息系统工程进度控制和信息系统工程投资控制。两管是指信息系统工程合同管理、信息系统工程信息管理。一协调是指在信息系统工程实施过程中协调有关单位及人员间的工作关系。

16.2 监理相关概念

【基础知识点】

（1）信息系统工程监理。指在政府工商管理部门注册的，且具有信息系统工程监理能力及资格的单位，受业主单位委托，依据国家有关法律法规、技术标准和信息系统工程监理合同，对信息系统工程项目实施的监督管理。

信息系统工程监理单位：指从事信息系统工程监理业务的企业。业主单位（也称建设单位）指具有信息系统工程（含运行维护）发包主体资格和支付工程及相关服务价款能力的单位。承建单位指具有独立企业法人资格，具有承接信息系统工程建设能力的单位。监理机构指当监理单位对信息系统工程项目实施监理及相关服务时，负责履行监理合同的组织机构。监理人员是指从事信息系统工程监理业务的人员，主要包括监理工程师、总监工程师、总监理工程师代表和监理员等。

（2）监理资料和工具。监理大纲：在投标阶段，由监理单位编制，经监理单位法定代表人（或授权代表）书面批准，用于取得项目委托监理及相关服务合同，宏观指导监理及相关服务过程的纲领性文件。

监理规划：在总监理工程师主持下编制，经监理单位技术负责人书面批准，用来指导监理机构全面开展监理及相关服务工作的指导性文件。

监理实施细则：根据监理规划，由监理工程师编制，并经总监理工程师书面批准，针对工程建设或运维管理中某一方面或某一专业监理及相关服务工作的操作性文件。

监理意见：在监理过程中，监理机构以书面形式向业主单位或承建单位提出的见解和主张。

监理报告：在监理过程中，监理机构对工程监理及相关服务阶段性的进展情况、专项问题或工程临时出现的事件、事态，通过观察、检测、调查等活动，形成以书面形式向业主单位提出的陈述。

（3）监理过程。监理过程是指监理阶段负责进行监理的种类，主要包括全过程监理、里程碑监理和阶段监理等。

全过程监理：根据委托监理及相关服务合同要求开展工程建设及运行维护全过程的监理工作，包括部署实施部分中的招标、设计、实施和验收阶段以及运行维护部分中的招标、实施、评价及认定阶段的监理工作。

里程碑监理：根据委托监理及相关服务合同和信息系统工程标准规范要求，对工程里程碑产生的结果进行确认的监理工作。

阶段监理：根据委托监理及相关服务合同要求开展某个或某些特定阶段的监理工作。

（4）监理形式。监理形式是指监理过程中所采用的方式，包括监理例会、签认、现场和旁站等。

监理例会：由监理机构主持、有关单位参加的，在工程监理及相关服务过程中针对质量、进度、投资控制和合同、文档资料管理以及协调项目各方工作关系等事宜定期召开的会议。

签认：在监理过程中，工程建设或运维管理任何一方签署，并认可其他方所提供文件的活动。

现场：开展项目所有监理及相关服务活动的地点。驻场服务属于现场监理的一种形式，要求监理人员在项目执行期间，一直在现场开展监理服务。

旁站：在关键部位或关键工序施工过程中，由监理人员在现场进行的监督或见证活动。

16.3 监理依据

【基础知识点】

从信息系统工程建设方面，国家已经出台了许多管理规定和办法，同时也有许多国家标准和行业标准用于规范监理工作；针对信息系统工程监理，在专业技术和理论方面也出版了很多专著，这些都成为开展信息系统工程监理工作的重要依据。

（1）监理国家标准。

- 《信息技术服务 监理 第 1 部分：总则》（GB/T 19668.1）。
- 《信息技术服务 监理 第 2 部分：基础设施工程监理规范》（GB/T 19668.2）。
- 《信息技术服务 监理 第 3 部分：运行维护监理规范》（GB/T 19668.3）。
- 《信息技术服务 监理 第 4 部分：信息安全监理规范》（GB/T 19668.4）。
- 《信息技术服务 监理 第 5 部分：软件工程监理规范》（GB/T 19668.5）。
- 《信息技术服务 监理 第 6 部分：应用系统：数据中心工程监理规范》（GB/T 19668.6）。
- 《信息技术服务 监理 第 7 部分：监理工作量度量要求》（GB/T 19668.7）。

（2）监理行业及团体标准。

- 《信息系统工程监理 服务评价 第 1 部分 监理单位服务能力评估规范》（T/CEEA PJ.001）。
- 《信息系统工程监理 服务评价 第 2 部分 从业人员能力要求》（T/CEEA PJ.002）。
- 《信息系统工程监理 服务评价 第 3 部分 从业人员能力评价指南》（T/CEEA PJ.003）。
- 《信息系统工程监理 服务评价 第 4 部分 服务成本度量指南》（T/CEEA PJ.004）。
- 《信息系统工程监理 服务评价 第 5 部分 服务质量评价规范》（T/CEEA PJ.005）。

16.4 监理内容

【基础知识点】

监理工作的内容根据项目阶段的不同而有所不同。

（1）规划阶段。本阶段的主要工作内容：①协助业主单位构建信息系统架构；②可以为业主单位提供项目规划设计的相关服务，为业主单位决策提供依据；③对项目需求、项目计划和初步设计方案进行审查；④协助业主单位策划招标方法，适时提出咨询意见。

（2）招标阶段。本阶段的主要工作内容：①在业主单位授权下，参与业主单位招标前的准备工作，协助业主单位编制项目的工作计划；②在业主单位授权下，参与招标文件的编制，并对招标文件的内容提出监理意见；③在业主单位授权下，协助业主单位进行招标工作，如委托招标，审核招标代理机构资质是否符合行业管理要求；④向业主单位提供招投标咨询服务；⑤在业主单位授权下，参与承建合同的签订过程，并对承建合同的内容提出监理意见。

（3）设计阶段。本阶段的主要工作内容：①设计方案、测试验收方案、计划方案的审查；②变更方案和文档资料的管理。

（4）实施阶段。本阶段的主要工作内容：通过现场监督、核查、记录和协调，及时发现项目实施过程中的问题，并督促承建单位采取措施、纠正问题，促使项目质量、进度、投资等按要求实现。

（5）验收阶段。本阶段的主要工作内容是全面验证和认可项目实施成果，具体包括：①审核项目测试验收方案的符合性及可行性；②协调承建单位配合第三方测试机构进行项目系统测评；③促使项目的最终功能和性能符合承建合同、法律法规和标准的要求；④促使承建单位所提供的项目各阶段形成的技术、管理文档的内容和种类符合相关标准。

16.5 监理要素

1．监理合同

监理合同的内容主要包括监理及相关服务内容、服务周期、双方的权利和义务、监理及相关服务费用的计取和支付、违约责任及争议的解决办法和双方约定的其他事项。

监理及相关服务合同可按规划设计、部署实施、运行维护中选择的各部分单独或合并签订，并将各部分服务范围及费用在合同中明确。

依据监理合同及其补充协议，总监理工程师签署监理费申请表，报业主单位。

2．监理服务能力

监理单位应根据监理及相关服务范围，在人员、技术、资源、流程等四方面，建立和完善服务能力体系。

（1）人员。监理单位人力资源管理体系应涵盖招聘与配置、培训与开发、绩效管理、薪酬管理等主要方面，并具备人力资源管理制度和流程。

（2）技术。

1）监理工作体系。组织体系、管理体系、文档体系、业务流程、质量管理体系等。

2）监理技术规范。技术规范或监理操作规程应符合相关标准对监理工作的要求。

3）监理技术。监理的主要技术与管理手段包括检查、旁站、抽查、测试和软件特性分析等，使用这些手段对监理要点实施现场验证与确认，加强风险防范；利用监理知识库、监理案例库，对将要实施的项目进行风险分析与管理，并依据相关技术、管理及服务标准，审核或编制项目文档资料；监理技术人员应加强新的信息技术、产品发展趋势及行业知识的学习，在实践中不断更新和完善监理知识库及监理案例库，并借助现代通信和交流手段提高沟通效率。

4）监理大纲。监理大纲是监理单位承担信息系统工程项目的监理及相关服务的法律承诺，监理大纲编制的程序：监理单位编制监理大纲后，应经监理单位技术负责人审核；由监理单位法定代表人或授权代表书面批准。监理大纲的内容：监理工作目标、监理工作依据、监理工作范围、项目监理机构及配备人员、监理工作计划、各阶段监理工作内容、监理流程和成果、监理服务承诺以及其他内容。

5）监理规划。监理规划是实施监理及相关服务工作的指导性文件，监理规划的编制应针对项目的实际情况，明确监理机构的工作目标，确定具体的监理工作制度、方法和措施。监理规划编制的程序：在签订监理合同后，总监理工程师应主持编制监理规划；监理规划完成后，应经监理单位技术负责人审批；监理规划报送业主单位确认后生效。在监理工作实施过程中，如实际情况或条件发生重大变化而需要调整监理规划内容时，应由总监理工程师组织监理工程师修改，经监理单位技术负责人审批后报送业主单位签字确认。

6）监理实施细则：监理机构按照监理规划中规定的工作范围、内容、制度和方法等编制监理细则，开展具体的监理及相关服务工作。监理细则应符合监理规划的要求，结合工程及相关服务项目的专业特点，具有可操作性。监理细则编制的程序：①监理工程师依据监理规划，编制监理细则；②监理细则应经总监理工程师批准。在监理工作实施过程中，监理细则应根据情况进行补充、修改和完善，并报总监理工程师批准。

（3）资源。

1）监理机构。监理单位履行监理合同时，应建立监理机构。监理机构应根据监理工程类别、规模、技术复杂程度及相关服务内容，按监理合同的约定，配备满足监理及相关服务需要的设备和工具等。业主单位为监理机构提供的设施：业主单位应按照监理合同的约定，为监理及相关服务工作顺利开展所需的办公、交通、通信等设施提供便利；监理机构应妥善保管和使用业主单位提供的设施，在完成监理工作后交还业主单位。

2）监理知识库和监理案例库。保证单位内各监理机构共享所积累的技术知识和信息。监理单位的案例库包括信息系统工程项目的背景、建设内容、监理工作任务、监理要点和监理经验等内容，这些可对将来类似项目的实施起到指导作用。

3）检测分析工具及仪器设备。

4）企业管理信息系统。

（4）流程。

1）项目管理体系。

2）客户服务体系。

3）监理及相关服务的制度和流程。

16.6 考点实练

1．下列不属于信息系统工程监理对象的是（　　）。

A．信息网络系统　　B．信息资源系统

C．信息软件系统　　D．信息应用系统

解析：信息系统工程监理对象包括五个方面：信息网络系统、信息资源系统、信息应用系统、信息安全和运行维护。

答案：C

2．监理活动有“三控、两管、一协调”，其中“两管”指的是（　　）。

A．合同管理和信息管理　　B．质量管理和进度管理

C．信息管理和组织管理　　D．合同管理和文档管理

解析：监理活动最基础的内容被概括为“三控、两管、一协调”。

三控是指信息系统工程质量控制、信息系统工程进度控制和信息系统工程投资控制。两管是指信息系统工程合同管理、信息系统工程信息管理。一协调是指在信息系统工程实施过程中协调有关单位及人员间的工作关系。

答案：A

3．下列（　　）不是招标阶段监理服务的基础活动。

A．参与业主单位招标前的准备工作

B．参与招标文件的编制

C．向承建单位提供招投标咨询服务

D．参与承建合同的签订过程，并对承建合同的内容提出监理意见

解析：招标阶段的主要工作内容：①在业主单位授权下，参与业主单位招标前的准备工作，协助业主单位编制项目的工作计划；②在业主单位授权下，参与招标文件的编制，并对招标文件的内容提出监理意见；③在业主单位授权下，协助业主单位进行招标工作，如委托招标，审核招标代理机构资质是否符合行业管理要求；④向业主单位提供招投标咨询服务；⑤在业主单位授权下，参与承建合同的签订过程，并对承建合同的内容提出监理意见。

答案：C

4．（　）明确了监理单位提供的监理及其相关服务目标和定位，确定了具体的工作范围、人员职责、服务承诺等。

A．监理细则　　B．监理规划　　C．监理大纲　　D．监理合同

解析：监理大纲是监理单位承担信息系统工程项目的监理及相关服务的法律承诺。监理大纲的编制应针对业主单位对监理工作的要求，明确监理单位所提供的监理及相关服务目标和定位，确定具体的工作范围、服务特点、组织机构与人员职责、服务保障和服务承诺。

答案：C

第 17 章

法律法规和标准规范

17.0 章节考点分析

第 17 章主要学习民法典（合同编）、招标投标法、政府采购法、专利法、著作权法、商标法、网络安全法、数据安全法和信息系统集成项目管理过程中常用的标准规范等内容。

根据考试大纲，本章知识点会涉及单项选择题和案例分析题，单项选择题约占 3～5 分，案例分析题偶有涉及。根据以往全国计算机技术与软件专业技术资格（水平）考试的出题规律，考查的知识点多不限于教材，也有扩展内容，因此本章将对教材外可能考到的知识点做补充。本章的架构如图 17-1 所示。

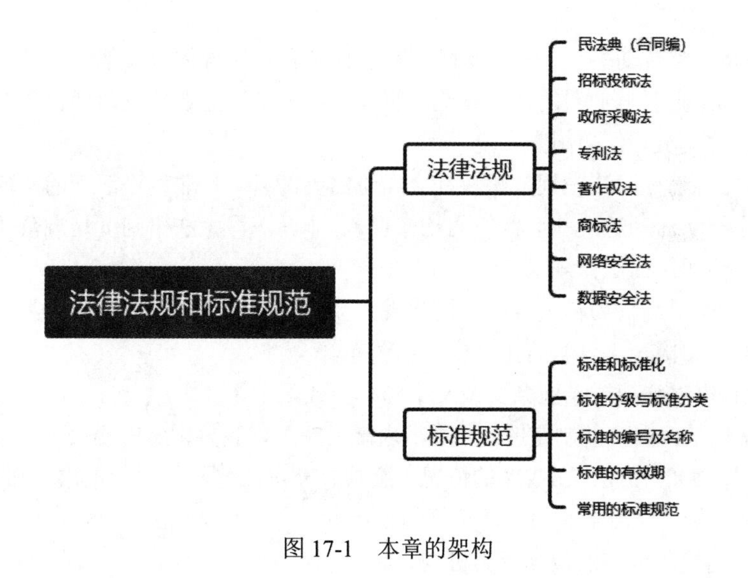

图 17-1　本章的架构

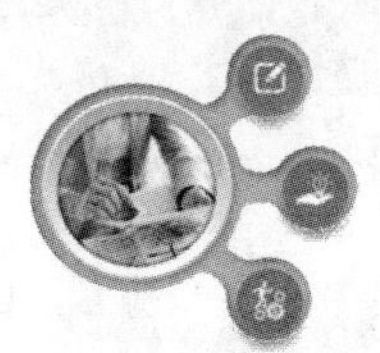

【导读小贴士】

信息化相关的法律法规是国家信息化快速、持续、有序、健康发展的根本保障。信息化相关的标准规范是以确保其技术上的协调一致和整体效能的实现，为信息系统建设和运行等技术工作提供参考依据、规范要求和活动准绳。本章对易考知识点进行了总结，大多都是基础知识、偏概念，准确记忆即可。

17.1　法律法规

【基础知识点】

1. 基础概念

（1）中国特色社会主义法律体系，是以宪法为统帅，以法律为主干，以行政法规、地方性法规为重要组成部分，由宪法相关法、民法商法、行政法、经济法、社会法、刑法、诉讼与非诉讼程序法等多个法律部门组成的有机统一整体。

（2）民法商法是规范社会民事和商事活动的基础性法律。

（3）行政法是关于行政权的授予、行政权的行使以及对行政权的监督的法律规范，调整的是行政机关与行政管理相对人之间因行政管理活动发生的关系。

（4）经济法是调整国家从社会整体利益出发，对经济活动实行干预、管理或者调控所产生的社会经济关系的法律规范。

（5）社会法是调整劳动关系、社会保障、社会福利和特殊群体权益保障等方面的法律规范。

（6）刑法是规定犯罪与刑罚的法律规范。它通过规范国家的刑罚权，惩罚犯罪，保护人民，维护社会秩序和公共安全，保障国家安全。

（7）诉讼与非诉讼程序法是规范解决社会纠纷的诉讼活动与非诉讼活动的法律规范。诉讼法律制度是规范国家司法活动解决社会纠纷的法律规范，非诉讼程序法律制度是规范仲裁机构或者人民调解组织解决社会纠纷的法律规范。

（8）法律：我国最高权力机关全国人民代表大会和全国人民代表大会常务委员会行使国家立法权，立法通过后，由国家主席签署主席令予以公布。

（9）法律解释是对法律中某些条文或文字的解释或限定。

（10）行政法规是由国务院制定的，通过后由国务院总理签署国务院令公布。这些法规也具有全国通用性，是对法律的补充，在成熟的情况下会被补充进法律，其地位仅次于法律。

（11）地方性法规、自治条例和单行条例的制定者是各省、自治区、直辖市的人民代表大会及其常务委员会，相当于各地方的最高权力机构。

（12）规章的制定者是国务院各部、委员会、中国人民银行、审计署和具有行政管理职能的直属机构，这些规章仅在本部门的权限范围内有效。还有一些规章是由各省、自治区、直辖市和较大的市的人民政府制定的，仅在本行政区域内有效。

（13）法的效力即法律的约束力，分为对象效力、空间效力和时间效力。

对象效力即对谁有效力，适用于哪些人。对人的效力包含两个方面：对中国公民的效力、对外国人和无国籍人的效力。

空间效力，一般来说，一国法律适用于该国主权范围所及的全部领域，包括领土、领水及其底土和领空，以及作为领土延伸的本国驻外使馆、在外船舶和飞机。

法律的时间效力指法律何时生效、何时终止效力以及法律对其生效以前的事件和行为有无溯及力。

（14）宪法具有最高的法律效力，随后依次是法律、行政法规、地方性法规规章。

（15）新的规定效力高于旧的规定，也就是我们平常说的“新法优于旧法”。

2. 相关法律条文

说明：在引用相关条文时，本章只摘取了下列条文中与本科目考试相关知识点关联度较强的内容，具体完整、详尽条文内容读者可参考相应法律法规原文。

（1）《中华人民共和国民法典》。

2020 年 5 月，中华人民共和国第十三届全国人民代表大会通过的《中华人民共和国民法典合同编》（以下简称“合同编”）是信息化法律法规领域的最重要的法律基础。

第四百六十九条　当事人订立合同，可以采用书面形式、口头形式或者其他形式。

第四百七十一条　当事人订立合同，可以采取要约、承诺方式或者其他方式。

第四百七十二条　要约是希望与他人订立合同的意思表示，该意思表示应当符合下列条件：

（一）内容具体确定；

（二）表明经受要约人承诺，要约人即受该意思表示约束。

第四百七十三条　要约邀请是希望他人向自己发出要约的表示。拍卖公告、招标公告、招股说明书、债券募集办法、基金招募说明书、商业广告和宣传、寄送的价目表等为要约邀请。商业广告和宣传的内容符合要约条件的，构成要约。

第四百九十二条　承诺生效的地点为合同成立的地点。

采用数据电文形式订立合同的，收件人的主营业地为合同成立的地点；没有主营业地的，其住所地为合同成立的地点。当事人另有约定的，按照其约定。

第五百一十一条　当事人就有关合同内容约定不明确，依据前条规定仍不能确定的，适用下列规定：

（一）质量要求不明确的，按照强制性国家标准履行；没有强制性国家标准的，按照推荐性国家标准履行；没有推荐性国家标准的，按照行业标准履行；没有国家标准、行业标准的，按照通常标准或者符合合同目的的特定标准履行。

（二）价款或者报酬不明确的，按照订立合同时履行地的市场价格履行；依法应当执行政府定价或者政府指导价的，依照规定履行。

（三）履行地点不明确，给付货币的，在接受货币一方所在地履行；交付不动产的，在不动产所在地履行；其他标的，在履行义务一方所在地履行。

（四）履行期限不明确的，债务人可以随时履行，债权人也可以随时请求履行，但是应当给对方必要的准备时间。

（五）履行方式不明确的，按照有利于实现合同目的的方式履行。

（六）履行费用的负担不明确的，由履行义务一方负担；因债权人原因增加的履行费用，由债权人负担。

（2）招标投标法。

第三条 在中华人民共和国境内进行下列工程建设项目包括项目的勘察、设计、施工、监理以及与工程建设有关的重要设备、材料等的采购，必须进行招标：

（一）大型基础设施、公用事业等关系社会公共利益、公众安全的项目；

（二）全部或者部分使用国有资金投资或者国家融资的项目；

（三）使用国际组织或者外国政府贷款、援助资金的项目。

前款所列项目的具体范围和规模标准，由国务院发展计划部门会同国务院有关部门制订，报国务院批准。

法律或者国务院对必须进行招标的其他项目的范围有规定的，依照其规定。

第十条 招标分为公开招标和邀请招标。

公开招标，是指招标人以招标公告的方式邀请不特定的法人或者其他组织投标。

邀请招标，是指招标人以投标邀请书的方式邀请特定的法人或者其他组织投标。

第十一条 国务院发展计划部门确定的国家重点项目和省、自治区、直辖市人民政府确定的地方重点项目不适宜公开招标的，经国务院发展计划部门或者省、自治区、直辖市人民政府批准，可以进行邀请招标。

第十二条 招标人有权自行选择招标代理机构，委托其办理招标事宜。任何单位和个人不得以任何方式为招标人指定招标代理机构。

招标人具有编制招标文件和组织评标能力的，可以自行办理招标事宜。任何单位和个人不得强制其委托招标代理机构办理招标事宜。

依法必须进行招标的项目，招标人自行办理招标事宜的，应当向有关行政监督部门备案。

第十四条 招标代理机构与行政机关和其他国家机关不得存在隶属关系或者其他利益关系。

第二十八条 投标人应当在招标文件要求提交投标文件的截止时间前，将投标文件送达投标地点。招标人收到投标文件后，应当签收保存，不得开启。投标人少于三个的，招标人应当依照本法重新招标。

在招标文件要求提交投标文件的截止时间后送达的投标文件，招标人应当拒收。

第二十九条 投标人在招标文件要求提交投标文件的截止时间前，可以补充、修改或者撤回已提交的投标文件，并书面通知招标人。补充、修改的内容为投标文件的组成部分。

第三十一条 两个以上法人或者其他组织可以组成一个联合体，以一个投标人的身份共同投标。

联合体各方均应当具备承担招标项目的相应能力；国家有关规定或者招标文件对投标人资格条件有规定的，联合体各方均应当具备规定的相应资格条件。由同一专业的单位组成的联合体，按照资质等级较低的单位确定资质等级。

第三十四条 开标应当在招标文件确定的提交投标文件截止时间的同一时间公开进行；开标地点应当为招标文件中预先确定的地点。

第三十五条 开标由招标人主持，邀请所有投标人参加。

第三十七条 评标由招标人依法组建的评标委员会负责。

依法必须进行招标的项目，其评标委员会由招标人的代表和有关技术、经济等方面的专家组成，成员人数为五人以上单数，其中技术、经济等方面的专家不得少于成员总数的三分之二。

第四十五条 中标人确定后，招标人应当向中标人发出中标通知书，并同时将中标结果通知所有未中标的投标人。

第四十六条 招标人和中标人应当自中标通知书发出之日起三十日内，按照招标文件和中标人的投标文件订立书面合同。招标人和中标人不得再行订立背离合同实质性内容的其他协议。

招标文件要求中标人提交履约保证金的，中标人应当提交。

第四十七条 依法必须进行招标的项目，招标人应当自确定中标人之日起十五日内，向有关行政监督部门提交招标投标情况的书面报告。

第四十八条 中标人应当按照合同约定履行义务，完成中标项目。中标人不得向他人转让中标项目，也不得将中标项目肢解后分别向他人转让。

中标人按照合同约定或者经招标人同意，可以将中标项目的部分非主体、非关键性工作分包给他人完成。接受分包的人应当具备相应的资格条件，并不得再次分包。

中标人应当就分包项目向招标人负责，接受分包的人就分包项目承担连带责任。

（3）政府采购法。

政府采购是指各级国家机关、事业单位和团体组织，使用财政性资金采购依法制定的集中采购目录以内的或者采购限额标准以上的货物、工程和服务的行为。政府集中采购目录和采购限额标准依照政府采购法规定的权限制定。

第二十六条 政府采购采用以下方式：

（一）公开招标；

（二）邀请招标；

（三）竞争性谈判；

（四）单一来源采购；

（五）询价；

（六）国务院政府采购监督管理部门认定的其他采购方式。

公开招标应作为政府采购的主要采购方式。

第二十九条 符合下列情形之一的货物或者服务，可以依照本法采用邀请招标方式采购：

（一）具有特殊性，只能从有限范围的供应商处采购的；

（二）采用公开招标方式的费用占政府采购项目总价值的比例过大的。

第三十条　符合下列情形之一的货物或者服务，可以依照本法采用竞争性谈判方式采购：

（一）招标后没有供应商投标或者没有合格标的或者重新招标未能成立的；

（二）技术复杂或者性质特殊，不能确定详细规格或者具体要求的；

（三）采用招标所需时间不能满足用户紧急需要的；

（四）不能事先计算出价格总额的。

第三十一条　符合下列情形之一的货物或者服务，可以依照本法采用单一来源方式采购：

（一）只能从唯一供应商处采购的；

（二）发生了不可预见的紧急情况不能从其他供应商处采购的；

（三）必须保证原有采购项目一致性或者服务配套的要求，需要继续从原供应商处添购，且添购资金总额不超过原合同采购金额百分之十的。

第四十七条　政府采购项目的采购合同自签订之日起七个工作日内，采购人应当将合同副本报同级政府采购监督管理部门和有关部门备案。

（4）专利法。

2020 年 10 月 17 日第四次修正的《中华人民共和国专利法》（以下简称“专利法”）通过，并于 2021 年 6 月 1 日正式实施。

第二条　本法所称的发明创造是指发明、实用新型和外观设计。发明，是指对产品、方法或者其改进所提出的新的技术方案。实用新型，是指对产品的形状、构造或者其结合所提出的适于实用的新的技术方案。外观设计，是指对产品的整体或者局部的形状、图案或者其结合以及色彩与形状、图案的结合所作出的富有美感并适于工业应用的新设计。

第六条　执行本单位的任务或者主要是利用本单位的物质技术条件所完成的发明创造为职务发明创造。职务发明创造申请专利的权利属于该单位，申请被批准后，该单位为专利权人。该单位可以依法处置其职务发明创造申请专利的权利和专利权，促进相关发明创造的实施和运用。

非职务发明创造，申请专利的权利属于发明人或者设计人；申请被批准后，该发明人或者设计人为专利权人。

利用本单位的物质技术条件所完成的发明创造，单位与发明人或者设计人订有合同，对申请专利的权利和专利权的归属作出约定的，从其约定。

第九条　同样的发明创造只能授予一项专利权。但是，同一申请人同日对同样的发明创造既申请实用新型专利又申请发明专利，先获得的实用新型专利权尚未终止，且申请人声明放弃该实用新型专利权的，可以授予发明专利权。

两个以上的申请人分别就同样的发明创造申请专利的，专利权授予最先申请的人。

第四十二条　发明专利权的期限为二十年，实用新型专利权的期限为十年，外观设计专利权的期限为十五年，均自申请日起计算。

（5）著作权法。

第三次修正版《中华人民共和国著作权法》已由中华人民共和国第十三届全国人民代表大会常

务委员会第二十三次会议于 2020 年 11 月 11 日通过并发布，2021 年 6 月 1 日正式施行。

第二条 中国公民、法人或者非法人组织的作品，不论是否发表，依照本法享有著作权。

第三条 本法所称的作品，是指文学、艺术和科学领域内具有独创性并能以一定形式表现的智力成果，包括：

（一）文字作品；

（二）口述作品；

（三）音乐、戏剧、曲艺、舞蹈、杂技艺术作品；

（四）美术、建筑作品；

（五）摄影作品；

（六）视听作品；

（七）工程设计图、产品设计图、地图、示意图等图形作品和模型作品；

（八）计算机软件；

（九）符合作品特征的其他智力成果。

第五条 本法不适用于：

（一）法律、法规，国家机关的决议、决定、命令和其他具有立法、行政、司法性质的文件，及其官方正式译文；

（二）单纯事实消息；

（三）历法、通用数表、通用表格和公式。

第十九条 受委托创作的作品，著作权的归属由委托人和受托人通过合同约定。合同未作明确约定或者没有订立合同的，著作权属于受托人。

第二十条 作品原件所有权的转移，不改变作品著作权的归属，但美术、摄影作品原件的展览权由原件所有人享有。

作者将未发表的美术、摄影作品的原件所有权转让给他人，受让人展览该原件不构成对作者发表权的侵犯。

第二十二条 作者的署名权、修改权、保护作品完整权的保护期不受限制。

第二十三条 自然人的作品，其发表权、本法第十条第一款第五项至第十七项规定的权利的保护期为作者终生及其死亡后五十年，截止于作者死亡后第五十年的 12 月 31 日；如果是合作作品，截止于最后死亡的作者死亡后第五十年的 12 月 31 日。

法人或者非法人组织的作品、著作权（署名权除外）由法人或者非法人组织享有的职务作品，其发表权的保护期为五十年，截止于作品创作完成后第五十年的 12 月 31 日；本法第十条第一款第五项至第十七项规定的权利的保护期为五十年，截止于作品首次发表后第五十年的 12 月 31 日，但作品自创作完成后五十年内未发表的，本法不再保护。

视听作品，其发表权的保护期为五十年，截止于作品创作完成后第五十年的 12 月 31 日；本法第十条第一款第五项至第十七项规定的权利的保护期为五十年，截止于作品首次发表后第五十年的 12 月 31 日，但作品自创作完成后五十年内未发表的，本法不再保护。

（6）商标法。

第六条 法律、行政法规规定必须使用注册商标的商品，必须申请商标注册，未经核准注册的，不得在市场销售。

第七条 申请注册和使用商标，应当遵循诚实信用原则。

第八条 任何能够将自然人、法人或者其他组织的商品与他人的商品区别开的标志，包括文字、图形、字母、数字、三维标志、颜色组合和声音等，以及上述要素的组合，均可以作为商标申请注册。

第十条 下列标志不得作为商标使用：

（一）同中华人民共和国的国家名称、国旗、国徽、国歌、军旗、军徽、军歌、勋章等相同或者近似的，以及同中央国家机关的名称、标志、所在地特定地点的名称或者标志性建筑物的名称、图形相同的；

（二）同外国的国家名称、国旗、国徽、军旗等相同或者近似的，但经该国政府同意的除外；

（三）同政府间国际组织的名称、旗帜、徽记等相同或者近似的，但经该组织同意或者不易误导公众的除外；

（四）与表明实施控制、予以保证的官方标志、检验印记相同或者近似的，但经授权的除外；

（五）同“红十字”、“红新月”的名称、标志相同或者近似的；

（六）带有民族歧视性的；

（七）带有欺骗性，容易使公众对商品的质量等特点或者产地产生误认的；

（八）有害于社会主义道德风尚或者有其他不良影响的。

县级以上行政区划的地名或者公众知晓的外国地名，不得作为商标。但是，地名具有其他含义或者作为集体商标、证明商标组成部分的除外；已经注册的使用地名的商标继续有效。

第三十九条 注册商标的有效期为十年，自核准注册之日起计算。

（7）网络安全法。

《中华人民共和国网络安全法》已由中华人民共和国第十二届全国人民代表大会常务委员会第二十四次会议于 2016 年 11 月 7 日通过，现予公布，自 2017 年 6 月 1 日起施行。

第八条 国家网信部门负责统筹协调网络安全工作和相关监督管理工作。国务院电信主管部门、公安部门和其他有关机关依照本法和有关法律、行政法规的规定，在各自职责范围内负责网络安全保护和监督管理工作。

县级以上地方人民政府有关部门的网络安全保护和监督管理职责，按照国家有关规定确定。

第十条 建设、运营网络或者通过网络提供服务，应当依照法律、行政法规的规定和国家标准的强制性要求，采取技术措施和其他必要措施，保障网络安全、稳定运行，有效应对网络安全事件，防范网络违法犯罪活动，维护网络数据的完整性、保密性和可用性。

（8）数据安全法。

《中华人民共和国数据安全法》于 2021 年 9 月 1 日起正式施行。数据安全法作为数据安全领域最高位阶的专门法，与网络安全法一起补充了《中华人民共和国国家安全法》框架下的安全治理法律体系，全面地提供了国家安全在各行业、各领域保障的法律依据。同时，数据安全法延续了网络安全法生效以来的“一轴两翼多级”的监管体系，通过多方共同参与实现各地方、各部门对工作中收集和产生数据的安全管理。

第三条 本法所称数据，是指任何以电子或者其他方式对信息的记录。

数据处理，包括数据的收集、存储、使用、加工、传输、提供、公开等。

数据安全，是指通过采取必要措施，确保数据处于有效保护和合法利用的状态，以及具备保障持续安全状态的能力。

第七条 国家保护个人、组织与数据有关的权益，鼓励数据依法合理有效利用，保障数据依法有序自由流动，促进以数据为关键要素的数字经济发展。

第十四条 国家实施大数据战略，推进数据基础设施建设，鼓励和支持数据在各行业、各领域的创新应用。

省级以上人民政府应当将数字经济发展纳入本级国民经济和社会发展规划，并根据需要制定数字经济发展规划。

第十七条 国家推进数据开发利用技术和数据安全标准体系建设。国务院标准化行政主管部门和国务院有关部门根据各自的职责，组织制定并适时修订有关数据开发利用技术、产品和数据安全相关标准。国家支持企业、社会团体和教育、科研机构等参与标准制定。

17.2 标准规范

【基础知识点】

1. 基础概念

（1）主要标准化机构：国际标准化组织（International Organization for Standardization，ISO）、国际电工委员会（International Electrotechnical Commission，IEC）、国际电信联盟（International Telecommunication Union，ITU）、中国标准化协会（China Association for Standardization，CAS）、国家标准化管理委员会（Standardization Administration of China，SAC）、全国信息技术标准化技术委员会（China National Information Technology Standardization Technical Committee，CITS）。

（2）标准的层级：根据2017年修订发布的《中华人民共和国标准化法》将标准分为国家标准、行业标准、地方标准、团体标准和企业标准五个级别。各层级之间具有一定的依从关系和内在联系，形成覆盖全国且层次分明的标准体系。

（3）标准的类型：根据《中华人民共和国标准化法》，国家标准分为强制性标准和推荐性标准。行业标准、地方标准是推荐性标准。强制性标准必须执行。国家鼓励采用推荐性标准。我国现行标准体系如图17-2所示。

（4）标准的编号：根据2022年发布的《国家标准管理办法》，国家标准的代号由大写汉语拼音字母构成。强制性国家标准的代号为“GB”，推荐性国家标准的代号为“GB/T”，国家标准样品的代号为“GSB”。指导性技术文件的代号为“GB/Z”。国家标准的编号由国家标准的代号、国家标准发布的顺序号和国家标准发布的年份号构成。国家标准样品的编号由国家标准样品的代号、分类、目录号、发布顺序号、复制批次号和发布年份号构成。

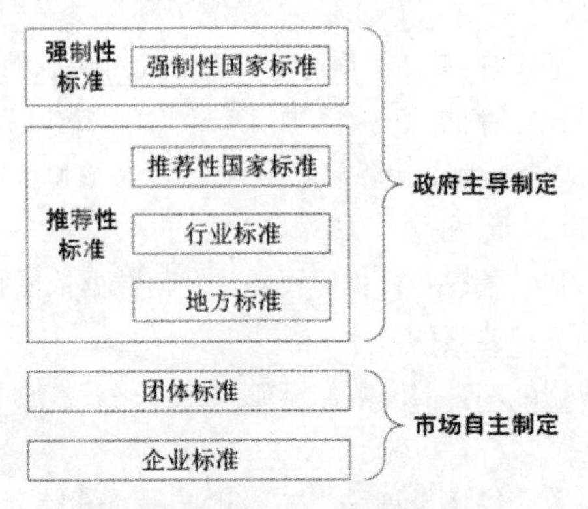

图 17-2　我国现行的标准体系

地方标准的编号，由地方标准代号、顺序号和年代号三部分组成。省级地方标准代号，由汉语拼音字母“DB”加上其行政区划代码前两位数字组成。市级地方标准代号，由汉语拼音字母“DB”加上其行政区划代码前四位数字组成。

团体标准编号依次由团体标准代号“T”、社会团体代号、团体标准顺序号和年代号四部分组成。社会团体代号由社会团体自主拟定，可使用大写拉丁字母或大写拉丁字母与阿拉伯数字的组合。社会团体代号应当合法，不得与现有标准代号重复。

企业标准的编号由企业标准代号“Q”、企业代号、标准发布顺序号和标准发布年代号组成。

（5）标准的有效期：由于各国情况不同，标准有效期也不同。以 ISO 标准为例，该标准每 5 年复审一次。我国在《国家标准管理办法》中规定国家标准实施 5 年内需要进行复审，即国家标准有效期一般为 5 年。《行业标准管理办法》《地方标准管理办法》分别规定了行业标准、地方标准的复审周期，一般不超过 5 年。

2. 基础标准

（1）《信息技术　软件工程术语》（GB/T 11457）。该标准给出了 1859 个软件工程领域的中文术语，以及每个中文术语对应的英文词汇，并对每个术语给出相应的定义，适用于软件开发、使用维护、科研、教学和出版等方面。

（2）《软件工程　软件工程知识体系指南》（GB/Z 31102）。该指导性技术文件描述了软件工程学科的边界范围，按主题提供了访问支持该学科的文献的途径。

（3）《信息处理　数据流程图、程序流程图、系统流程图、程序网络图和系统资源图的文件编制符号及规定》（GB/T 1526）。该标准给出一些指导性原则，遵循这些原则可以增强图的可读性，有利于图与正文的交叉引用。

（4）《信息处理系统　计算机系统配置图符号及约定》（GB/T 14085）。该标准规定了计算机系统包括自动数据处理系统的配置图中所使用的图形符号及其约定。该标准中包含的图形符号是用来表示计算机系统配置的主要硬件部件。

3. 生存周期管理标准

（1）《系统与软件工程 软件生存周期过程》（GB/T 8566）。该标准为软件生存周期过程建立了一个公共框架，可供软件工业界使用。包括了在含有软件的系统、独立软件产品和软件服务的获取期间以及在软件产品的供应、开发、运行和维护期间需应用的过程、活动和任务。此外，该标准还规定了用来定义、控制和改进软件生存周期的过程。

（2）《系统和软件工程 生存周期管理 过程描述指南》（GB/T 30999）。该标准的目的是统一过程描述，并允许组合来自不同参考模型的过程，简化新模型的开发并有利于模型的比较。通过提取过程描述形式的通用特性可以为标准的修订选择合适的过程描述形式。该标准根据规定的格式、内容和规定的级别为过程描述形式的选择提供指南。

（3）《系统与软件工程 系统生存周期过程》（GB/T 22032）。该标准为描述人工系统的生存周期建立了一个通用框架，从工程的角度定义了一组过程及相关的术语，并定义了软件生存周期过程。这些过程可以应用于系统结构的各个层次。此外，该标准还提供了一些过程，支持用于组织或项目中生存周期过程的定义、控制和改进。当获取和供应系统时，组织和项目可使用这些生存周期过程。

4. 质量与监测标准

（1）《计算机软件测试规范》（GB/T 15532）。该标准规定了计算机软件生存周期内各类软件产品的基本测试方法、过程和准则，适用于计算机软件生存周期全过程，适用于计算机软件的开发机构、测试机构及相关人员。

（2）《系统与软件工程 系统与软件质量要求和评价（SQuaRE）》（GB/T 25000）。本系列标准分为多个部分，采标 ISO/IEC 25000 系列标准，在系统和软件质量测量过程的支持下，为系统与软件质量需求定义和评价提供指导和建议。

5. 文档管理标准

（1）《计算机软件文档编制规范》（GB/T 8567）。该标准主要对软件的开发过程和管理过程应编制的主要文档及其编制的内容、格式规定了基本要求，原则上适用于所有类型的软件产品的开发过程和管理过程。

（2）《计算机软件测试文档编制规范》（GB/T 9386）。该标准是为软件管理人员，软件开发、测试和维护人员，软件质量保证人员，审核人员，客户及用户制定的，用于描述一组与软件测试实施方面有关的基本测试文档，标准中定义了每一种基本文档的目的、格式和内容。

（3）《系统与软件工程 用户文档的管理者要求》（GB/T 16680）。该标准从管理者的角度定义了软件文档编制过程，用于帮助他们制定、执行和评估用户文档的管理工作。该标准适用于生产一系列文档的个人或组织，也适用于开发单文档项目的组织，同样适合团队内部以及外包文档编制的情况。

17.3　考点实练

1.（　　）具有最高的法律效力。

A．法律　　B．宪法　　C．行政法规　　D．刑法

解析：纵向效力层级。宪法具有最高的法律效力，随后依次是法律、行政法规、地方性法规规章。

答案：B

2．根据《中华人民共和国政府采购法》，（　　）应作为政府采购的主要方式。

A．公开招标　　B．邀请招标　　C．竞争性谈判　　D．询价

解析：根据《中华人民共和国政府采购法》第二十六条，政府采购采用以下方式：公开招标；邀请招标；竞争性谈判；单一来源采购；询价；国务院政府采购监督管理部门认定的其他采购方式。公开招标应作为政府采购的主要采购方式。

答案：A

3.（　　）依照《中华人民共和国数据安全法》和有关法律、行政法规的规定，负责统筹协调网络数据安全和相关监管工作。

A．工信部　　B．公安部　　C．国资委　　D．网信办

解析：根据《中华人民共和国数据安全法》第六条：各地区、各部门对本地区、本部门工作中收集和产生的数据及数据安全负责。

工业、电信、交通、金融、自然资源、卫生健康、教育、科技等主管部门承担本行业、本领域数据安全监管职责。

公安机关、国家安全机关等依照本法和有关法律、行政法规的规定，在各自职责范围内承担数据安全监管职责。

国家网信部门依照本法和有关法律、行政法规的规定，负责统筹协调网络数据安全和相关监管工作。

答案：D

4．强制性国家标准的代号是（　　）。

A．GB/T　　B．GB/Z　　C．GA/T　　D．GB

解析：根据 2022 年发布的《国家标准管理办法》，国家标准的代号由大写汉语拼音字母构成。强制性国家标准的代号为“GB”，推荐性国家标准的代号为“GB/T”，国家标准样品的代号为“GSB”。指导性技术文件的代号为“GB/Z”。国家标准的编号由国家标准的代号、国家标准发布的顺序号和国家标准发布的年份号构成。国家标准样品的编号由国家标准样品的代号、分类、目录号、发布顺序号、复制批次号和发布年份号构成。

答案：D

第18章 职业道德规范

18.0 章节考点分析

第 18 章主要学习职业道德规范基本概念、项目管理工程师对项目团队的责任等的内容。根据考试大纲，本章知识点会涉及单项选择题，约占 1～2 分。本章内容侧重于概念知识，根据以往全国计算机技术与软件专业技术资格（水平）考试的出题规律，概念知识考查知识点多数参照教材，扩展内容较少。本章的架构如图 18-1 所示。

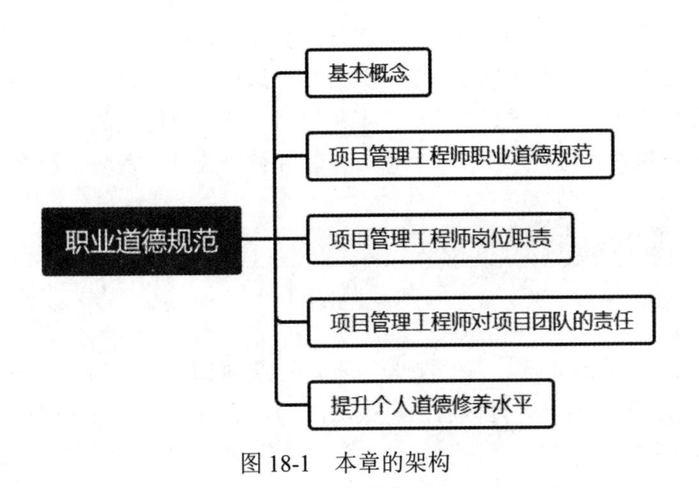

图 18-1 本章的架构

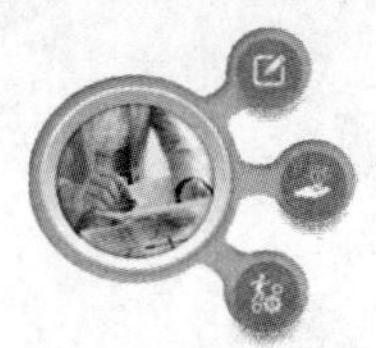

【导读小贴士】

项目管理工程师仅有专业知识和技能是不够的，还需要积极主动地提高自身的职业道德水平、恪守职业道德规范，以积极主动、认真负责的态度完成信息系统集成项目管理方面的工作。本章内容学起来会很轻松，因为考点实在不多。

18.1 基本概念

【基础知识点】

职业道德的主要内容包括：爱岗敬业、诚实守信、办事公道、服务群众和奉献社会。

职业道德具有七个方面的特征：职业性、普遍性、自律性、他律性、鲜明的行业性和多样性、继承性和相对稳定性、很强的实践性。

18.2 项目管理工程师职业道德规范

【基础知识点】

项目管理工程师应遵守的职业行为准则和岗位职责可以用"职业道德规范"来简要地概括为：

- 爱岗敬业、遵纪守法、诚实守信、办事公道、与时俱进。
- 梳理流程、建立体系、量化管理、优化改进、不断积累。
- 对项目负管理责任，计划指挥有方，全面全程监控，善于解决问题，沟通及时到位。
- 为客户创造价值，为雇主创造利润，为组员创造机会，合作多赢。
- 积极进行团队建设，公平、公正、无私地对待每位项目团队成员。
- 平等与客户相处；与客户协同工作时，注重礼仪；公务消费应合理并遵守有关标准。

18.3 项目管理工程师岗位职责

【基础知识点】

（1）项目管理工程师的职责。项目管理工程师的主要职责包括：①不断提高个人的项目管理能力；②贯彻执行国家和项目所在地政府的有关法律、法规和政策，执行所在单位的各项管理制度和有关技术规范标准；③对信息系统项目的全生命期进行有效控制，确保项目质量和工期，努力提高经济效益；④严格执行财务制度，加强财务管理，严格控制项目成本；⑤执行所在单位规定的应由项目管理工程师负责履行的各项条款。

（2）项目管理工程师的权利。项目管理工程师的主要权利包括：①组织项目团队；②组织制订信息系统项目计划，协调管理信息系统项目相关的人力、设备等资源；③协调信息系统项目内外部关系，受委托签署有关合同、协议或其他文件。

18.4 项目管理工程师对项目团队的责任

【基础知识点】

项目管理工程师的主要职责之一是建设高效项目团队，该团队通常表现出下列特征：

（1）建立了明确的项目目标。

（2）建立了清晰的团队规章制度。

（3）建立了学习型团队。

（4）培养团队成员养成严谨细致的工作作风。

（5）团队成员分工明确。

（6）建立和培养了勇于承担责任、和谐协作的团队文化。

（7）善于利用项目团队中的非正式组织来提高团队的凝聚力。

18.5 提升个人道德修养水平

【基础知识点】

（1）职业道德行为修养，就是根据职业道德原则和规范的要求，在职业活动过程中进行自我教育、自我锻炼和自我改造，从而形成良好的职业道德品质、达到期望的职业道德修养境界的过程。

（2）项目管理工程师更应该重视个人道德修养的培养和提升，树立积极向上的、健康的价值取向。项目管理工程师应该在项目中以身作则，公平、公正，乐观、自信，为团队成员起到表率和榜样的作用，为所属公司树立良好的企业形象。

18.6 考点实练

1．下列（　　）不属于职业道德的特征。

A．普遍性　　B．他律性

C．继承性　　D．多样性

解析：职业道德具有七个方面的特征：职业性、普遍性、自律性、他律性、鲜明的行业性和多样性、继承性和相对稳定性、很强的实践性。

答案：D

2．项目管理工程师的职责包括（　　）。

①不断提高个人的项目管理能力

②执行所在单位的各项管理制度和有关技术规范标准

③协调信息系统项目内外部关系，受委托签署有关合同、协议或其他文件

④对信息系统项目进行有效控制，确保项目质量和工期，努力提高经济效益

A．①②③　　B．①②④　　C．②③④　　D．①③④

解析：项目管理工程师的职责包括不断提高个人的项目管理能力；贯彻执行国家和项目所在地政府的有关法律、法规和政策，执行所在单位的各项管理制度和有关技术规范标准；对信息系统项目的全生命期进行有效控制，确保项目质量和工期，努力提高经济效益；严格执行财务制度，加强财务管理，严格控制项目成本；执行所在单位规定的应由项目管理工程师负责履行的各项条款。

答案：B

第19章 成本类计算

19.0 章节考点分析

第 19 章主要学习成本类计算，包括成本偏差、成本绩效计算等内容。

根据考试大纲，本章知识点会涉及单项选择题和案例分析题，按以往的出题规律，单选题约占 1 分，案例分析与进度类计算综合为一个大题，本章内容属于基础知识范畴，考查的知识点来源于教材，扩展内容较少。本章的架构如图 19-1 所示。

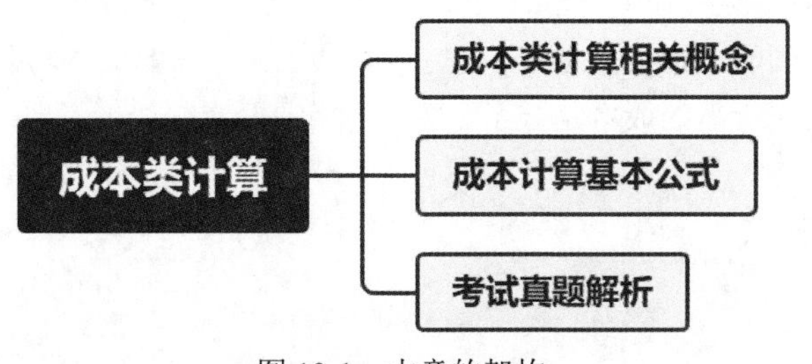

图 19-1　本章的架构

【导读小贴士】

项目成本管理在项目管理中占有重要地位，项目成本管理就是要确保在批准的预算内完成项目。因此，需要在项目实施过程中对项目成本进行预算、对项目成本进行预测，要把实际支出成本与计划进行比较，分析成本绩效，就要进行成本计算。本章内容包括成本类计算相关概念、成本计算基本公式、成本计算历年真题等，属于考生必须掌握的内容之一。

19.1 成本类计算相关概念

【基础知识点】

（1）计划价值（Planned Value，PV），为计划工作分配的经批准的预算，它是为完成某活动或 WBS 组成部分而准备的一份经批准的预算，不包括管理储备。应该把预算分配至项目生命周期的各个阶段；在某个给定的时间点，计划价值代表着应该已经完成的工作。PV 的总和有时被称为绩效测量基准（PMB），项目的总计划价值又被称为完工预算。

（2）挣值（Earned Value，EV），对已完成工作的测量值，用该工作的批准预算来表示，是已完成工作的经批准的预算。EV 的计算应该与 PMB 相对应，且所得的 EV 值不得大于相应组件的 PV 总预算。EV 常用于计算项目的完成百分比。

（3）实际成本（Actual Cost，AC），在给定时段内执行某活动而实际发生的成本，是为完成与 EV 相对应的工作而发生的总成本。AC 没有上限。

（4）完工预算（Budget At Completion，BAC），为将要执行的工作所建立的全部预算总和，包含应急储备，不包括管理储备。

（5）完工估算（Estimate At Completion，EAC），完成所有工作所需的预期总成本，包括实际已支出的成本和要完成项目剩余工作所需的预期成本。

（6）完工尚需估算（Estimate To Complete，ETC），完成所有剩余项目工作的预计成本。不含前期已支出的成本。

（7）完工尚需绩效指数（To-Complete Performance Index，TCPI），为了实现特定的管理目标，剩余资源的使用必须达到的成本绩效指数，是完成剩余工作所需的成本与剩余预算之比。需要注意的是公式中完成剩余工作所需的成本是分子，剩余预算是分母。

19.2 成本计算基本公式

【基础知识点】

（1）进度偏差（Schedule Variance，SV）是测量进度绩效的一种指标，表示为挣值与计划值之差：SV=EV−PV。

（2）成本偏差（Cost Variance，CV）是测量成本绩效的一种指标，表示为挣值与实际成本之差：CV=EV−AC。

（3）进度绩效指标（Schedule Performance Index，SPI）是测量进度效率的一种指标，表示为挣值与计划值之比：SPI=EV/PV。

（4）成本绩效指标（Cost Performance Index，CPI）是测量预算资源的成本效率的一种指标，表示为挣值与实际成本之比：CPI=EV/AC。

（5）参数图例及分析如图 19-2 和表 19-1 所示。

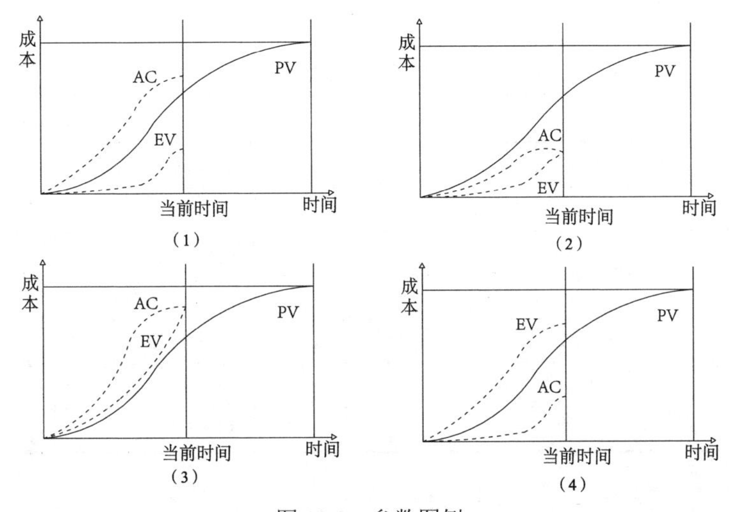

图 19-2 参数图例

表 19-1 参数分析

序号	参数关系	分析（含义）	措施
（1）	AC＞PV＞EV SV＜0，CV＜0	进度滞后、成本超支	用工作效率高的人员更换一批工作效率低的人员；赶工或并行施工追赶进度
（2）	PV＞AC=EV SV＜0，CV=0	进度滞后、成本持平	增加高效人员投入，赶工或并行施工追赶进度
（3）	AC=EV＞PV SV＞0，CV=0	进度超前、成本持平	抽出部分人员，增加少量骨干人员
（4）	EV＞PV＞AC SV＞0，CV＞0	进度超前、成本节约	若偏离不大，维持现状，加强质量控制

（6）预测类公式。

非典型偏差：ETC=BAC−EV（知错即改为非典型，接下来的工作按计划进行，即纠偏）。

典型偏差：ETC′=(BAC−EV)/CPI（知错不改为典型，继续按原绩效执行，即不纠偏）。

典型且必须按期完成：ETC″=(BAC−EV)/(CPI×SPI)（按当前绩效继续进行，但必须按期完成，即只纠偏时间），EAC=ETC+AC。

（7）完工尚需绩效指数（TCPI）。

若按最初的计划 BAC 来完成，TCPI=(BAC−EV)/(BAC−AC)。

若按调整后的计划 EAC 来完成，TCPI′=(BAC−EV)/(EAC−AC)。

（8）完工偏差。完工偏差（Variance at Completion，VAC）是完工预算与完工估算之差：

VAC=BAC−EAC（注意 BAC 在前，BAC 的 B 排在 EAC 的 E 前面，这样记就不会记错）。

（9）评价结论见表 19-2。

表 19-2 评价结论

指标关系		评价结论
SV＞0	SPI＜1	进度超前
CV＞0	CPI＞1	成本节约
SV＜0	SPI＜1	进度滞后
CV＜0	CPI＜1	成本超支
TCPI＞1		很难完成
TCPI＜1		很容易完成
TCPI=1		刚好完成

19.3 考试真题解析

【基础知识点】

1．某项目计划安排为：2022 年 6 月 30 日完成 2000 万元的投资任务。在当期进行项目绩效时评估结果为：完成计划投资额的 90%，而 CPI 为 50%，这时的项目实际花费为（　　）万元。

A．900　　B．1800　　C．3600　　D．4000

【例题解析】根据定义在题目中找出或计算出 PV、EV 和 AC，根据公式求解要求的参数，解题步骤如下：

第一步，PV 是计划值，反映计划工作的预算成本，所以：PV=2000 万元。

第二步，EV 反映实际工作的预算成本，根据题意，实际完成计划投资额的 90%，即 EV 是 PV 的 90%，所以：EV=2000×90%=1800（万元）。

第三步，题目已知 CPI 为 50%，根据 CPI=EV/AC，所以 AC=EV/CPI=1800/50%=3600（万元）。

【易错点】对概念理解不清。

一定要理解 PV、EV 和 AC 分别代表什么，在做题的时候一定要找准。另外，需要记清楚 CV、SV、CPI 和 SPI 的公式，公式的共同点是：都是 EV 在前。

【思路总结】此题要求计算 AC，与要求计算 CV、SV、CPI 和 SPI 的解题思路一样，解题思路如下。

第一步，根据题意找出 PV 和 AC。一般情况下，题目会给出 AC 值，因为 AC 是实际成本，只有题目才知道实际成本是多少。但此题要求计算 AC，那题目中一定会给出与 AC 相关的其他参数，便于求解。PV 是计划值，题目中很容易找到或计算出来。

第二步，根据 PV，求解 EV。因为 EV 反映实际工作的预算成本，与 PV 的相同之处都是预算成本，不同之处就是工作量，所以可以根据工作的实际完成情况，由 PV 求解 EV。

第三步，根据公式求解要求的参数。

【参考答案】C

2．某个项目的预算是 3000 万元，工期为 5 个月。现在过去了 3 个月，实际成本 1800 万元，项目进度和绩效都符合计划，而且这种情况也会持续下去。则再过 3 个月，项目的 EV 是（　）万元。

A．1800　　B．2400　　C．1200　　D．3000

【例题解析】此题中，项目的完工预算是 3000 万元，即 BAC=3000 万元。题目明确了项目已经干完的 3 个月的进度和绩效都符合计划，而且这种情况也会持续下去，即项目的实际和计划不存在偏差，所以再过 3 个月，项目已经做完，且只用了其中的 2 个月，因为工期是 5 个月，在没有偏差的情况下，项目只需要再过 2 个月就能做完。所以再过 3 个月和再过 2 个月，项目的 EV 相同，EV 反映实际工作的预算成本，因为不存在进度偏差，实际进度和计划进度一样，所以此时，EV=PV=BAC=3000 万元。解题步骤如下：

第一步，根据题意，本项目实际与计划不存在偏差，所以项目工期为 5 个月，再过 3 个月即已经过了 6 个月，此时项目已经结束，项目结束时，PV=BAC=3000 万元。

第二步，因为本项目不存在进度偏差，所以 EV=PV。

第三步，再过 3 个月，项目结束了，此时 EV=PV=BAC=3000 万元。

【易错点】项目全部完工，EV=BAC。单个活动全部完成 EV=PV。

PV、EV 和 AC 都是指截至某一时刻的累计值，所以题目中一般都会明确某一时刻的 PV、EV 和 AC 值，此题要求计算的是项目完工这个时间点的 EV，此时的 PV=BAC，由于没有进度偏差，所以项目完工时 EV=PV=BAC。

【思路总结】计算 EV 的解题思路同例题 1，解题思路如下：

第一步，根据题意找出 PV。

第二步，找出 PV 与 EV 的关系。

第三步，计算 EV。

【参考答案】D

3．在项目实施期间的某次周例会上，项目经理向大家通报了项目目前的进度。根据下列表格特征，目前的进度（　）。

A．提前计划 7%　　B．落后计划 15%　　C．落后计划 7%　　D．提前计划 15%

活动	计划值/元	完成百分比/%	实际成本/元
基础设计	20000	90	10000
详细设计	50000	90	60000
测试	30000	100	40000

【例题解析】此题需要计算 SV 或 SPI，根据其大小确定项目进度情况，解题步骤如下：

第一步，计算 PV 和 EV，即：

PV=20000+30000+50000=100000（元）；

EV=20000×90%+50000×90%+30000=93000（元）；

第二步，计算 SPI，SPI=93000/100000=0.93；

第三步，因为 SPI＜1，所以进度落后，(1-0.93)×100%=7%，故正确答案为 C 选项。

【易错点】公式记错。

此题只要记准公式，很容易解出答案，所以关键还是记准公式，并找出 PV 与 EV 的关系。

【思路总结】计算进度绩效指标的解题思路同例题 1，解题思路如下：

第一步，计算 PV 和 EV。

第二步，计算 SPI。

第三步，根据 SPI 大小，判断项目进度情况。

所以，计算 PV、EV 和 AC，与计算 CV、SV、CPI 和 SPI 的解题思路一样。

【参考答案】C

4．下表给出了某信息化建设项目到 2019 年 8 月 1 日为止的成本执行（绩效）数据，如果当前的成本偏差是非典型的，则完工估算（EAC）为（　　）元。

活动编号	活动	预计完成百分比/%	实际完成百分比/%	活动计划值（PV）/元	实际成本（AC）/元
1	A	100	100	2000	2000
2	B	100	100	1600	1800
3	C	100	100	2500	2800
4	D	100	80	1500	1600
5	E	100	75	2000	1800
6	F	100	60	2500	2200
合计				12100	12200
项目总预算（BAC）：50000 元					
报告日期：2019 年 8 月 1 日					

A．59238　　B．51900　　C．50100　　D．48100

【例题解析】此题要求计算 EAC，根据公式 EAC=ETC+AC，需要先计算 ETC 和 AC。题目给出了 AC 值，所以只需要计算出 ETC。要计算 ETC 就需要知道当前成本偏差是典型偏差还是非典型偏差，而题目明确当前的成本偏差是非典型偏差，所以根据公式 ETC=BAC-EV 计算 ETC。因此需要确定 BAC 和 EV，而题目中已经给出 BAC=50000 元；EV 可以根据 PV 计算。解题步骤如下：

第一步，计算 EV，即

EV=2000×100%+1600×100%+2500×100%+1500×80%+2000×75%+2500×60%=10300（元）。

第二步，计算非典型偏差情况下的 ETC，即

ETC=BAC−EV=50000−10300=39700（元）。

第三步，计算 EAC，EAC=ETC+AC=39700+12200=51900（元）。

【易错点】EV 的计算。

此题关键要计算出 EV 值，切记 EV=PV×实际完成百分比，据此，将 6 个活动的 EV 分别计算出来，然后求和。另外，典型偏差和非典型偏差情况下，ETC 计算公式不同，要计算 ETC，一定要先明确是典型偏差还是非典型偏差，切勿用错公式。

【思路总结】计算 EAC 的思路采用倒推法，解题思路如下：

第一步，根据公式 EAC=ETC+AC，采用倒推法，计算 ETC 和 AC。

第二步，明确当前是典型偏差还是非典型偏差，计算 ETC。

第三步，根据 PV 与 EV 的关系，计算 EV；若是典型偏差，还需要计算 CPI。

【参考答案】B

5．下表给出了某信息化建设项目到 2017 年 9 月 1 日为止的成本执行（绩效）数据。基于该数据，项目经理对完工估算（EAC）进行预测。假设当前的成本偏差被看作可代表未来偏差的典型偏差，EAC 应为（　）元。

活动编号	活动	完成百分比/%	计划值（PV）/元	实际成本（AC）/元	挣值（EV）/元
1	A	100	1000.00	1000.00	1000.00
2	B	100	2000.00	2200.00	2000.00
3	C	100	5000.00	5100.00	5000.00
4	D	80	3000.00	3200.00	2400.00
5	E	60	4000.00	4500.00	2400.00
合计			15000.00	16000.00	12800.00
项目总预算（BAC）：50000.00 元					
报告日期：2017 年 9 月 1 日					

A．45000.00　　B．50000.00　　C．53200.00　　D．62500.00

【例题解析】此题解题思路与例题 4 相同，不同之处在于此题是在典型偏差情况下计算 EAC。仍采用倒推法，根据公式 EAC=ETC+AC，需要先计算 ETC 和 AC。题目给出了 AC 值，所以只需要计算出 ETC。要计算 ETC 就需要知道当前成本偏差是典型偏差还是非典型偏差，而题目明确当前的成本偏差是典型偏差，所以根据公式 ETC′=ETC/CPI 和 ETC=BAC−EV，计算 ETC′。因此需要确定 BAC、EV 和 CPI，而题目中已经给出 BAC=50000.00 元，EV=12800.00 元和 AC=16000.00 元，可以根据公式 CPI=EV/AC 计算 CPI。解题步骤如下：

第一步，计算 CPI，即 CPI=EV/AC=12800.00/16000.00=0.80。

第二步，计算 ETC，即 ETC=BAC－EV=50000.00－12800.00=37200.00（元）。

第三步，计算 ETC′，即 ETC′ =ETC/CPI=37200.00/0.8=46500.00（元）。

第四步，计算 EAC，即 EAC=ETC+AC=46500.00+16000.00=62500.00（元）。

【易错点】区分典型偏差与非典型偏差。

典型偏差是知道不改，不纠偏；非典型偏差是知错即改，纠偏。

此题中 PV、EV 和 AC 都是 5 个活动的合计值。另外，此题涉及的公式比较多，一定要记清公式。

【思路总结】计算 EAC 的思路采用倒推法，解题思路如下：

第一步，根据公式 EAC=ETC+AC，采用倒推法，计算 ETC 和 AC。

第二步，明确当前是典型偏差还是非典型偏差，计算 ETC 或 ETC′。

第三步，根据 PV 与 EV 的关系，计算 EV。若是典型偏差，还需要计算 CPI。

【参考答案】D

6．下表给出了某信息系统建设项目的所有活动截至 2018 年 6 月 1 日的成本绩效数据，项目完工预算 BAC 为 30000 元。

活动编号	完成百分比/%	PV/元	AC/元
1	100	1000	1000
2	100	1500	1600
3	100	3500	3000
4	100	800	1000
5	100	2300	2000
6	80	4500	4000
7	100	2200	2000
8	60	2500	1500
9	50	4200	2000
10	50	3000	1600

【问题 1】请计算项目当前的成本偏差（CV）、进度偏差（SV）、成本绩效指数（CPI）、进度绩效指数（SPI），并指出该项目的成本和进度执行情况（CPI 和 SPI 结果保留两位小数）。

【问题 2】项目经理对项目偏差产生的原因进行了详细分析，预期未来还会发生类似偏差，如果项目要按期完成，请估算项目中的 ETC（结果保留一位小数）。

【问题 3】假如此时项目增加 10000 元的管理储备，项目完工预算 BAC 如何变化？

【问题 4】在以下成本中，直接成本有（　　）三项，间接成本有（　　）三项（从候选答案中选择正确选项，所选答案多于三项不得分）。

A．销售费用　　　　B．项目成员的工资
C．办公室电费　　　D．项目成员的差旅费
E．项目所需的物料费　F．公司为员工缴纳的商业保险费

【例题解析】

【问题 1】只要题目要求计算 CV、SV、CPI 和 SPI，就要先确定 PV、EV 和 AC 的值，然后根据公式求解。解题步骤如下：

第一步，计算 PV、EV 和 AC，即：

PV=1000+1500+3500+800+2300+4500+2200+2500+4200+3000=25500（元）；

EV=1000+1500+3500+800+2300+4500×0.8+2200+2500×0.6+4200×0.5+3000×0.5=20000（元）；

AC=1000+1600+3000+1000+2000+4000+2000+1500+2000+1600=19700（元）。

第二步，计算 CV、SV、CPI 和 SPI，即：

CV=EV−AC=20000−19700=300（元）；

SV=EV−PV=20000−25500=−5500（元）；

CPI=EV/AC=20000/19700=1.02；

SPI=EV/PV=20000/25500=0.78。

【问题 2】计算 ETC，解题步骤同例题 5，即：

典型且必须按期完成的情况下，

ETC″= (BAC−EV)/(CPI×SPI)=(30000−20000)/(1.02×0.78)= 12569.1（元）。

【问题 3】BAC 是完工预算，管理储备是不作为项目预算分配下去的，所以 BAC 不包括管理储备。因此增加 10000 元的管理储备对 BAC 无影响。

【问题 4】此题涉及直接成本和间接成本的定义。直接成本是与项目直接关联的成本，间接成本是几个项目共同承担的成本所分摊给本项目的成本。根据上述定义可以选出，直接成本为：B、D、E；间接成本为：A、C、F。

【易错点】数学计算，一定要细心。错一个接下来会全部都错。

此题只要记住公式，就很容易计算出题目要求的参数；此题需要掌握管理储备、直接成本和间接成本的概念，便于回答简答题。

【思路总结】此题属于案例题常规题型，解题思路同例题 5。

19.4　考点实练

1．下表给出了某项目到 2019 年 6 月 30 日为止的成本执行（绩效）数据。如果当前的成本偏差是典型的，则完工估算（EAC）为（　　）元。

活动	完成百分比/%	计划值（PV）/元	实际成本（AC）/元
A	100	2200.00	2500.00
B	100	2500.00	2900.00
C	100	2500.00	2800.00
D	80	1500.00	1500.00
E	70	3000.00	2500.00
F	60	2500.00	2200.00
合计		14200.00	14400.00
项目总预算（BAC）：40000.00 元			
报告日期：2019 年 6 月 30 日			

A．48000　　B．44000　　C．42400　　D．41200

解析：略。

答案：A

2．下表给出了某项目到 2018 年 12 月 30 日为止的部分成本执行（绩效）数据。如果当前的成本偏差是非典型的，则完工估算（EAC）为（　　）元。

活动编号	活动	完成百分比/%	计划值（PV）/元	实际成本（AC）/元
1	A	100	1000.00	1000.00
2	B	100	800.00	1000.00
3	C	100	2000.00	2200.00
4	D	100	5000.00	5100.00
5	E	80	3200.00	3000.00
6	F	60	4000.00	3800.00
合计			16000.00	16100.00
项目总预算（BAC）：40000.00 元				
报告日期：2018 年 12 月 30 日				

A．45000　　B．40100　　C．42340　　D．47059

解析：略。

答案：C

3．某信息系统集成项目计划 6 周完成，项目经理就前 4 周的项目进展情况进行分析，具体如下表所示，项目的成本执行指数 CPI 为（　　）。

周	计划投入成本值/元	实际投入成本值/元	完成百分比/%
1	1000	1000	100
2	3000	2500	100
3	8000	10000	100
4	13000	15000	90
5	17000		
6	19000		

A．0.83　　B．0.87　　C．0.88　　D．0.95

解析：略。

答案：A

4．某系统集成项目包含了 3 个软件模块，现在估算项目成本时，项目经理考虑到其中的模块 A 技术成熟，已在以前类似项目中多次使用并成功支付，所有项目经理忽略了 A 的开发成本，只给 A 预留了 5 万元，以防意外发生。然后估算了 B 的成本为 50 万元，C 的成本为 30 万元，应急储备为 10 万元，三者集成成本为 5 万元，并预留了项目的 10 万元管理储备。如果你是项目组成员，该项目的成本基准是＿（1）＿万元，项目预算是＿（2）＿万元。项目开始执行后，当项目的进度绩效指数 SPI 为 0.6 时，项目实际花费为 70 万元，超出预算 10 万元，如果不加以纠偏，请根据当前项目进展，估算该项目的完工估算值（EAC）为＿（3）＿万元。

（1）A．90　　B．95　　C．100　　D．110

（2）A．90　　B．95　　C．100　　D．110

（3）A．64　　B．134　　C．194.4　　D．124.4

解析：略。

答案：（1）C　（2）D　（3）C

5．某项目的估算成本为 90 万元，在此基础上，公司为项目设置 10 万元的应急储备和 10 万元的管理储备，项目工期为 5 个月。项目进行到第 3 个月的时候，SPI 为 0.6，实际花费为 70 万元，EV 为 60 万元。以下描述正确的是（　）。

A．项目的预算为 110 万元

B．项目的成本控制到位，进度上略有滞后

C．基于典型偏差计算，到项目完成时，实际花费的成本为 100 万元

D．基于非典型偏差计算，到项目完成时，实际花费的成本为 117 万元

解析：略。

答案：B

6．某公司对正在进行的 4 个项目进行了检查，绩效数据见下表，则最有可能提前完成且不超支的是（　）。

项目	计划价值	实际成本	挣值
A	1000	600	900
B	1000	1000	1100
C	1000	1300	1200
D	1000	900	800

A．项目 A　　B．项目 B　　C．项目 C　　D．项目 D

解析：略。

答案：B

7．阅读下列说明，回答问题 1 至问题 4。

某系统集成公司项目经理老王在其负责的一个信息系统集成项目中采用绩效衡量分析技术进行成本控制，该项目计划历时 10 个月，总预算 50 万元。目前项目已经实施到第 6 个月末。为了让公司管理层了解项目进展情况，老王根据项目实施过程中的绩效测量数据完成了一份成本执行绩效统计报告，截至第 6 个月末，项目成本绩效统计数据见下表。

序号	工作任务单元代号	完成百分比/%	计划成本值/万元	实际成本值/万元
1	W01	100	3	2.5
2	W02	100	5	4.5
3	W03	90	6	6.5
4	W04	80	8.5	6
5	W05	40	6.5	1.5
6	W06	30	1	1.5
7	W07	10	7	0.5

【问题 1】请计算该项目截至第 6 个月末的计划成本（PV）、实际成本（AC）、挣值（EV）、成本偏差（CV）、进度偏差（SV）。

【问题 2】请计算该项目截至第 6 个月末的成本执行指数（CPI）和进度指数（SPI），并根据计算结果分析项目的成本执行情况和进度情况。

【问题 3】根据所给的资料说明该项目表现出来的问题和可能的原因。

【问题 4】假设该项目现在解决了导致偏差的各种问题，后续工作可以按照原计划继续实施，项目的最终完工成本是多少？

答案：

【问题 1】

PV=3+5+6+8.5+6.5+1+7=37（万元）；

AC=2.5+4.5+6.5+6+1.5+1.5+0.5=23（万元）；

EV=3×100%+5×100%+6×90%+8.5×80%+6.5×40%+1×30%+7×10%=23.8（万元）；

CV=EV-AC=23.8-23=0.8（万元）；

SV=EV-PV=23.8-37=-13.2（万元）。

【问题 2】

CPI=EV/AC=23.8/23=1.035

SPI=EV/PV=23.8/37=0.643

CPI＞1，所以成本节约；

SPI＜1，所以进度滞后。

【问题 3】表现出来的问题是进度滞后，PV 是 37 万元，实际成本只有 23 万元，可能的原因是投入不足，才导致进度滞后。

【问题 4】这属于非典型偏差，所以：

ETC=BAC-EV=50-23.8=26.2（万元）；

EAC=AC+ETC=23+26.2=49.2（万元）。

第20章 项目进度类计算

20.0 章节考点分析

第20章主要学习进度类计算，包括进度管理计算相关概念、网络图、关键路径、总时差、自由时差的计算等内容。

根据考试大纲，本章知识点会涉及单项选择题和案例分析题，按以往的出题规律，单选题约占1～2分，案例分析与成本类计算综合为一个大题，本章内容属于基础知识范畴，考查的知识点来源于教材，扩展内容较少。本章的架构如图20-1所示。

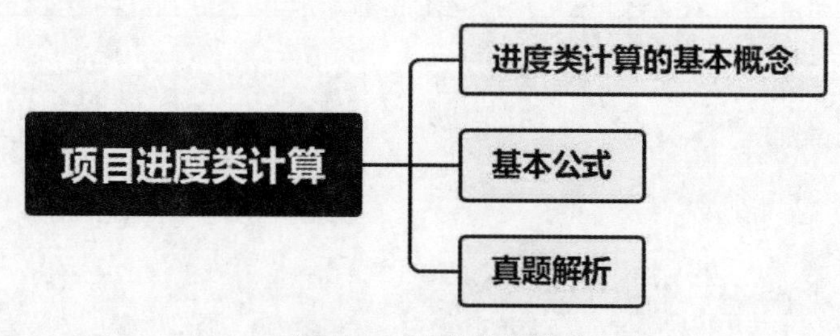

图20-1 本章的架构

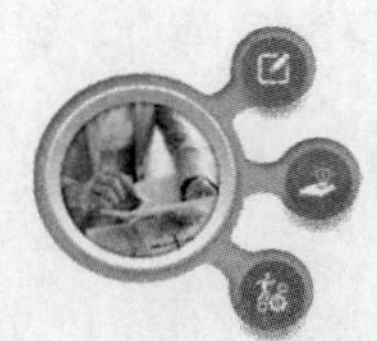

【导读小贴士】

项目进度管理在项目管理中占有重要地位，项目进度管理是为了保证项目按时完成。因此，需要在项目实施过程中对项目进度进行测量、对项目进度进行预测，要把实际进度与计划进度进行比较，分析进度绩效，就要进行进度计算。本章内容包括进度管理计算相关概念、网络图、关键路径、总时差、自由时差的计算等，属于考生必须掌握的内容之一。

20.1 进度类计算的基本概念

【基础知识点】

1. 前导图法

前导图法（Precedence Diagramming Method，PDM），也称紧前关系绘图法，是用于编制项目进度网络图的一种方法，它使用方框或者长方形（被称作节点）代表活动，节点之间用箭头连接，以显示节点之间的逻辑关系。图 20-2 为用 PDM 绘制的项目进度网络图。这种网络图也被称作单代号网络图（只有节点需要编号）或活动节点图（Active On Node，AON），为大多数项目管理软件所采用。

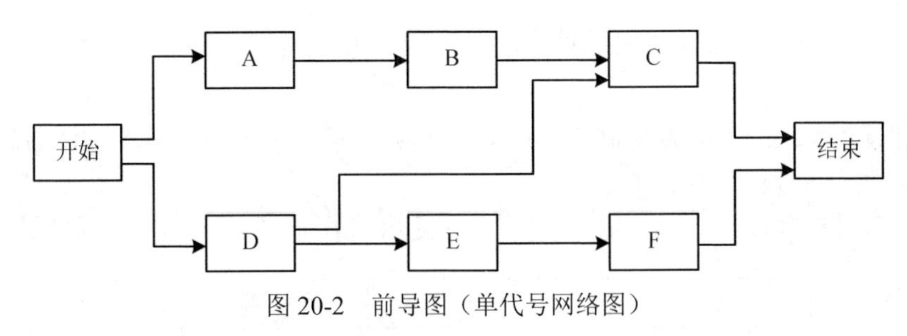

图 20-2 前导图（单代号网络图）

前导图法包括活动之间存在的四种类型的依赖关系。

（1）结束-开始的关系（FS 型）。前序活动结束后，后续活动才能开始。例如，只有比赛（紧前活动）结束，颁奖典礼（紧后活动）才能开始。

（2）结束-结束的关系（FF 型）。前序活动结束后，后续活动才能结束。例如，只有完成文件的编写（紧前活动），才能完成文件的编辑（紧后活动）。

（3）开始-开始的关系（SS 型）。前序活动开始后，后续活动才能开始。例如，开始地基浇灌（紧前活动）之后，才能开始混凝土的找平（紧后活动）。

（4）开始-结束的关系（SF 型）。前序活动开始后，后续活动才能结束。例如，只有第二位保安人员开始值班（紧前活动），第一位保安人员才能结束值班（紧后活动）。

在 PDM 中，结束-开始的关系是最普遍使用的一类依赖关系。开始-结束的关系很少被使用。前导图四种类型的依赖关系如图 20-3 所示。

在前导图法中，每项活动有唯一的活动号，每项活动都注明了预计工期（活动的持续时间）。通常，每个节点的活动会有如下几个时间。

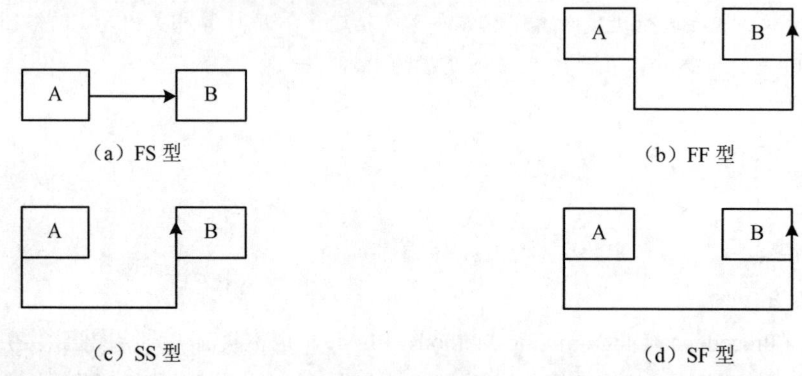

图 20-3　活动依赖关系

（1）最早开始时间（Earliest Start Time，ES），某项活动能够开始的最早时间。

（2）最早完成时间（Earliest Finish Time，EF），某项活动能够完成的最早时间。公式为：EF=ES+工期。

（3）最迟完成时间（Latest Finish Time，LF），为了使项目按时完成，某项活动必须完成的最迟时间。

（4）最迟开始时间（Latest Start Time，LS），为了使项目按时完成，某项活动必须开始的最迟时间。公式为：LS=LF−工期。

这几个时间通常作为每个节点的组成部分，如图 20-4 所示。

最早开始时间（ES）	工期	最早完成时间（EF）
活动名称		
最迟开始时间（LS）	总浮动时间（TF）	最迟完成时间（LF）

图 20-4　节点的组成部分

2. 箭线图法

与前导图法不同，箭线图法（Arrow Diagramming Method，ADM）是用箭线表示活动、节点表示事件的一种网络图绘制方法，如图 20-5 所示。这种网络图也称为双代号网络图（节点和箭线都要编号）或活动箭线图（Active On the Arrow，AOA）。

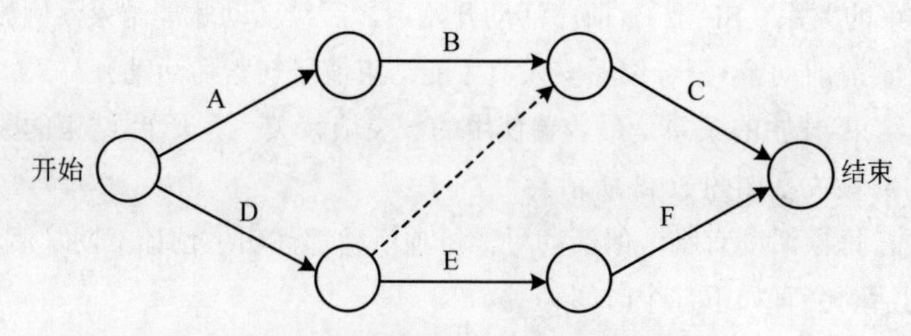

图 20-5　箭线图（双代号网络图）

在箭线图法中，活动的开始（箭尾）事件叫作该活动的紧前事件（Precede Event），活动的结束（箭头）事件叫作该活动的紧后事件（Successor Event）。

在箭线图法中，有如下三个基本原则。

（1）网络图中每一活动和每一事件都必须有唯一的代号，即网络图中不会有相同的代号。

（2）任意两项活动的紧前事件和紧后事件代号至少有一个不相同，节点代号沿箭线方向越来越大。

（3）流入（流出）同一节点的活动，均有共同的紧后活动（或紧前活动）。

为了绘图的方便，在箭线图中又人为引入了一种额外的、特殊的活动，称为虚活动（Dummy Activity），在网络图中用一个虚箭线表示。虚活动不消耗时间，也不消耗资源，只是为了弥补箭线图在表达活动依赖关系方面的不足。借助虚活动，我们可以更好地、更清楚地表达活动之间的关系，如图 20-6 所示。

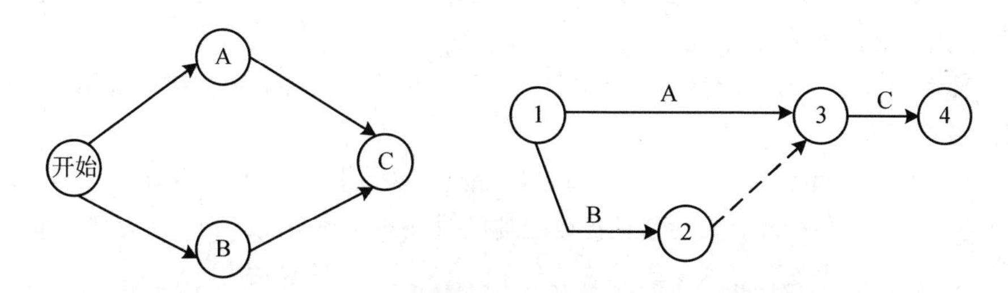

图 20-6　虚活动

注：活动 A 和活动 B 可以同时进行；只有活动 A 和活动 B 都完成后，活动 C 才能开始。

3. 时标网络图

（1）在时标网络图中，各项工作的工期大小与箭头长短一致，工期根据箭头长度从标尺上读取，如图 20-7 中工作 A 的工期是 2 天，工作 B 的工期是 5 天。

（2）工作后面的波浪线表示该工作的自由时差，自由时差根据波浪线长度从标尺上读取，若工作后面没有波浪线，则该工作的自由时差就是 0，如图 20-7 中工作 A 的自由时差是 0 天，工作 B 的自由时差是 1 天，工作 G 的自由时差是 1 天。

（3）关键路径就是没有波浪线的各项工作相连，关键路径可有多条。项目的总工期可以从标尺上读取，如图 20-7 中总工期为 21 天。

（4）从标尺上可看出各活动的最早开始时间和最早结束时间。

4. 确定依赖关系

活动之间的依赖关系可能是强制性的或选择性的，内部的或外部的。这四种依赖关系可以组合成强制性外部依赖关系、强制性内部依赖关系、选择性外部依赖关系或选择性内部依赖关系。

（1）强制性依赖关系。强制性依赖关系是法律或合同要求的或工作的内在性质决定的依赖关系。

（2）选择性依赖关系。选择性依赖关系有时又称首选逻辑关系、优先逻辑关系或软逻辑关系。

它通常是基于具体应用领域的最佳实践或者是基于项目的某些特殊性质而设定，即便还有其他顺序可以选用，但项目团队仍默认按照此种特殊的顺序安排活动。

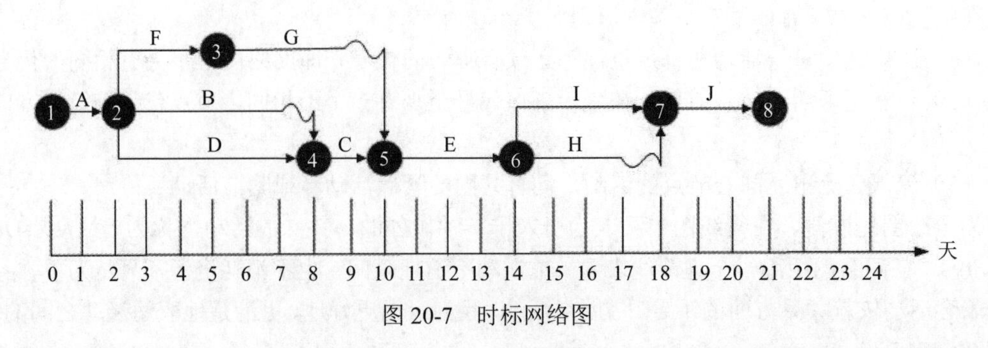

图 20-7　时标网络图

（3）外部依赖关系。外部依赖关系是项目活动与非项目活动之间的依赖关系。这些依赖关系往往不在项目团队的控制范围内。

（4）内部依赖关系。内部依赖关系是项目活动之间的紧前关系，通常在项目团队的控制之中。

5. 提前量与滞后量

在活动之间加入时间提前量与滞后量，可以更准确地表达活动之间的逻辑关系。

提前量是相对于紧前活动，紧后活动可以提前的时间量。例如，对于一个大型技术文档，技术文件编写小组可以在写完文件初稿（紧前活动）之前 15 天着手第二稿（紧后活动）。在进度规划软件中，提前量往往表示为负数。

滞后量是相对于紧前活动，紧后活动需要推迟的时间量。例如，为了保证混凝土有 10 天养护期，可以在两道工序之间加入 10 天的滞后时间。在进度规划软件中，滞后量往往表示为正数。

在图 20-8 的项目进度网络图中，活动 H 和活动 I 之间的依赖关系表示为 SS+10（10 天滞后量，活动 H 开始 10 天后，开始活动 I）；活动 F 和活动 G 之间的依赖关系表示为 FS+15（15 天滞后量，活动 F 完成 15 天后，开始活动 G）。

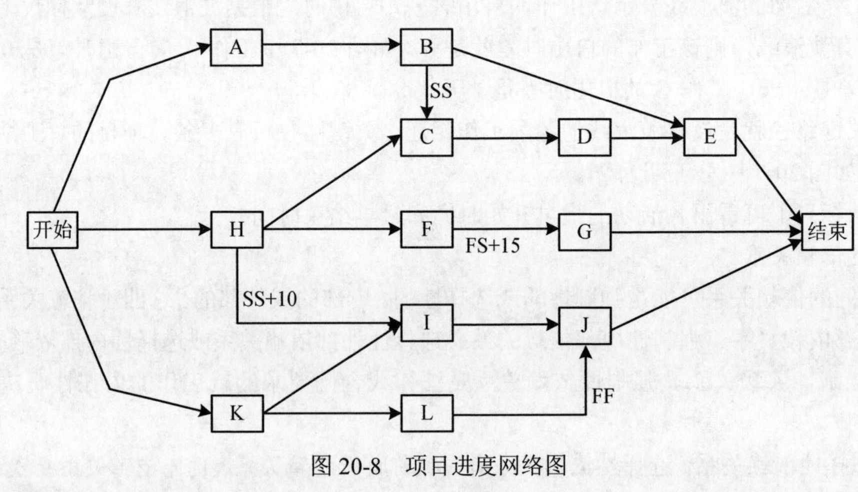

图 20-8　项目进度网络图

6. 关键路径法

关键路径法（Critical Path Method，CPM）是在进度模型中，估算项目最短工期，确定逻辑网络路径的进度灵活性大小的一种方法。关键路径是项目中时间最长的活动顺序，进度网络图中可能有多条关键路径，关键路径上的活动被称为关键活动，关键活动的工期之和就是项目的总工期，关键活动的工期会影响项目总工期，所以要压缩项目进度必须压缩关键活动的工期，在压缩关键活动工期的同时，要注意是否改变了关键路径。

7. 总浮动时间

总浮动时间（Total Float，TF），又称为总时差，是在不延误项目完工时间且不违反进度制约因素的前提下，活动可以从最早开始时间推迟或拖延的时间量，就是该活动的进度灵活性。其计算方法为：本活动的最迟完成时间减去本活动的最早完成时间，或本活动的最迟开始时间减去本活动的最早开始时间。正常情况下，关键活动的总浮动时间为零。

8. 自由浮动时间

自由浮动时间（Free Float，FF），又称为自由时差，是指在不延误任何紧后活动的最早开始时间且不违反进度制约因素的前提下，活动可以从最早开始时间推迟或拖延的时间量。其计算方法为：紧后活动最早开始时间的最小值减去本活动的最早完成时间。正常情况下，关键活动的自由浮动时间为零。

9. 关键链法

关键链法（Critical Chain Method，CCM）是一种进度规划方法，允许项目团队在任何项目进度路径上设置缓冲，以应对资源限制和项目的不确定性。这种方法建立在关键路径法之上，考虑了资源分配、资源优化、资源平衡和活动历时不确定性对关键路径的影响。关键链法引入了缓冲和缓冲管理的概念。关键链法增加了作为“非工作活动”的持续时间缓冲，用来应对不确定性。如图 20-9 所示，放置在关键链末端的缓冲称为项目缓冲，用来保证项目不因关键链的延误而延误。其他缓冲，即接驳缓冲，则放置在非关键链与关键链的接合点，用来保护关键链不受非关键链延误的影响。

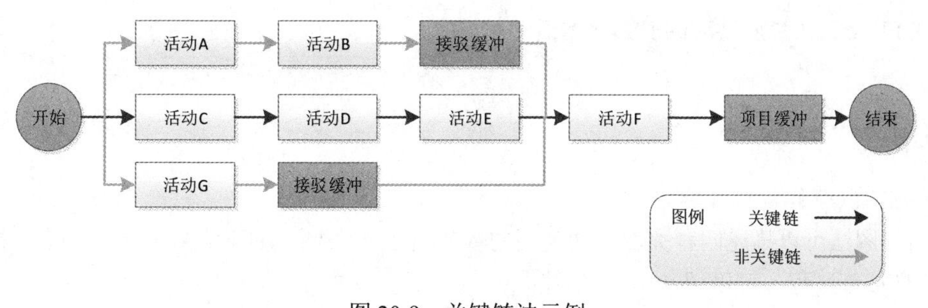

图 20-9 关键链法示例

10. 资源优化技术

资源优化技术是根据资源供需情况来调整进度模型的技术，包括（但不限于）：

（1）资源平衡（Resource Leveling）。为了在资源需求与资源供给之间取得平衡，根据资源制约对开始日期和结束日期进行调整的一种技术。如果共享资源或关键资源只在特定时间可用，数量有限，或被过度分配，如一个资源在同一时段内被分配至两个或多个活动，就需要进行资源平衡。也可以为保持资源使用量处于均衡水平而进行资源平衡。资源平衡往往导致关键路径发生改变，通常是延长。

（2）资源平滑（Resource Smoothing）。对进度模型中的活动进行调整，从而使项目资源需求不超过预定的资源限制的一种技术。相对于资源平衡而言，资源平滑不会改变项目关键路径，完工日期也不会延迟。也就是说，活动只在其自由浮动时间和总浮动时间内延迟。因此，资源平滑技术可能无法实现所有资源的优化。

11．进度压缩

进度压缩技术是指在不缩减项目范围的前提下，缩短进度工期，以满足进度制约因素、强制日期或其他进度目标。进度压缩技术包括（但不限于）：

（1）赶工，投入更多的资源或增加工作时间，以缩短关键活动的工期。

（2）快速跟进，并行施工，以缩短关键路径的长度。

（3）使用高素质的资源或经验更丰富的人员。

（4）减少活动范围或降低活动要求，需投资人同意。

（5）改进方法或技术，以提高生产效率。

（6）加强质量管理，及时发现问题，减少返工，从而缩短工期。

20.2 基本公式

【基础知识点】

（1）EF=ES+工期。

（2）LS=LF-工期。

（3）TF=LS-ES=LF-EF。

（4）FF=min（紧后活动的 ES）-本活动的 EF。

20.3 真题解析

【基础知识点】

1．前导图法可以描述四种关键活动类型的依赖关系，对于接班同事 A 到岗，交班同事 B 才可以下班的交接班过程，可以用（　　）描述。

A．SF　　B．FF　　C．SS　　D．FS

【例题解析】此题要求确定两个活动的依赖关系，“接班同事 A 到岗，交班同事 B 才可以下班”，即 A 到岗理解为活动开始（Start），B 才可以下班理解为 B 才可以活动结束（Finish），所以两个活动的依赖关系为 SF。解题步骤如下：

第一步，同事 A 和同事 B 活动的先后顺序是 A 在前，B 在后。

第二步，同事 A 的活动是开始状态，同事 B 的活动是结束状态。

第三步，确定“同事 A 到岗，交班同事 B 才可以下班的交接班过程”为开始—结束关系，即为 SF。

【易错点】理解题意，接班同事 A 到岗为“开始”，交班同事 B 下班为“结束”。

此题容易颠倒活动的顺序，即把“交班同事 B 才可以下班”放到“接班同事 A 到岗”前面，这样就变成了 B 先结束，A 才开始，此时两个活动的依赖关系就变成 FS。切记，严格按照题目的顺序，确认活动的依赖关系。

【思路总结】确认活动的依赖关系的解题思路如下：

第一步，根据题意明确活动的先后顺序。

第二步，确定各项活动的状态是“开始”还是“结束”。

第三步，确定活动的依赖关系。

【参考答案】A

2. 下图中（单位：天）关于活动 H 和活动 I 之间的关系，描述正确的是（ ）。

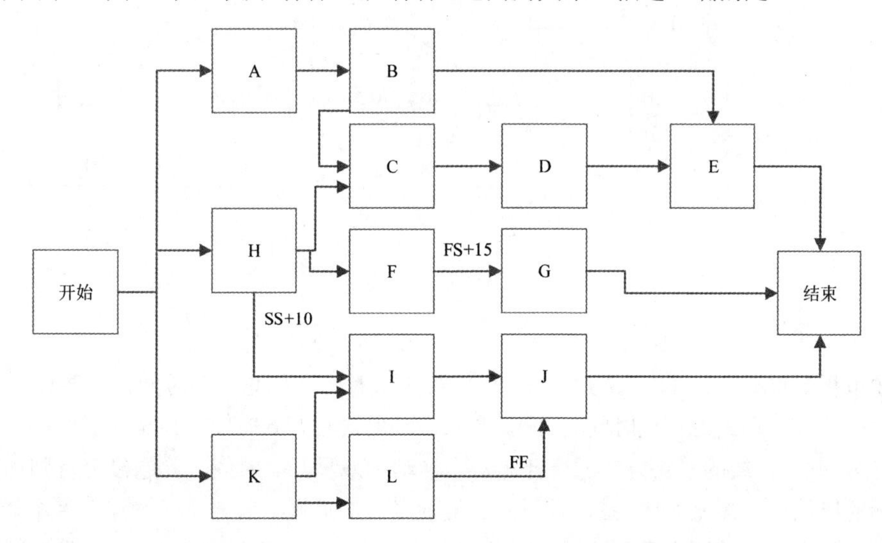

A. 活动 H 开始时，开始活动 I　　B. 活动 H 完成 10 天后，开始活动 I

C. 活动 H 结束后，开始活动 I　　D. 活动 H 开始 10 天后，开始活动 I

【例题解析】在项目进度网络图中，活动 H 和活动 I 之间的依赖关系表示为 SS+10，即活动 H 和活动 I 第一层依赖关系是开始-开始关系，第二层依赖关系是两个活动之间有 10 天的滞后量，即活动 H 开始 10 天后，活动 I 才开始。解题步骤如下：

第一步，从项目进度网络图中可以看出，活动 H 和活动 I 之间的依赖关系为开始-开始关系，即 SS 关系。

第二步，活动 H 和活动 I 之间的依赖关系表示为 SS+10，即活动 H 和活动 I 之间存在滞后量。

第三步，活动 H 和活动 I 之间的依赖关系为：活动 H 开始 10 天后，开始活动 I。

【易错点】关系解读错误以及提前量和滞后量理解不清，正数为提前量，负数表示滞后量。

将活动 H 和活动 I 之间的依赖关系解读错误，应严格按照图中表示的关系分层解读，先确定依赖关系的类型，再确定是否存在提前量和滞后量。

【思路总结】确定活动之间依赖关系的解题思路：

第一步，明确活动之间依赖关系的类型。

第二步，确定活动之间是否存在提前量和滞后量。

第三步，确定活动之间详细明确的依赖关系。

【参考答案】D

3．在下图（某工程单代号网络图）中，活动 B 的总浮动时间为（　）天。

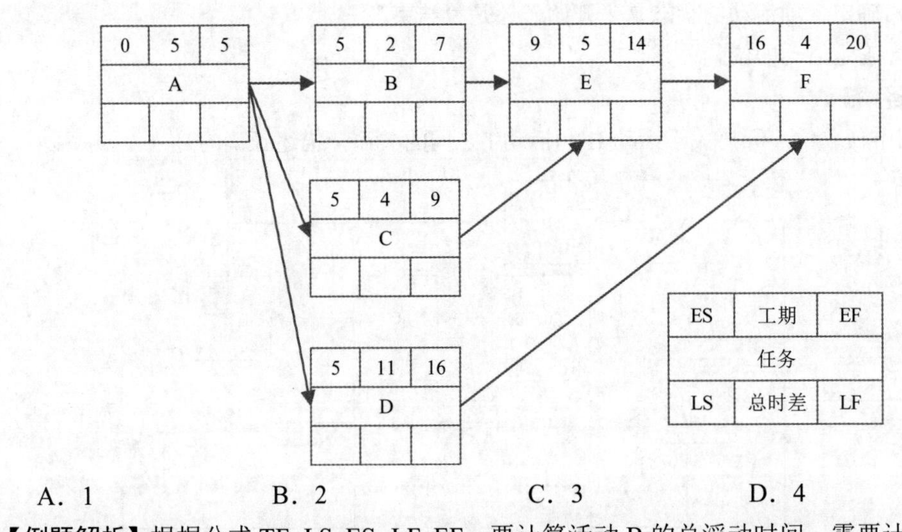

A．1　　　B．2　　　C．3　　　D．4

【例题解析】根据公式 TF=LS-ES=LF-EF，要计算活动 B 的总浮动时间，需要计算活动 B 的最早完成时间（EF）和最迟完成时间（LF）。求解活动的最早开始时间和最早完成时间，要从起始活动 A 开始，顺着箭线的箭头方向逐个计算每个活动的最早开始时间，此题没有特别标准，默认为所有活动的依赖关系都为 FS 关系，且不存在提前量与滞后量。若一个活动存在多个紧前活动，那么该活动的最早开始时间需要取其所有紧前活动的最早完成时间的最大值，因为只有所有的紧前活动都结束了，本活动才能开始。根据公式 EF=ES+工期，可以计算出每个活动的最早完成时间（EF）。若要求活动的最迟完成时间（LF），需要先找到本项目的关键路径并计算总工期，然后，根据总工期，从终止活动开始，逆着箭线的箭头方向从后往前计算每个活动的最迟完成时间（LF）。若一个活动存在多个紧后活动，那么该活动的最迟完成时间需要取其所有紧后活动的最迟开始时间的最小值，因为只有本活动按照其所有紧后活动最迟开始时间的最小值作为其最迟完成时间，其所有的紧后活动才可以最迟开始。解题步骤如下：

第一步，从起始活动 A 开始，顺着箭线的箭头方向计算活动 B 的最早开始时间（ES），计算得出活动 B 的 ES=5。

第二步，根据公式 EF=ES+工期，计算得出活动 B 的 EF=5+2=7。

第三步，寻找此题的关键路径并计算总工期，得出结论：关键路径是 ADF，总工期是 5+11+4=20（天）。

第四步，从终止活动 F 开始，逆着箭线的箭头方向从后往前计算活动 B 的最迟完成时间（LF），计算得出活动 B 的 LF=11。

第五步，根据公式 TF=LS−ES=LF−EF，计算活动 B 的 TF，计算得出活动 B 的 TF=11−7=4。

【易错点】确定活动的最早开始/完成时间或最迟开始/完成时间出错。

此题在计算活动的最早完成时间（EF）和最迟完成时间（LF），尤其涉及多个紧前活动和多个紧后活动时很容易出错，一定要记住，计算活动的最早开始时间（ES）和最早完成时间（EF）的口诀为：从前往后取最大；计算活动的最迟开始时间（LS）和最迟完成时间（LF）的口诀为：从后往前取最小。

【思路总结】计算活动的总浮动时间的解题思路如下：

第一步，计算活动的最早开始时间（ES）和最早完成时间（EF），注意有多个紧前活动的计算口诀：从前往后取最大。

第二步，按照单代号网络图，先寻找出关键路径，然后计算总工期。

第三步，从终止活动开始，逆着箭线的箭头方向从后往前计算所求活动的最迟完成时间（LF）。

第四步，根据公式 TF=LS−ES=LF−EF，计算活动的 TF。

【参考答案】D

4．某项目的网络图如下，活动 D 的自由浮动时间为（　　）天。

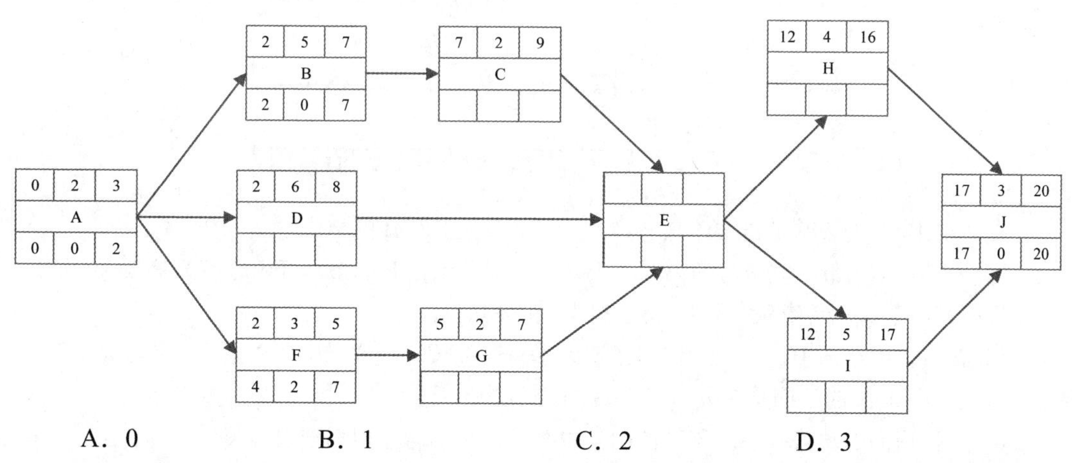

A．0　　B．1　　C．2　　D．3

【例题解析】根据公式 FF=min（紧后活动的 ES）−本活动的 EF，要计算活动 D 的自由浮动时间，需要计算活动 D 的最早完成时间（EF）及其所有紧后活动最早开始时间（ES）的最小值。按照网络图先计算出活动 D 的最早完成时间（EF）和活动 D 的所有紧后活动的最早开始时间（ES）。

计算步骤如下：

第一步，找出活动 D 的所有紧后活动，由进度网络图可知，活动 D 的紧后活动只有一个活动 E。

第二步，从起始活动 A 开始，顺着箭线的箭头方向计算活动 D 的最早完成时间（EF）和其紧后活动 E 的最早开始时间（ES），计算得出活动 D 的 EF=8，活动 E 的 ES=9。

第三步，根据公式 FF=min（紧后活动的 ES）-本活动的 EF，计算活动 D 的自由浮动时间（FF），计算得出活动 D 的 FF=9-8=1（天）。

【易错点】确定紧后活动的最早开始时间出错。

此题在计算活动 E 的最早开始时间（ES）时会出现差错，活动 E 有 3 个紧前活动 C、D 和 G，计算活动 E 的最早开始时间（ES）应该取其 3 个紧前活动 C、D 和 G 的最早完成时间（EF）的最大值。

【思路总结】计算活动自由浮动时间的解题思路如下：

第一步，找出活动的所有紧后活动。

第二步，从起始活动开始，顺着箭线的箭头方向计算本活动的最早完成时间（EF）和其所有紧后活动的最早开始时间（ES）。

第三步，取本活动所有紧后活动的最早开始时间（ES）的最小值。

第四步，根据公式 FF=min（紧后活动的 ES）-本活动的 EF，计算本活动的自由浮动时间（FF）。

【参考答案】B

5．某工程双代号时标网络计划如下图所示，不正确的结论有（　　）。

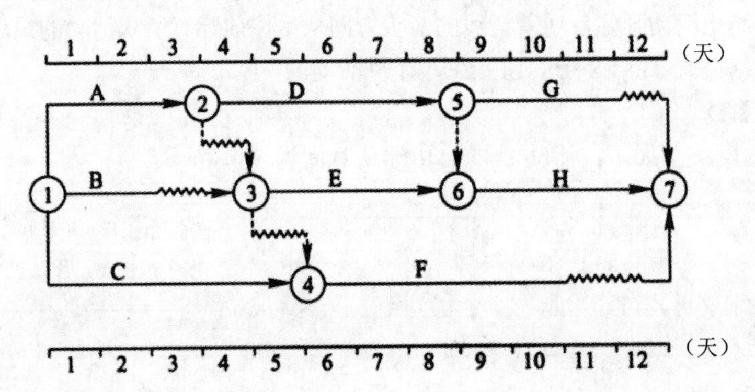

A．工作 A 为关键工作　　B．工作 B 的自由时差为 2 天

C．工作 D 的最早完成时间为第 8 天　　D．工作 F 的最早开始时间为第 5 天

【例题解析】此题考查双代号时标网络图的相关知识。

（1）在时标网络图中，各项工作的工期大小与箭头长短一致，工期根据箭头长度从标尺上读取，如此题中工作 A 的工期是 3 天，工作 B 的工期是 2 天。

（2）工作后面的波浪线表示该工作的自由时差，自由时差根据波浪线长度从标尺上读取，若工作后面没有波浪线，则该工作的自由时差就是 0，如此题工作 B 的自由时差是 2 天，工作 G 的自由时差是 1 天，工作 A 的自由时差是 0 天。

（3）关键路径就是没有波浪线的各项工作相连，关键路径可有多条，此题的关键路径是①-

②-⑤-⑥-⑦或 A-D-H，所以工作 A、D、H 就是关键工作，关键工作的自由时差和总时差都为 0，项目的总工期可以从标尺上读取，总工期为 12 天。

（4）从标尺上可看出各活动的最早开始时间和最早结束时间。如 D 的最早完成时间为第 8 天，F 的最早开始时间为第 6 天。

【易错点】第几天和几天的区别。第几天是从第 1 天开始计数，几天开始是从 0 天开始计数。

时标网络图中的难点就是求解工作的总时差，容易出错的是：关键路径和关键节点找不全，工作后面所有关键节点没找全，工作与所有关键节点连成路线上求自由时差之和算错，各条路线上自由时差之和最大值认定为工作的总时差等，这些问题需要格外注意。

【思路总结】关于时标网络图求解工作总时差的解题思路如下：

第一步，找出所有的关键路径和关键节点。

第二步，找出紧挨着工作后面的所有关键节点。

第三步，工作与其后面所有的关键节点连成路线，计算每条路线自由时差之和。

第四步，各路线自由时差之和的最小值即为工作的总时差。

【参考答案】D

6．阅读下列说明，回答问题 1 至问题 4。

已知某信息工程项目由 A 到 I 共 9 个活动组成，项目组根据项目目标，特别是工期要求，经过分析、定义及评审，给出了该项目的活动历时。活动所需资源及活动逻辑关系如下表所示。

活动所需资源及活动逻辑关系

活动	历时/天	资源/人	紧前活动
A	10	2	—
B	20	8	A
C	10	4	A
D	10	5	B
E	10	4	C
F	20	4	D
G	10	3	D
H	20	7	E、F
I	15	8	G、H

【问题 1】请指出该项目的关键路径和工期。

【问题 2】请给出活动 C、E、G 的总时差和自由时差。

【问题 3】项目经理以工期紧、项目难度高为由，向高层领导汇报申请组建 12 人的项目团队，但领导没有批准。

（1）领导为什么没有同意该项目经理的要求？若不考虑人员能力差异，该项目所需人数最少是多少人？

（2）由于资源有限，利用总时差、自由时差，调整项目人员安排而不改变项目关键路径和工期的技术是什么？

（3）活动 C、E、G 各自最迟从第几天开始执行才能满足（1）中项目所需人数最小值？

【问题 4】在以下（1）～（6）中填写内容。

为了配合甲方公司成立庆典，甲方要求该项目提前 10 天完工，并同意支付额外费用。承建单位经过论证，同意了甲方要求并按规范执行了审批流程。为了保质保量按期完工，在进度控制及资源管理方面可以采取的措施包括以下几点。

①向＿（1）＿要时间，向＿（2）＿要资源；

②压缩＿（3）＿上的工期；

③加强项目人员的质量意识，及时＿（4）＿，避免后期返工；

④采取压缩工期的方法：尽量＿（5）＿安排项目活动，组织大家加班加点进行＿（6）＿。

（1）～（6）供选择的答案如下：

A．评审　　B．激励　　C．关键路径　　D．非关键路径

E．赶工　　F．并行　　G．关键任务　　H．串行

【例题解析】

【问题 1】此题需要根据上表画出进度网络图，除非题目要求画双代号网络图或时标网络图，为了方便画图和计算，通常画单代号网络图。因为活动 A 是活动 B 的紧前活动，活动 B 必然是活动 A 的紧后活动，所以从上表的“紧前活动”列找各活动的紧后活动，按照箭线的箭头顺序往下画单代号网络图更准确更快捷。根据画出来的单代号网络图，求解关键路径和总工期。解题步骤如下：

第一步，根据上表画单代号网络图，如下图所示。

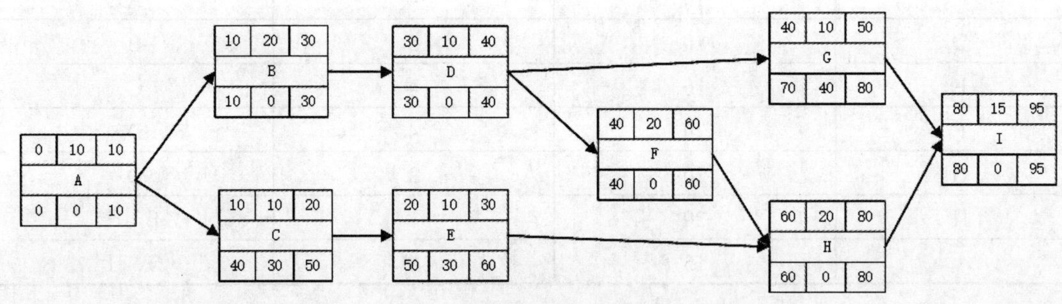

项目单代号网络图

第二步，按照单代号网络图，先寻找出关键路径，然后计算总工期，得出结论：关键路径为 A-B-D-F-H-I，工期为 95 天。

【问题 2】按照自由时差和总时差的计算方法，求解活动 C、E、G 的总时差和自由时差，经计算得出：活动 C：ES=10，LS=40，C 的总时差是 30，自由时差为 0；活动 E：ES=20，LS=50，

E 的总时差是 30，自由时差为 30；活动 G：ES=40，LS=70，G 的总时差是 30，自由时差为 30。

【问题 3】此题是关于如何分配资源，不改变项目总工期的问题，这时要使用资源平滑技术，因为资源平滑不会改变项目关键路径，完工日期也不会延迟。若使用资源平滑技术就需要画时标网络图，根据上图画该项目的时标网络图，如下图所示。

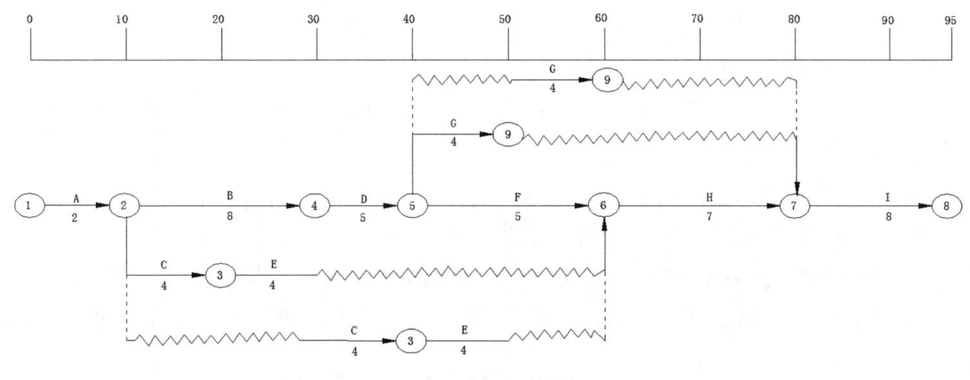

项目时标网络图

将各活动需要的资源进行标注，因为活动 C、E、G 都有自由时差，可以推迟活动 C、E、G 的开始时间，以确保使用最少资源满足项目需求，不改变项目总工期。根据项目需要最少人数的要求确定活动 C、E、G 的开始时间需要推迟多久，如上图所示，将活动 C 和活动 E 推迟 20 天开始，活动 G 推迟 10 天开始，则活动 C 第 31 天开始，活动 E 第 41 天开始，活动 G 第 51 天开始，该项目需要的人数最少，最少人数是 9 人。解题步骤如下。

第一步，根据项目单代号网络图绘制项目时标网络图。

第二步，将各活动需要的资源进行标注，为确保项目总工期不变，可以利用活动 C、E、G 的自由时差，推迟活动 C、E、G 的开始时间，根据项目需要最少人数的要求确定活动 C、E、G 的开始时间需要推迟多久，如上图所示，将活动 C 和活动 E 推迟 20 天开始，活动 G 推迟 10 天开始，则活动 C 第 31 天开始，活动 E 第 41 天开始，活动 G 第 51 天开始，该项目需要的人数最少，最少人数是 9 人。

第三步，根据［问题 3］的要求，逐个回答 3 个问题，结论如下。

（1）领导不同意项目经理的要求是正确的，该项目需要的最少人数是 9 人。

（2）资源平滑技术。

（3）活动 C 第 31 天开始，活动 E 第 41 天开始，活动 G 第 51 天开始就可以满足（1）中所需人数的最小值。

【问题 4】此题是关于项目进度管理的有关知识点，答案如下：

（1）C （2）D （3）G （4）A （5）F （6）E

【易错点】此题要学会根据项目活动列表画单代号网络图，然后根据单代号网络图求解关键路径和总工期；此题难点在于对资源平滑技术的理解和把握，凡涉及人员安排、资源分配等问题，一般都需要使用资源平滑技术，使用资源平滑技术，就需要画时标网络图，所以要学会根据单代号网络图绘制时标网络图，然后将各活动需要的资源进行标注，根据时标网络图，利用活动的自由时差，对活动进行调整，以最少资源满足项目要求；另外，需要注意，将活动 C 推迟 20 天开始，则活动 C 应该是第 31 天开始，而不是第 30 天开始，因为网络图中默认起始活动是从第 0 天开始的，所以任何活动的开始时间应该是其网络图上的开始时间+1。

【思路总结】先找出关键路径，然后计算关键路径上的总工期，再根据总时差和自由时差的公式进行计算。关于使用资源平衡技术，以最少资源满足项目要求。解题思路如下：

第一步，根据项目单代号网络图绘制项目时标网络图。

第二步，将各活动需要的资源进行标注，根据时标网络图，利用活动的自由时差，对活动进行调整，以最少资源满足项目要求。

第三步，根据调整结果回答问题。

根据单代号网络图绘制时标网络图的解题思路如下：

第一步，根据单代号网络图找出关键路径、关键活动并计算总工期。

第二步，根据总工期确定标尺长度，标尺长度要大于等于总工期，确定标尺的间隔长度，据此绘制标尺。

第三步，将关键活动按照顺序安排在主路线上，箭线长度代表活动工期。

第四步，根据各活动的依赖关系，绘制非关键活动，并用波浪线表示活动的自由时差，其长度表示自由时差的值。

7. 阅读下列说明，回答问题 1 至问题 3。

项目经理在为某项目制订进度计划时绘制了如下所示的前导图。图中活动 E 和活动 B 之间为结束—结束关系，即活动 E 结束后活动 B 才能结束，其他活动之间的关系为结束—开始关系，即前一个活动结束，后一个活动才能开始。

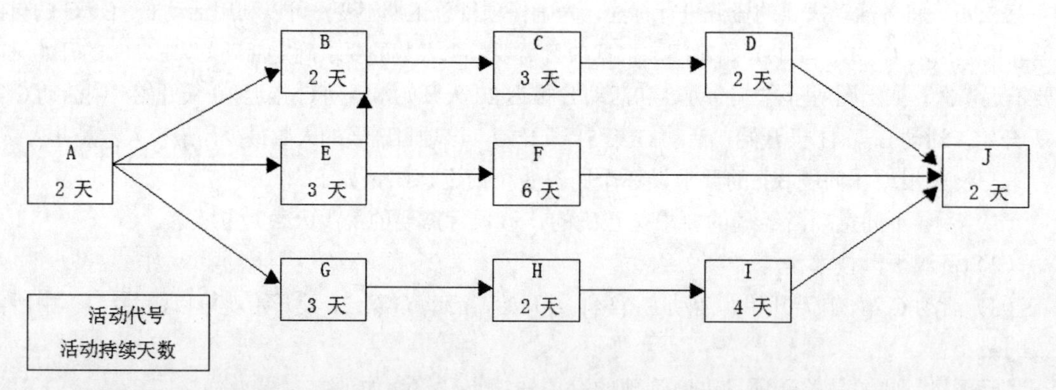

【问题 1】请指出该网络图的关键路径并计算出项目的计划总工期。

【问题 2】根据上面的前导图，活动 C 的总时差为 （1） 天，自由时差为 （2） 天。

杨工是该项目的关键技术人员，他同一时间只能主持并参加一个活动。若杨工要主持并参与 E、C、I 三个活动，那么项目工期将比原计划至少推迟 （3） 天。在这种情况下杨工所涉及的活动序列（含紧前活动和紧后活动）为___（4）___。

【问题 3】针对［问题 2］所述的情形，如仍让杨工主持并参与 E、C、I 三个活动，为避免项目延期，请结合网络图的具体活动顺序叙述项目经理可采取哪些措施。

【例题解析】

【问题 1】此题是根据网络图找关键路径并计算项目总工期的，题干中约定了“活动 E 和活动 B 之间为结束—结束关系”，这样就改变了活动的起止时间，所以就会影响项目的关键路径。解题步骤如下：

第一步，根据前导图，找出活动 B 和活动 E 的最早开始时间（ES）和最早完成时间（EF），计算得出，活动 B：ES=2，EF=4；活动 E：ES=2，EF=5。

第二步，根据题干“活动 E 和活动 B 之间为结束—结束关系”，要求活动 E 和活动 B 同时结束，所以将活动 B 的结束时间调整为 5，开始时间调整为 3。

第三步，寻找关键路径并计算总工期，得出结论：关键路径为 A-E-F-J 和 A-G-H-I-J；计划总工期为 13 天。

【问题 2】此题第一问，要注意活动 B 的开始和结束时间分别是 3 和 5，然后求解活动 C 的总时差和自由时差，解题步骤如下：

第一步，因为活动 C 只有一个紧前活动 B 和一个紧后活动 D，所以先确定活动 B 的开始和结束时间。

第二步，求解活动 C 的总时差和自由时差，计算结果为：活动 C 的 TF=1，FF=0。

此题第二问是关于资源平衡技术的，资源平衡是为了在资源需求与资源供给之间取得平衡，根据资源制约对开始日期和结束日期进行调整的一种技术。资源平衡往往导致关键路径改变，通常是延长。此题中杨工要主持并参与 E、C、I 三个活动，且他同一时间只能主持并参加一个活动。即必须由杨工依次参与完成活动 E、C、I，这就是资源平衡，将会影响项目总工期。解题步骤如下：

第一步，根据前导图推算出活动 E、C、I 的最早开始时间和最早结束时间分别是：活动 E 的 ES=2，EF=5；活动 C 的 ES=5，EF=8；活动 I 的 ES=7，EF=11。

第二步，根据题目要求，活动 E、C、I 必须由杨工参与完成，按照活动 E、C、I 的最早开始时间和最早结束时间，排列出杨工参与完成活动 E、C、I 的顺序是：首先做活动 E，其次做活动 C，最后做活动 I。

第三步，根据杨工参与完成 E、C、I 三个活动的顺序，调整活动 E、C、I 的最早开始时间和最早结束时间，调整结果为：活动 E 的 ES=2，EF=5；活动 C 的 ES=5，EF=8；活动 I 的 ES=8，EF=12。

第四步，活动 J 的最早开始时间 ES=12，最早结束时间 EF=14，所以项目计划总工期为 14 天，比原计划推迟 1 天。

第五步，根据题目要求，逐个回答问题。答案为：（1）1；（2）0；（3）1；（4）E、C、I。

【问题 3】此题为回答压缩工期的措施，答案为：

（1）赶工，投入更多的资源或增加工作时间，以缩短关键活动的工期。

（2）快速跟进，并行施工，以缩短关键路径的长度。

（3）使用高素质的资源或经验更丰富的人员。

（4）减少活动范围或降低活动要求，需投资人同意。

（5）改进方法或技术，以提高生产效率。

（6）加强质量管理，及时发现问题，减少返工，从而缩短工期。

【易错点】此题容易忽略“活动 E 和活动 B 之间为结束一结束关系”，默认为所有的活动都是“结束一开始关系”，导致后面的计算错误。此题的难点在于对资源平衡技术的理解和把握，资源平衡是为了在资源需求与资源供给之间取得平衡，根据资源制约对开始日期和结束日期进行调整的一种技术。因为要保持资源充分使用，通常导致关键路径延长，所以使用资源平衡，就会改变活动的起止时间和活动之间的依赖关系，最终延长总工期。

【思路总结】此题解题思路如下：

第一步，根据现有的进度网络图推算目标活动的起止时间。

第二步，根据资源平衡要求，调整目标活动的起止时间和依赖关系。

第三步，根据调整后的关系，重新确定目标活动的起止时间。

第四步，根据目标活动调整后的起止时间，确认关键路径并计算项目总工期。

20.4 考点实练

1．某工程由 9 个活动组成，其各活动情况如下表所示，该工程的关键路径为（　　）。

活动	紧前活动	所需天数	活动	紧前活动	所需天数
A	—	3	F	C	6
B	A	2	G	E	2
C	B	5	H	F、G	5
D	B	7	I	H、D	2
E	C	4			

A．A-B-C-E-G-I　　B．A-B-C-F-H-I　　C．A-B-D-H-I　　D．A-B-D-I

解析：略。

答案：B

2．已知网络计划中工作 M 有两项紧后工作，这两项紧后工作的最早开始时间分别为第 12 天和第 15 天，工作 M 的最早开始时间和最迟开始时间分别为第 6 天和第 8 天。如果工作 M 的持续时间为 4 天，则工作 M 的总时差为（　　）天。

A．1　　B．2　　C．3　　D．4

解析：略。

答案：B

3．项目可通过分解划分为若干个活动，项目经理通过对项目的网络图进行计算分析后发现一个重要活动 X 的总时差为 2 天，自由时差为 1 天，下列解释最恰当的是（　　）。

A．工期与活动 X 的总时差无关

B．工期受活动 X 的影响，活动 X 可以推迟 2 天不会影响总工期

C．工期受活动 X 的影响，影响总工期的时间为 1 天

D．工期受活动 X 的影响，影响总工期的时间不能确定

解析：略。

答案：B

4．下图右侧是单代号网络图（单位为工作日），左侧是图例。在确保安装集成活动尽早开始的前提下，软件开发活动可以推迟（　　）个工作日。

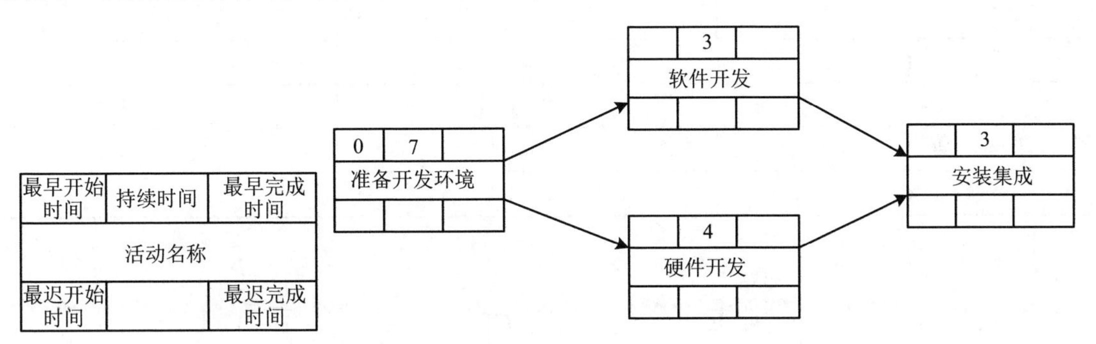

A．0　　B．1　　C．2　　D．4

解析：略。

答案：B

5．某项目包含 A、B、C、D、E、F、G 七个活动。各活动的历时估算和活动间的逻辑关系如下表所示。

活动名称	活动历时/天	紧前活动
A	2	—
B	4	A
C	5	A
D	3	A
E	3	B
F	4	B、C、D
G	3	E、F

依据上表内容，活动 D 的总浮动时间是__（1）__天，该项目工期为__（2）__天。

（1）A．0　　B．1　　C．2　　D．3

（2）A．12　　B．13　　C．14　　D．15

解析：略。

答案：（1）C　（2）C

6．某项目包含 A、B、C、D、E、F、G 七个活动，各活动的历时估算和逻辑关系如下表所示，则活动 C 的总活动时间是＿（1）＿天，项目工期是＿（2）＿天。

活动名称	紧前活动	活动历时/天
A	—	2
B	A	4
C	A	5
D	A	6
E	B、C	4
F	D	6
G	E、F	3

（1）A．0　　B．1　　C．2　　D．3

（2）A．14　　B．15　　C．16　　D．17

解析：略。

答案：（1）D　（2）D

7．某项目包含 a、b、c、d、e、f、g 七个活动，各活动的历时估算和活动间的逻辑关系如下表所示，活动 c 的总浮动时间是＿（1）＿天，该项目工期是＿（2）＿天。

活动名称	活动历时/天	紧前活动
a	2	—
b	4	a
c	5	a
d	6	a
e	4	b
f	4	c、d
g	3	e、f

（1）A．0　　B．1　　C．2　　D．3

（2）A．13　　B．14　　C．15　　D．16

解析：略。

答案：（1）B　（2）C

8．项目经理为某政府网站改造项目制作了如下双代号网络图（单位：天），该项目的总工期为＿（1）＿天。在项目实施的过程中，活动②～⑦比计划提前了 2 天，活动⑧～⑩实际工期是 3 天，活动⑥～⑦的工期增加了 3 天，判断对项目总工期的影响＿（2）＿。

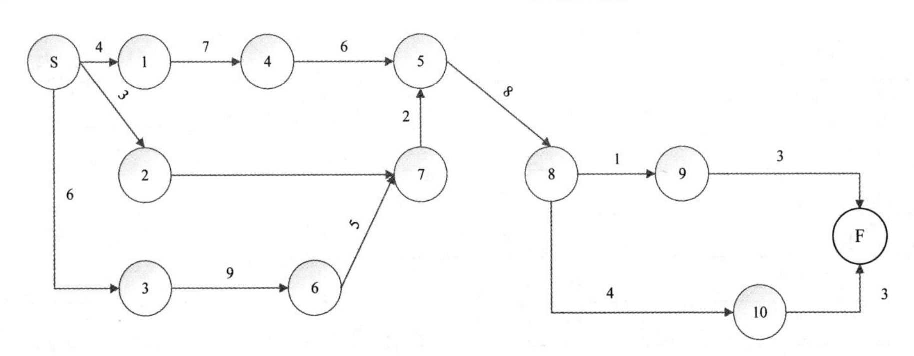

（1）A．40　　B．37　　C．34　　D．32

（2）A．没有影响　　B．增加了 2 天　　C．增加了 3 天　　D．增加了 4 天

解析：略。

答案：（1）B　（2）B

9．某项目包含 A、B、C、D、E、F、G、H、I、J 一共 10 个活动，各活动历时估算与逻辑关系如下表所示，则该项目工期为＿（1）＿天，活动 C 的总浮动时间是＿（2）＿天。

活动名称	活动历时/天	紧前活动
A	2	—
B	4	A
C	2	A
D	3	A
E	3	B
F	4	D
G	2	C、E、F
H	4	G
I	2	G
J	3	H、I

（1）A．17　　B．18　　C．19　　D．20

（2）A．2　　B．3　　C．4　　D．5

解析：略。

答案：（1）B （2）D

10．阅读下列说明，回答问题 1 至问题 4。

某项目细分为 A、B、C、D、E、F、G、H 八个模块，而且各个模块之间的依赖关系和持续时间如下表所示。

活动代码	紧前活动	活动持续时间/天
A	—	5
B	A	3
C	A	6
D	A	4
E	B、C	8
F	C、D	5
G	D	6
H	E、F、G	9

【问题 1】计算该活动的关键路径和项目的总工期。

【问题 2】

（1）计算活动 B、C、D 的总时差。

（2）计算活动 B、C、D 的自由时差。

（3）计算活动 D、G 的最迟开始时间。

【问题 3】如果活动 G 尽早开始，但工期拖延了 5 天，则该项目的工期会拖延多少天？请说明理由。

【问题 4】请简要说明什么是接驳缓冲和项目缓冲。如果采取关键链法对该项目进行进度管理，则接驳缓冲应该设置在哪里？

【参考答案】

【问题 1】关键路径为 A-C-E-H，总工期 28 天。

【问题 2】

（1）B 的总时差为 3，C 的总时差为 0，D 的总时差为 4。

（2）B 的自由时差为 3，C 的自由时差为 0，D 的自由时差为 0。

（3）D 最迟第 10 天开始，第 13 天结束；G 最迟第 14 天开始，第 19 天结束。

【问题 3】工期会拖延 1 天。因为 G 的总时差为 4，延误了 5 天，会影响总工期 1 天。

【问题 4】根据题干，首先画出网络图，如下所示：

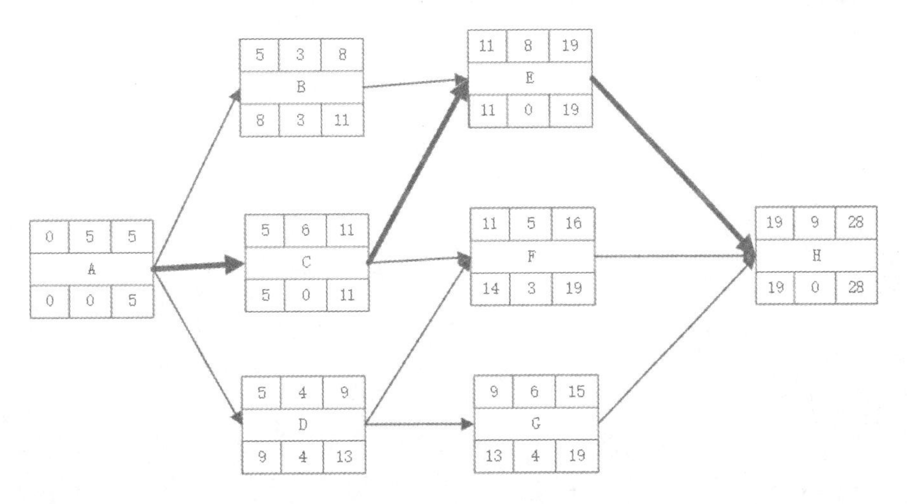

项目缓冲用来保证项目不因关键链的延误而延误；接驳缓冲用来保护关键链不受非关键链延误的影响。接驳缓冲放在非关键链与关键链的接合点，如下图所示。

因此接驳缓冲设置在非关键链活动 B 与关键链活动 E 之间，非关键链活动 F 与关键链活动 H 之间，非关键链活动 G 与关键链活动 H 之间。

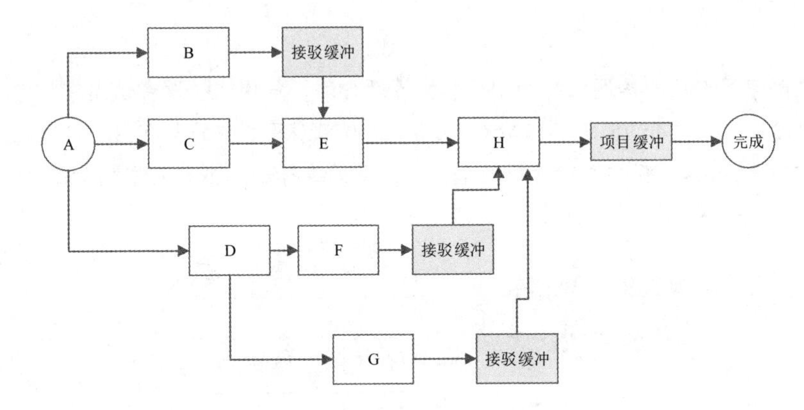

第21章 单项选择题

21.0 章节考点分析

第 21 章主要学习单项选择题相关知识，包括答题方法，单项选择题考试内容。考试中综合知识共 75 道题，每题 1 分，总分 75 分，45 分合格。考试内容涉及本书的所有内容，同时还有少量的课外知识及时政方面的内容。有时案例分析题中也有少量的选择题。本章的架构如图 21-1 所示。

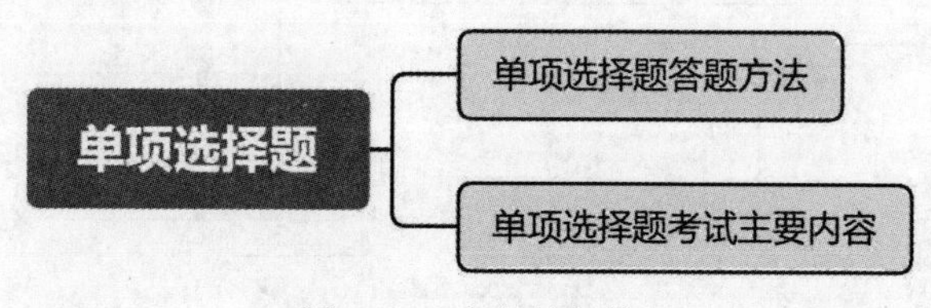

图 21-1 本章的架构

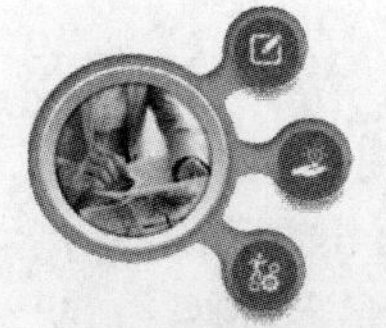

【导读小贴士】

在系统集成项目管理工程师考试中，单项选择题占有很大比重，单项选择题有 4 个备选项，只有 1 个答案最符合题意，其余 3 个都是干扰项。想要在单项选择题中选出正确的答案，除了必备的题目相关知识外，答题方法也很重要，合适的答题方法可以提升答题速度和命中率。

21.1 单项选择题答题方法

【基础知识点】

1. 单项选择题答题方法

（1）直接选择法，即直接选出正确项，如果考生对该考点比较熟悉，可采用此方法，以节约时间。

（2）排除法，如正确答案不能直接马上看出，逐个排除不正确的干扰项，最后选出正确答案。

（3）代入法，即把选项代入题干，去验证选项的正确性，此方法适用于计算类题目。

（4）比较法，通过对答案和题干进行研究、分析、比较可以找出一些陷阱，去除不合理选项，从而再应用排除法或猜测法选定答案。

（5）猜测法，即通过排除法仍有2个或3个答案不能确定，甚至4个答案均不能排除，可以凭感觉随机猜测。

2. 单项选择题答题方法应用举例

（1）直接选择法应用举例。

【例题】某行业协会计划开发一个信息管理系统，现阶段用户无法明确该系统的全部准确要求，希望在试用后再逐渐完善并最终实现用户需求，则该信息系统应采用的开发方法是（　）。

A. 结构化方法　B. 面向对象方法　C. 原型化方法　D. 面向服务方法

【解题思路】针对这种考查定义类的题目，需要掌握该题包含的相关知识，然后直接选出答案。

【例题解析】原型化方法也称为快速原型法，或者简称为原型法。它是一种根据用户初步需求利用系统开发工具，快速地建立一个系统模型展示给用户，在此基础上与用户交流，最终实现用户需求的信息系统快速开发的方法。

【参考答案】C

（2）排除法应用举例。

【例题】在可用性和可靠性规划与设计中，需要引入特定的方法来提高系统的可用性，其中把可能出错的组件从服务中删除属于（　）策略。

A. 错误检测　B. 错误恢复　C. 错误预防　D. 错误清除

【解题思路】在未掌握相关知识的时候，本题可以采用排除法来答，通过“需要引入特定的方法来提高系统的可用性，其中把可能出错的组件从服务中删除”这句话的描述，可以得出结论：组件当前还没出错，将来可能出错。因此，首先可以排除选项“B.错误恢复”和“D.错误清除”，接着再分析选项“A.错误检测”和“C.错误预防”，错误检测，是采用某种方法或工具去检查、测试错误，明显不符合题干，所以可以排除选项A，最终得到正确选项C。

【例题解析】计算机系统的可用性用平均无故障时间（MTTF）来度量，即计算机系统平均能够正常运行多长时间，才发生一次故障。系统的可用性越高，平均无故障时间越长。可维护性用平均维修时间（MTTR）来度量，即系统发生故障后维修和重新恢复正常运行平均花费的时间。系统的可维护性越好，平均维修时间越短。计算机系统的可用性定义为：MTTF/（MTTF＋MTTR）×100%。由此可见，计算机系统的可用性定义为系统保持正常运行时间的百分比。所以，想要提高一个系统的可用性，要么提升系统的单次正常工作的时长，要么减少故障修复时间。常见的可用性战术如下：

错误检测：用于错误检测的战术包括命令/响应、心跳和异常。

错误恢复：用于错误恢复的战术包括表决、主动冗余、被动冗余。

错误预防：用于错误预防的战术包括把可能出错的组件从服务中删除、引入进程监视器。

【参考答案】C

（3）代入法应用举例。

【例题】张先生向商店订购某一商品，每件定价 100 元，共订购 60 件，张先生对商店经理说："如果你肯减价，每减价 1 元，我就多订购 3 件"，商店经理算了一下，如果减价 4%，由于张先生多订购，仍可获得原来一样多的总利润。请问这件商品的成本是（　）元。

A．76　　B．80　　C．75　　D．85

【解题思路】如果不会计算，可以把选项逐个代入题干，看能否满足题意。

先代入选项 A，假如这件商品的成本价是 76 元，则订购 60 件的利润是(100−76)×60=1440 元，如果定价 100 元降价 4%，也就是降 4 元，每降 1 元多购 3 件，也就是多购 12 件，此时利润是(96−76)×(60+4×3)=1440 元，此时两者利润相等，符合题意。即正确答案为 A。

【例题解析】

降价 4%的价钱为：100×(100%−4%)=96（元）

一共订购件数为：60+3×(4%÷1%)=72（件）

因此成本计算如下：

(72×96 − 60×100)÷(72 − 60)=76（元）

【参考答案】A

（4）比较法应用举例。

【例题 1】在项目评估过程中，不可以由（　）进行评价、分析和论证。

A．政府主管部门　B．项目建设单位　C．银行　D．第三方评估机构

【解题思路】通过选项分析可知，针对项目建设单位，政府主管部门、银行、第三方评估机构均属于第三方，而项目建设单位属于甲方。通过比较，我们可以选出项目评估过程中，不能由项目建设单位进行评价、分析和论证。

【例题解析】项目评估指在项目可行性研究的基础上，由第三方（国家、银行或有关机构）根据国家颁布的政策、法规、方法、参数和条例等，从项目（或企业）、国民经济、社会角度出发，对拟建项目建设的必要性、建设条件、生产条件、产品市场需求、工程技术、经济效益和社会效益等进行评价、分析和论证，进而判断其是否可行的一个评估过程。

【参考答案】B

【例题 2】在权力/利益方格中，针对"权力小、对项目结果关注度高"的干系人，应该采取的策略是（　）。

A．重点管理　　B．花最少的精力监督　　C．令其满意　　D．随时告知

【解题思路】假如未掌握这道题的知识点，则无法直接选出正确选项，采用比较法先分析题干，既然是按权利大小和对项目结果关注度高低来分，那么干系人就有四种分法：权力高，对项目结果关注度高的为第一类；权力高，对项目结果关注度低的为第二类；权力低，对项目结果关注度高的为第三类；权力低，对项目结果关注度低的为第四类。再比较四个选项，相应的应有四种管理策略，首先就可以排除选项 A 和选项 B，因为“权力小、对项目结果关注度高”的干系人是属于中间类型的，“重点管理”肯定是针对最重要的干系人，即“权力高，对项目结果关注度高”的干系人，“花最少的精力监督”针对的肯定是最无关紧要的干系人，即“权力低，对项目结果关注度低”的干系人。再比较选项C 和选项 D，联系日常生活，可以选出正确答案为 D。

【例题解析】

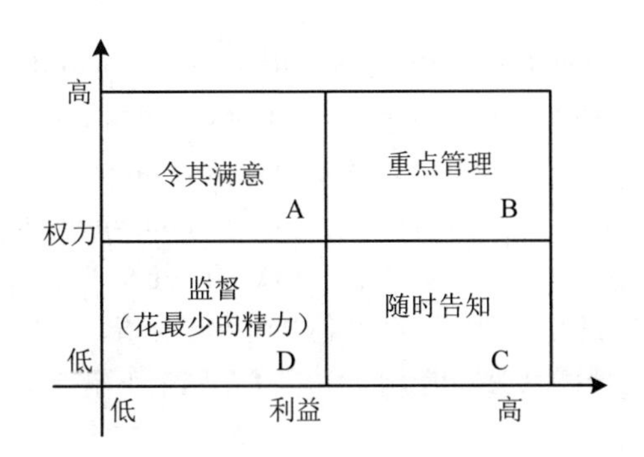

【参考答案】D

（5）猜测法应用举例。

【例题 1】某项工程的活动明细如下表所示。

活动	紧前活动	正常进度		赶工	
		所需时间/周	直接费用/万元	所需时间	直接费用
A	—	3	10	2	15
B	A	8	15	6	17
C	A	4	12	3	13
D	C	5	8	3	11
项目间接费用每周需要 1 万元					

项目总预算由原先的 60 万元增加到 63 万元，根据上表，在预算约束下该工程最快能完成时间为（　　）周。

A．9　　B．8　　C．14　　D．12

【解题思路】假如在考试的时候实在不会做这个题，也不能空着，必须选一个答案出来，这种

情况下，只能靠猜测。一般来说，如果题目要求最大的××，就猜测选项中第二大的，如果题目要求最小的××，就猜测选项中第二小的。本题要求最短时间，我们就选择所有选项中第二小的选项，即选 A。此方法是不得已而为之的办法。

【例题解析】赶工情况下最短时间为 8 周，所需成本为直接费用 56 万元+间接费用 8 万元=64 万元。虽然工期很短，但是费用超出了预算，因此不符合题意。

活动 A 压缩一周需要 5 万元，活动 B 压缩 1 周需要 1 万元，活动 C 压缩 1 周需要 1 万元，活动 D 压缩 1 周需要 1.5 万元。

经过分析：活动 A 的压缩成本最高，尽量选择活动 A 不压缩，这样可以使成本最低。

所以选择活动 A 不压缩，而活动 B、C、D 都进行压缩。压缩活动 B、C、D 后所需时间为 9 周，成本为 10+17+13+11+9=60（万元）。

【参考答案】A

【例题 2】（　　） is a computer technology that headsets, sometimes in combination with physical spaces or multi-projected environments, to generate realistic images, sounds and other sensations that simulate a user's physical presence in a virtual or imaginary environment.

A．Virtual Reality　　B．Cloud computing

C．Big data　　D．Internet+

【解题思路】针对专业英语类的题目，可以对选项进行分析，看选项中的单词是否在题干中出现过，如果出现过，就选该选项。本题选项中的 Virtual 在题干中出现了，就猜测正确选项是 A。

【例题解析】

翻译：（　　）是一种计算机技术，它使用头戴式视图器与物理空间或多投影环境结合，通过模拟用户在一个虚拟的或想象的环境中的物理存在感，产生逼真的图像、声音和其他感知。

A．虚拟现实　　B．云计算　　C．大数据　　D．互联网+

【参考答案】A

21.2　单项选择题考试主要内容

【基础知识点】

1．信息技术

此类题目专业性强，比较抽象，不是信息技术专业的考生不容易理解，难度较大。需要考生对本书第 1 章至第 5 章的内容加以熟悉，不要求全部能记下来，但要保证熟悉。根据历年考试出题规律，信息技术内容约占 15 分。

【例题 1】在信息系统的生命周期中，开发阶段不包括（　　）。

A．系统规划　　B．系统设计　　C．系统分析　　D．系统实施

【例题解析】信息系统的生命周期包括五个阶段：系统规划（可行性分析与项目开发计划）、系统分析（需求分析）、系统设计（概要设计、详细设计）、系统实施（编码、测试）、运行维护等阶段。

信息系统的生命周期还可以简化为：项目立项（系统规划）、开发（系统分析、系统设计、系统实施）、运维及消亡四个阶段。在开发阶段不仅包括系统分析、系统设计、系统实施，还包括系统验收等工作。

【参考答案】A

【例题2】区块链是（　　）、点对点传输、共识机制、加密算法等计算机技术的新型应用模式。

A．数据仓库　　B．中心化数据库

C．非链式数据结构　　D．分布式数据存储

【例题解析】区块链（Blockchain）是分布式数据存储、点对点传输、共识机制、加密算法等计算机技术的新型应用模式。所谓共识机制是区块链系统中实现不同节点之间建立信任、获取权益的数学算法。

区块链本质上是一个去中心化的数据库，是比特币的底层技术。区块链是一串使用密码学方法相关联产生的数据块，每一个数据块中包含了一次比特币网络交易的信息，用于验证其信息的有效性（防伪）和生成下一个区块。

【参考答案】D

【例题3】IEEE 802规范定义了网卡如何访问传输介质，以及如何在传输介质上传输数据的方法。其中，（　　）是重要的局域网协议。

A．IEEE 802.1　　B．IEEE 802.3　　C．IEEE 802.6　　D．IEEE 802.11

【例题解析】

IEEE 802.1是协议概论。

IEEE 802.3是局域网协议。

IEEE 802.6是城域网协议。

IEEE 802.11是无线局域网协议。

【参考答案】B

【例题4】信息安全系统工程中，信息系统“安全空间”三个维度包括安全机制、网络参考模型和（　　）。

A．安全设施　　B．安全平台　　C．安全人员　　D．安全服务

【例题解析】由X、Y、Z三个轴形成的信息安全系统三维空间就是信息系统的“安全空间”。X轴是“安全机制”。安全机制可以理解为提供某些安全服务，利用各种安全技术和技巧，所形成的一个较为完善的结构体系。如“平台安全”机制，实际上就是指的安全操作系统、安全数据库、应用开发运营的安全平台以及网络安全管理监控系统等。

Y轴是“OSI 网络参考模型”。信息安全系统的许多技术、技巧都是在网络的各个层面上实施的，离开网络，信息系统的安全也就失去了意义。

Z轴是“安全服务”。安全服务就是从网络中的各个层次提供给信息应用系统所需要的安全服务支持。如对等实体认证服务、访问控制服务、数据保密服务等。

随着网络的逐层扩展，这个空间不仅范围逐步加大，安全的内涵也更丰富，具有认证、权限、

完整、加密和不可否认五大要素，也叫作“安全空间”的五大属性。

【参考答案】D

【例题 5】运行维护能力体系中的四要素不包括（　　）。

A．人员　　B．技术　　C．服务　　D．资源

【例题解析】运行维护能力体系中的四要素包括人员、过程、技术、资源。

【参考答案】C

2．时政内容

根据系统集成项目管理工程师历年考试规律，时政内容每次会占 2～4 分，范围较广，难以把握重点，需要学员平时多关注。

【例题 1】根据“十四五”规划和 2035 年远景目标纲要，到 2035 年，我国进入创新型国家前列、基本实现新型工业化、信息化、城镇化、（　　）。

A．农业现代化　　B．区域一体化　　C．智能化　　D．数字化

【例题解析】党的十九届五中全会通过的《中共中央关于制定国民经济和社会发展第十四个五年规划和二〇三五年远景目标的建议》展望 2035 年，进一步明确了基本实现社会主义现代化的远景目标，丰富了目标内涵，提出了新的更高要求。其中，明确了“基本实现新型工业化、信息化、城镇化、农业现代化，建成现代化经济体系”这个目标。

【参考答案】A

【例题 2】按照《“十四五”国家信息化规划》重大任务和重点工程中，要统筹建设物联、（　　）、智联三位一体的新型城域物联专网，加快 5G 和物联网的协同部署，提升感知设施的资源共享和综合利用水平。

A．数联　　B．车联　　C．网联　　D．城联

【例题解析】按照《“十四五”国家信息化规划》重大任务和重点工程中，要统筹建设物联、数联、智联三位一体的新型城域物联专网，加快 5G 和物联网的协同部署，提升感知设施的资源共享和综合利用水平。

【参考答案】A

【例题 3】依据 2021 年印发的《5G 应用“扬帆”行动计划（2021—2023 年）的通知》，到 2023 年，我国 5G 应用发展水平显著提升，综合实力持续增强，打造（　　）深度融合新生态。

①信息技术（IT）　②通信技术（CT）　③运营技术（OT）　④网络技术（NT）

A．①②③　　B．①②④　　C．②③④　　D．①③④

【例题解析】《5G 应用“扬帆”行动计划（2021—2023 年）的通知》的总体目标是：到 2023 年，我国 5G 应用发展水平显著提升，综合实力持续增强，打造 IT（信息技术）、CT（通信技术）、OT（运营技术）深度融合新生态，实现重点领域 5G 应用深度和广度双突破，构建技术产业和标准体系双支柱，网络、平台、安全等基础能力进一步提升，5G 应用“扬帆远航”的局面逐步形成。

【参考答案】A

【例题 4】因为西部的（　　）优势，“东数西算”工程选择西部作为大数据中心。

A．自然环境　　B．教育环境　　C．人文环境　　D．技术环境

【例题解析】“东数西算”，就是把东部的算力需求，调到西部来计算。它和著名的南水北调、西电东送、西气东输是同一个系列的工程，分别解决水、电、气和算力的全国统一调配问题。

数据中心的能耗高，对电力和水资源的需求很大，而且还占用不少土地资源。可以把东部地区不需要快速响应的需求，比如后台加工、离线分析、存储备份等，放在土地和能源充足的西部地区来计算，而东部的数据中心只保留那些必须快速响应的需求，比如工业互联网、金融交易、灾害预警等。这就是“东数西算”的思路。

【参考答案】A

3. 法律法规

根据系统集成项目管理工程师历年考试规律，法律法规内容每次会占 2～3 分，其中，《中华人民共和国招标投标法》《中华人民共和国政府采购法》《中华人民共和国网络安全法》《中华人民共和国数据安全法》为考试重点。

【例题 1】某公司法人王某花费 3000 余元从网上购买个人信息计 3646 条，并将购得的信息分发给员工用以推销业务。当地警方依据（　　）规定，对王某予以罚款 10 万元。

A．著作权法　　B．计算机软件保护条例

C．网络安全法　　D．民法通则

【例题解析】《中华人民共和国网络安全法》已由中华人民共和国第十二届全国人民代表大会常务委员会第二十四次会议于 2016 年 11 月 7 日通过，自 2017 年 6 月 1 日起施行。

第四十一条　网络运营者收集、使用个人信息，应当遵循合法、正当、必要的原则，公开收集、使用规则，明示收集、使用信息的目的、方式和范围，并经被收集者同意。

网络运营者不得收集与其提供的服务无关的个人信息，不得违反法律、行政法规的规定和双方的约定收集、使用个人信息，并应当依照法律、行政法规的规定和与用户的约定，处理其保存的个人信息。

第四十二条　网络运营者不得泄露、篡改、毁损其收集的个人信息；未经被收集者同意，不得向他人提供个人信息。但是，经过处理无法识别特定个人且不能复原的除外。

网络运营者应当采取技术措施和其他必要措施，确保其收集的个人信息安全，防止信息泄露、毁损、丢失。在发生或者可能发生个人信息泄露、毁损、丢失的情况时，应当立即采取补救措施，按照规定及时告知用户并向有关主管部门报告。

第四十三条　个人发现网络运营者违反法律、行政法规的规定或者双方的约定收集、使用其个人信息的，有权要求网络运营者删除其个人信息；发现网络运营者收集、存储的其个人信息有错误的，有权要求网络运营者予以更正。网络运营者应当采取措施予以删除或者更正。

第四十四条　任何个人和组织不得窃取或者以其他非法方式获取个人信息，不得非法出售或者非法向他人提供个人信息。

【参考答案】C

【例题 2】（　　）依照《中华人民共和国数据安全法》和有关法律、行政法规的规定，负责统

筹协调网络数据安全和相关监管工作。

A．工信部　　　B．公安部　　　C．国资委　　　D．网信办

【例题解析】中华人民共和国国家互联网信息办公室成立于 2011 年 5 月，主要职责包括：落实互联网信息传播方针政策和推动互联网信息传播法制建设，指导、协调、督促有关部门加强互联网信息内容管理，负责网络新闻业务及其他相关业务的审批和日常监管，指导有关部门做好网络游戏、网络视听、网络出版等网络文化领域业务布局规划，协调有关部门做好网络文化阵地建设的规划和实施工作，负责重点新闻网站的规划建设，组织、协调网上宣传工作，依法查处违法违规网站，指导有关部门督促电信运营企业、接入服务企业、域名注册管理和服务机构等做好域名注册、互联网地址（IP 地址）分配、网站登记备案、接入等互联网基础管理工作，在职责范围内指导各地互联网有关部门开展工作。

网信办依照《中华人民共和国数据安全法》和有关法律、行政法规的规定，负责统筹协调网络数据安全和相关监管工作。

【参考答案】D

【例题 3】关于招投标的描述，不正确的是（　　）。

A．招标人采用邀请招标方式的，应当向三个以上具备承担项目的能力、资信良好的特定法人或者其他组织发出投标邀请书

B．招标人对已发出的招标文件进行必要的澄清或者修改的，应当在招标文件要求提交投标文件截止时间至少 15 日前，以书面形式通知所有招标文件收受人

C．投标人在招标文件要求提交投标文件的截止时间前，可以补充、修改或者撤回已提交的投标文件，并书面通知招标人

D．依法必须进行招标的项目，其评标委员会由招标人的代表和有关技术、经济等方面的专家组成，成员人数为五人以上单数，其中技术、经济等方面的专家不得少于成员总数的一半

【例题解析】《中华人民共和国招标投标法》第三十七条规定：

评标由招标人依法组建的评标委员会负责。

依法必须进行招标的项目，其评标委员会由招标人的代表和有关技术、经济等方面的专家组成，成员人数为五人以上单数，其中技术、经济等方面的专家不得少于成员总数的三分之二。评标委员会成员的名单在中标结果确定前应当保密。

【参考答案】D

【例题 4】某市政府计划采购一批服务，但是采用公开招标方式的费用占该采购项目总价值的比例过大，该市政府可依法采用（　　）方式采购。

A．邀请招标　　B．单一来源　　C．竞争性谈判　　D．询价

【例题解析】符合下列情形之一的货物或者服务，可以依照政府采购法采用邀请招标方式采购：

（1）具有特殊性，只能从有限范围的供应商处采购的。

（2）采用公开招标方式的费用占政府采购项目总价值的比例过大的。

【参考答案】A

4. 项目管理

在单项选择题中，项目管理知识是考试的重点，根据历年考试出题规律，项目管理知识约占50分。内容涵盖项目管理基础、五大过程组、立项管理、变更管理、合同管理、配置管理等。

【例题 1】关于可行性研究的描述，正确的是（　　）。

A．详细可行性研究由项目经理负责

B．可行性研究报告在项目章程制定之后编写

C．详细可行性研究是不可省略的

D．可行性研究报告是项目执行文件

【例题解析】机会研究、初步可行性研究、详细可行性研究、评估与决策是投资前的四个阶段。在实际工作中，前三个阶段依项目的规模和繁简程度可把前两个阶段省略或合二为一，但详细可行性研究是不可缺少的。

【参考答案】C

【例题 2】关于项目及项目管理基础的描述，不正确的是（　　）。

A．项目是为提供一项独特产品、服务或成果所做的临时性努力

B．项目所产生的产品、服务或成果具有临时性特点

C．项目工作的目的在于得到特定的结果，即项目是面向目标的

D．项目管理和日常运营管理的目标有着本质的不同

【例题解析】临时性是指每一个项目都有确定的开始和结束日期，当项目的目的已经达到，或者已经清楚地看到该目标不会或不可能达到时，或者该项目的必要性已不复存在并已终止时，该项目即达到了它的终点。

但是项目所产生的产品、服务或成果不一定有临时性，比如万里长城到现在都是好的。

【参考答案】B

【例题 3】项目经理对项目负责，其正式权力由（　　）获得。

A．项目工作说明书　　B．成本管理计划

C．项目资源日历　　D．项目章程

【例题解析】项目章程是正式任命项目经理的文件。工作说明书是对项目所要提供的产品或服务的叙述性的描述。

【参考答案】D

【例题 4】验收的可交付成果，属于项目范围管理中（　　）过程的输出。

A．定义范围　　B．控制范围　　C．收集需求　　D．确认范围

【例题解析】确认范围的输出主要包括：①验收的可交付成果；②变更请求；③工作绩效信息；④项目文件更新。

【参考答案】D

【例题5】某项目进度网络图中，活动A和B之间的依赖关系为SS-8天，则表明（　）。

A．活动A开始8天后活动B开始　　B．活动A开始8天前活动B开始

C．活动A结束8天后活动B开始　　D．活动A结束8天前活动B开始

【例题解析】在活动之间加入时间提前量与滞后量，可以更准确地表达活动之间的逻辑关系。提前量是相对于紧前活动，紧后活动可以提前的时间量。例如，对于一个大型技术文档，技术文件编写小组可以在写完文件初稿（紧前活动）之前15天着手第二稿（紧后活动）。在进度规划软件中，提前量往往表示为负。滞后量是相对于紧前活动，紧后活动需要推迟的时间量。例如，为了保证混凝土有10天养护期，可以两道工序之间加入10天的滞后时间。在进度规划软件中，滞后量往往表示为正数。

【参考答案】B

【例题6】关于成本估算与预算的描述，不正确的是（　）。

A．成本估算的作用是确定完成工作所需的成本数额

B．成本基准是经过批准且按时间段分配的项目预算

C．成本预算过程依据成本基准监督和控制项目绩效

D．项目预算包含应急储备，但不包含管理储备

【例题解析】估算成本是对完成项目活动所需资金进行近似估算的过程。本过程的主要作用是确定完成项目工作所需的成本数额。

制订预算是汇总所有单个活动或工作包的估算成本，建立一个经批准的成本基准的过程。本过程的主要作用是确定成本基准，可据此监督和控制项目绩效。

成本基准是经过批准的、按时间段分配的项目预算，不包括任何管理储备，只有通过正式的变更控制程序才能变更，用作与实际结果进行比较的依据。成本基准是不同进度活动经批准的预算的总和。

项目预算和成本基准的各个组成部分，先汇总各项目活动的成本估算及其应急储备，得到相关工作包的成本，然后汇总各工作包的成本估算及其应急储备，得到控制账户的成本，再汇总各控制账户的成本，得到成本基准。由于成本基准中的成本估算与进度活动直接关联，因此就可按时间段分配成本基准，得到一条S曲线。

最后，在成本基准之上增加管理储备，得到项目预算。当出现有必要动用管理储备的变更时，则应该在获得变更控制过程的批准之后，把适量的管理储备移入成本基准中。

【参考答案】D

【例题7】（　）过程的主要作用是确认项目的可交付成果满足干系人的既定需求。

A．质量规划　　B．实施质量保证　　C．质量控制　　D．质量过程改进

【例题解析】质量控制是为了评估绩效，确保项目输出完整、正确且满足客户期望，而监督和记录质量管理活动执行结果的过程。本过程的主要作用包括：

（1）识别过程低效或产品质量低劣的原因，建议并采取相应措施消除这些原因。

（2）确认项目的可交付成果及工作满足主要干系人的既定需求，足以进行最终验收。

【参考答案】C

【例题 8】项目经理的权力有多种来源，其中（　　）是由于他人对你的认可和敬佩从而愿意模仿和服从你，以及希望自己成为你那样的人而产生的，这是一种人格魅力。

A．职位权力　　B．奖励权力　　C．专业权力　　D．参照权力

【例题解析】项目经理的权力有五种来源：

（1）职位权力：来自于其所在组织内部职位的权力让员工进行工作的权力。

（2）惩罚权力：使用降职、扣薪、批评、威胁等负面手段的权力。

（3）奖励权力：给予员工奖励的权力。

（4）专家权力：来源于个人的专业技能。如果项目经理让员工感到他是某些领域的专业权威，那么员工就会在这些领域内遵从项目经理的意见。

（5）参照权力：由于他人对你的认可和敬佩从而愿意模仿和服从你，以及希望自己成为你那样的人而产生的，这是一种人格魅力。

【参考答案】D

【例题 9】备忘录、报告、日志、新闻稿等沟通方式属于（　　）。

A．推式沟通　　B．交互式沟通　　C．拉式沟通　　D．非正式沟通

【例题解析】使用沟通方法可以促进项目干系人之间共享信息。这些方法可以大致分为以下几种：

拉式沟通：用于信息量很大或受众很多的情况。要求接收者自主自行地访问信息内容。包括企业内网、电子在线课程、经验教训数据库、知识库等。

交互式沟通：在两方或多方之间进行多项信息交换。这是确保全体参与者对特定话题达成共识的最有效的方法。包括会议、电话、即时通信、视频会议等。

推式沟通：把信息发送给需要接收这些信息的特定接收方。这种方法可以确保信息的发送，但不能确保信息送达受众或被目标受众理解。包括信件、备忘录、报告、电子邮件、传真、语音邮件、日志、新闻稿等。

【参考答案】A

【例题 10】风险可以从不同角度、根据不同的标准来进行分类。百年不遇的暴雨属于（　　）。

A．不可预测风险　B．可预测风险　　C．已知风险　　D．技术风险

【例题解析】风险按照可预测性可以分为：

（1）已知风险：可以明确风险的发生，并且其后果亦可预见。已知风险一般后果轻微、不严重，如项目目标不明确、过分乐观的进度计划、设计或施工变更、材料价格波动等。

（2）可预测风险：可以预见风险的发生，但不能预见其后果的风险。这类风险的后果可能相当严重，如业主不能及时审查批准、分包商不能及时交工、施工机械出现故障、不可预见的地质条件等。

（3）不可预测风险：风险发生的可能性不可预见，一般是外部因素作用的结果，如地震、百年不遇的暴雨、通货膨胀、政策变化等。

【参考答案】A

【例题 11】根据供方选择标准，选择最合适的供方属于（　　）阶段的工作。

A．规划采购　　B．实施采购　　C．控制采购　　D．结束采购

【例题解析】实施采购阶段的主要输出之一就是"选中的卖方"，即选择最合适的供方。

【参考答案】B

【例题 12】在 CPIF 合同下，A 公司是卖方，B 公司是买方，合同的实际成本大于目标成本时，A 公司得到的付款总数是（　　）。

A．目标成本+目标费用−B 公司应担负的成本超支

B．目标成本+目标费用+A 公司应担负的成本超支

C．目标成本+目标费用−A 公司应担负的成本超支

D．目标成本+目标费用+B 公司应担负的成本超支

【例题解析】成本加激励费用合同（Cost Plus Incentive Fee，CPIF）指的是为卖方报销履行合同工作所发生的一切合法成本（即成本实报实销），并在卖方达到合同规定的绩效目标时，向卖方支付预先确定的激励费用。在 CPIF 合同下：

如果卖方的实际成本低于目标成本，节余部分由双方按一定比例分成（例如，按照 80/20 的比例分享，即买方 80%，卖方 20%）。

如果卖方的实际成本高于目标成本，超过目标成本的部分由双方按比例分担（例如，基于卖方的实际成本，按照 20/80 的比例分担，即买方 20%，卖方 80%）。

如果实际成本大于目标成本，卖方可以得到的付款总数为"目标成本+目标费用+买方应负担的成本超支"。

如果实际成本小于目标成本，卖方可以得到的付款总数为"目标成本+目标费用-买方应享受的成本节约"。

【参考答案】D

【例题 13】某软件产品集成测试阶段，发现问题需要对源代码进行修改。此时，程序员应将待修改的代码段从（　　）检出，放入自己的（　　）中进行修改，代码即被锁定，以保证同一段代码只能被一个程序员修改。

A．产品库、开发库　　B．受控库、开发库

C．产品库、受控库　　D．受控库、产品库

【例题解析】现以某软件产品升级为例，简述其流程。

（1）将待升级的基线（假设版本号为 V2.1）从产品库中取出，放入受控库。

（2）程序员将欲修改的代码段从受控库中检出（Check out），放入自己的开发库中进行修改。代码被 Check out 后即被"锁定"，以保证同一段代码只能同时被一个程序员修改，如果甲正对其修改，乙就无法 Check out。

（3）程序员将开发库中修改好的代码段检入（Check in）受控库。Check in 后，代码的"锁定"被解除，其他程序员可以 Check out 该段代码了。

【参考答案】B

【例题 14】不确定性绩效域的绩效要点不包括（　　）。

A．风险　B．可交付物　C．复杂性　D．不确定性的应对方法

【例题解析】不确定性绩效域的绩效要点包括风险、模糊性、复杂性、不确定性的应对方法。

【参考答案】B

【例题 15】项目变更按照变更性质划分为重大变更、重要变更和一般变更，通过不同的（　　）来实现。

A．变更处理流程　B．变更内容　C．审批权限控制　D．变更原因处理

【例题解析】通常来说，根据变更性质可分为重大变更、重要变更和一般变更，通过不同审批权限进行控制；根据变更的迫切性可分为紧急变更、非紧急变更；根据行业特点分类，如弱电工程行业的常见分类方法为产品（工作）范围变更、环境变更、设计变更、实施变更和技术标准变更。

【参考答案】C

21.3　考点实练

1.《"十四五"推进国家政务信息化规划》提出，到 2025 年，政务信息化建设总体迈入以数据赋能、（　　）、优质服务为主要特征的融慧治理新阶段。

A．数据共享、智慧决策　B．协同治理、应用共享

C．协同治理、智慧决策　D．数据共享、应用共享

解析：《"十四五"推进国家政务信息化规划》提出，到 2025 年，政务信息化建设总体迈入以数据赋能、协同治理、智慧决策、优质服务为主要特征的融慧治理新阶段，跨部门、跨地区、跨层级的技术融合、数据融合、业务融合成为政务信息化创新的主要路径，逐步形成平台化协同、在线化服务、数据化决策、智能化监管的新型数字政府治理模式，经济调节、市场监管、社会治理、公共服务和生态环境等领域的数字治理能力显著提升，网络安全保障能力进一步增强，有力支撑国家治理体系和治理能力现代化。

答案：C

2．国务院国资委办公厅 2020 年 8 月发布的《关于加快推进国有企业数字化转型工作的通知》中提出的四个转型方向中，"探索平台化、集成化、场景化增值服务"属于推进（　　）的内容。

A．产品创新数字化　B．生产运营智能化

C．用户服务敏捷化　D．产业体系生态化

解析：《关于加快推进国有企业数字化转型工作的通知》中提出的四个转型方向主要内容如下：

（一）推进产品创新数字化。

推动产品和服务的数字化改造，提升产品与服务策划、实施和优化过程的数字化水平，打造差异化、场景化、智能化的数字产品和服务。开发具备感知、交互、自学习、辅助决策等功能的智能

产品与服务，更好地满足和引导用户需求。

（二）推进生产运营智能化。

推进智慧办公、智慧园区等建设，加快建设推广共享服务中心，推动跨企业、跨区域、跨行业集成互联与智能运营。按照场景驱动、快速示范的原则，加强智能现场建设，推进5G、物联网、大数据、人工智能、数字孪生等技术规模化集成应用，实现作业现场全要素、全过程自动感知、实时分析和自适应优化决策，提高生产质量、效率和资产运营水平，赋能企业提质增效。

（三）推进用户服务敏捷化。

加快建设数字营销网络，实现用户需求的实时感知、分析和预测。整合服务渠道，建设敏捷响应的用户服务体系，实现从订单到交付全流程的按需、精准服务，提升用户全生命周期响应能力。动态采集产品使用和服务过程数据，提供在线监控、远程诊断、预测性维护等延伸服务，丰富完善服务产品和业务模式，探索平台化、集成化、场景化增值服务。

（四）推进产业体系生态化。

依托产业优势，加快建设能源、电信、制造、医疗、旅游等领域产业链数字化生态协同平台，推动供应链、产业链上下游企业间数据贯通、资源共享和业务协同，提升产业链资源优化配置和动态协调水平。加强跨界合作创新，与内外部生态合作伙伴共同探索形成融合、共生、互补、互利的合作模式和商业模式，培育供应链金融、网络化协同、个性化定制、服务化延伸等新模式，打造互利共赢的价值网络，加快构建跨界融合的数字化产业生态。

答案：C

3．元宇宙本身不是一种技术，而是一个理念和概念，它需要整合不同的新技术，强调虚实相融。元宇宙主要有以下几项核心技术：一是（　　），包括VR、AR，可以提供沉浸式的体验；二是（　　）；三是用（　　）来搭建经济体系。经济体系将通过稳定的虚拟产权和成熟的去中心化金融生态具备现实世界的调节功能，市场将决定用户劳动创造的虚拟价值。

A．扩展现实、数字孪生、区块链　　B．增强现实、虚拟技术、区块链

C．增强现实、数字孪生、大数据　　D．扩展现实、虚拟技术、大数据

解析：清华大学新闻学院沈阳教授表示，“元宇宙本身不是一种技术，而是一个理念和概念，它需要整合不同的新技术，如5G、6G、人工智能、大数据等，强调虚实相融。”元宇宙主要有以下几项核心技术：

一是扩展现实技术，包括VR和AR。扩展现实技术可以提供沉浸式的体验，可以解决手机解决不了的问题。

二是数字孪生，能够把现实世界镜像到虚拟世界里面去。这也意味着在元宇宙里面，我们可以看到很多自己的虚拟分身。

三是用区块链来搭建经济体系。随着元宇宙的进一步发展，对整个现实社会的模拟程度加强，我们在元宇宙当中可能不仅仅是在花钱，而且有可能赚钱，这样在虚拟世界里同样形成了一套经济体系。

答案：A

4．依据我国 2021 年颁布施行的《中华人民共和国个人信息保护法》，以下表述不正确的是（　　）。

A．为应对突发公共卫生事件，或者紧急情况下为保护自然人的生命健康和财产安全所必需的情况下处理个人数据，需要取得个人同意

B．处理个人信息应当遵循公开、透明原则，公开个人信息处理规则，明示处理的目的、方式和范围

C．基于个人同意处理个人信息的，个人有权撤回其同意，但不影响撤回前基于个人同意已进行的个人信息处理活动的效力

D．国家机关处理的个人信息应当在中华人民共和国境内存储；确需向境外提供的，应当进行安全评估。安全评估可以要求有关部门提供支持与协助

解析：《中华人民共和国个人信息保护法》第十三条规定符合下列情形之一的，个人信息处理者方可处理个人信息：

（一）取得个人的同意；

（二）为订立、履行个人作为一方当事人的合同所必需，或者按照依法制定的劳动规章制度和依法签订的集体合同实施人力资源管理所必需；

（三）为履行法定职责或者法定义务所必需；

（四）为应对突发公共卫生事件，或者紧急情况下为保护自然人的生命健康和财产安全所必需；

（五）为公共利益实施新闻报道、舆论监督等行为，在合理的范围内处理个人信息；

（六）依照本法规定在合理的范围内处理个人自行公开或者其他已经合法公开的个人信息；

（七）法律、行政法规规定的其他情形。

依照本法其他有关规定，处理个人信息应当取得个人同意，但是有前款第二项至第七项规定情形的，不需取得个人同意。

答案：A

5．（　　）是一个容器化平台，它以容器的形式将应用程序及所有依赖项打包在一起，以确保应用在任何环境中无缝运行。

A．OOA　　B．Spark　　C．Docker　　D．Spring cloud

解析：Docker 是一个开源的应用容器引擎，让开发者可以打包他们的应用以及依赖包到一个可移植的镜像中，然后发布到任何流行的 Linux 或 Windows 操作系统的机器上，也可以实现虚拟化。容器完全使用沙箱机制，相互之间不会有任何接口。

答案：C

6．新型基础设施不包括（　　）。

A．信息基础设施　B．数字基础设备　C．融合基础设施　D．创新基础设施

解析：新型基础设施主要包括如下三个方面。

（1）信息基础设施。信息基础设施主要指基于新一代信息技术演化生成的基础设施。信息基础设施包括：①以 5G、物联网、工业互联网、卫星互联网为代表的通信网络基础设施；②以人工

智能、云计算、区块链等为代表的新技术基础设施；③以数据中心、智能计算中心为代表的算力基础设施等。信息基础设施凸显“技术新”。

（2）融合基础设施。融合基础设施主要指深度应用互联网、大数据、人工智能等技术，支撑传统基础设施转型升级，进而形成的融合基础设施。融合基础设施包括智能交通基础设施、智慧能源基础设施等。融合基础设施重在“应用新”。

（3）创新基础设施。创新基础设施主要指支撑科学研究、技术开发、产品研制的具有公益属性的基础设施。创新基础设施包括重大科技基础设施、科教基础设施、产业技术创新基础设施等。创新基础设施强调“平台新”。

答案：B

7．从整体构成上看，数字经济包括（　　）。

①数字产业化　②产业数字化　③数字化治理　④数据价值化　⑤数字协同化

A．①②③④　　B．②③④⑤　　C．①③④⑤　　D．①②④⑤

解析：从整体构成上看，数字经济包括数字产业化、产业数字化、数字化治理和数据价值化四个部分。

答案：A

8．信息系统的四要素不包括（　　）。

A．人员　　B．技术　　C．流程　　D．资源

解析：信息系统包括的四要素：人员、技术、流程和数据。

答案：D

9．软件工程需求分析阶段，使用实体联系图表示（　　）模型。

A．行为　　B．数据　　C．功能　　D．状态

解析：使用结构化（SA）方法进行需求分析，其建立的模型的核心是数据字典，围绕这个核心，有三个层次的模型，分别是数据模型、功能模型和行为模型（也称为状态模型）。在实际工作中，一般使用实体联系图（E-R 图）表示数据模型，用数据流图（Data Flow Diagram，DFD）表示功能模型，用状态转换图（State Transform Diagram，STD）表示行为模型。

答案：B

10．关于项目生命周期特征的描述，正确的是（　　）。

A．项目生命周期越长，越有利于项目执行

B．变更的代价会随着项目的执行越来越小

C．风险和不确定性在项目开始时最大，并随项目进展而减弱

D．项目生命周期应保持投入人力始终不变

解析：通用的生命周期结构具有的特征：①成本与人力投入在开始时较低，在工作执行期间达到最高，并在项目快要结束时迅速回落，这种典型的走势如下图所示；②风险与不确定性在项目开始时最大，并在项目的整个生命周期中随着决策的制定与可交付成果的验收而逐步降低；做出变更和纠正错误的成本，随着项目越来越接近完成而显著提高。

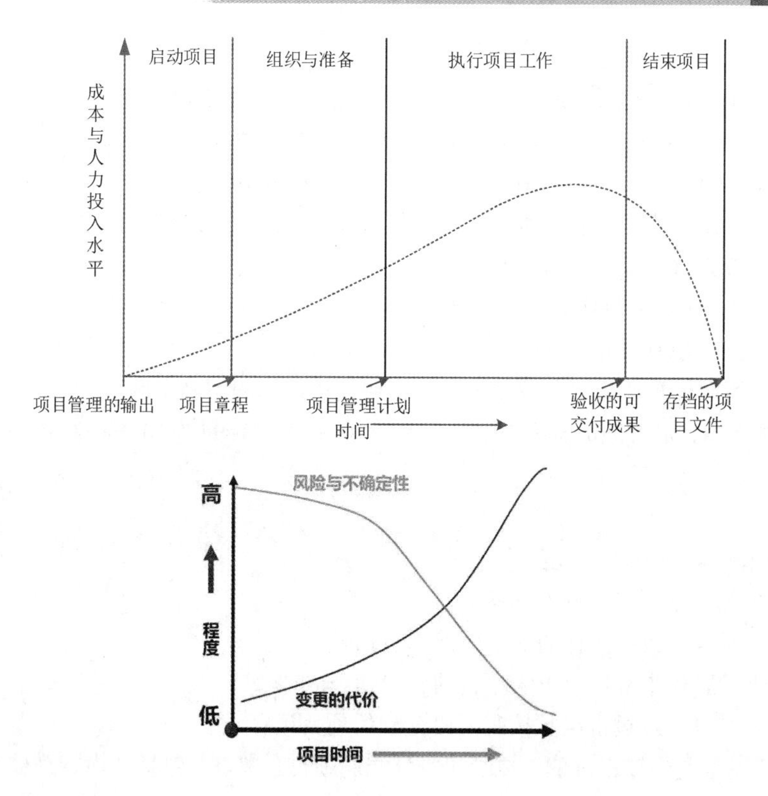

答案：C

11．实施整体变更控制过程贯穿项目始终，（　　）对此承担最终责任。

A．项目发起人　　B．PMO　　C．CCB　　D．项目经理

解析：实施整体变更控制过程贯穿项目始终，项目经理对此承担最终责任。

答案：D

12．（　　）是控制范围常用的工具与技术。

A．引导式研讨会　　B．产品分析　　C．偏差分析　　D．标杆对照

解析：可用于控制范围过程的数据分析技术主要包括：

- 偏差分析：用于将基准与实际结果进行比较，以确定偏差是否处于临界值区间内或是否有必要采取纠正或预防措施。
- 趋势分析：旨在审查项目绩效随时间的变化情况，以判断绩效是正在改善还是正在恶化。

答案：C

13．某项目估算，最乐观成本 105 万元，利用三点估算法，按三角分布计算出的值为 94 万元，按贝塔分布，计算出的值为 94.5 万元，则最悲观成本为（　　）万元。

A．80　　B．81　　C．82　　D．83

解析：三点估算：通过考虑估算中的不确定性与风险，使用三种估算值来界定活动成本的近似

区间，可以提高活动成本估算的准确性。

最可能成本（CM）：对所需进行的工作和相关费用进行比较现实的估算，所得到的活动成本。

最乐观成本（CO）：基于活动的最好情况，所得到的活动成本。

最悲观成本（CP）：基于活动的最差情况，所得到的活动成本。

基于活动成本在三种估算值区间内的假定分布情况，使用公式来计算预期成本（CE）。基于三角分布和贝塔分布的两个常用公式如下。

三角分布：CE=(CO+CM+CP)/3。

贝塔分布：CE=(CO+4CM+CP)/6。

基于三点的假定分布计算出期望成本，并说明期望成本的不确定区间。

设悲观成本为 X，最可能成本为 Y，列方程：$(105+X+Y)/3=94$，$(105+X+4Y)/6=94.5$，解方程式，得 $X=82$，$Y=95$。

答案：C

14．关于成本基准管理的描述，不正确的是（　　）。

A．成本基准中不包括管理储备

B．成本基准中包括预计的支出，但不包括预计的债务

C．管理储备用来应对会影响项目的“未知-未知”风险

D．成本基准是经过批准且按时间段分配的项目预算

解析：成本基准是经过批准的、按时间段分配的项目预算，不包括任何管理储备，只有通过正式的变更控制程序才能变更，用作与实际结果进行比较的依据。成本基准是不同进度活动经批准的预算的总和。

成本基准中包括了预计的支出，也包括了预计的债务。先汇总各项目活动的成本估算及其应急储备，得到相关工作包的成本。然后汇总各工作包的成本估算及其应急储备，得到控制账户的成本。再汇总各控制账户的成本，得到成本基准。由于成本基准中的成本估算与进度活动直接关联，因此就可按时间段分配成本基准，得到一条 S 曲线。

最后，在成本基准之上增加管理储备，得到项目预算。当出现有必要动用管理储备的变更时，则应该在获得变更控制过程的批准之后，把适量的管理储备移入成本基准中。

答案：B

15．为保证项目实施质量，公司组织项目成员进行了三天的专业知识培训。该培训成本属于（　　）。

A．内部失败成本　B．外部失败成本　C．评估成本　D．预防成本

解析：与项目有关的质量成本（COQ）包含以下一种或多种成本：①预防成本。预防特定项目的产品、可交付成果或服务质量低劣所带来的成本。②评估成本。评估、测试、审计和测试特定项目的产品、可交付成果或服务所带来的成本。③失败成本（内部/外部）。因产品、可交付成果或服务与干系人的需求或期望不一致而导致的成本。培训成本属于一致性成本中的预防成本。

答案：D

第22章 案例分析题

22.0 章节考点分析

案例分析基于系统集成项目管理工程师需要熟悉和掌握的知识范围展开，涉及内容主要是项目管理知识，有时也会涉及技术部分、法律法规等。根据考试大纲，本章知识点会涉及案例分析题，重点内容包括五大过程组、配置管理、变更管理、招投标管理。占55分左右（若再加上计算题的20分为75分），非常关键。本章的架构如图22-1所示。

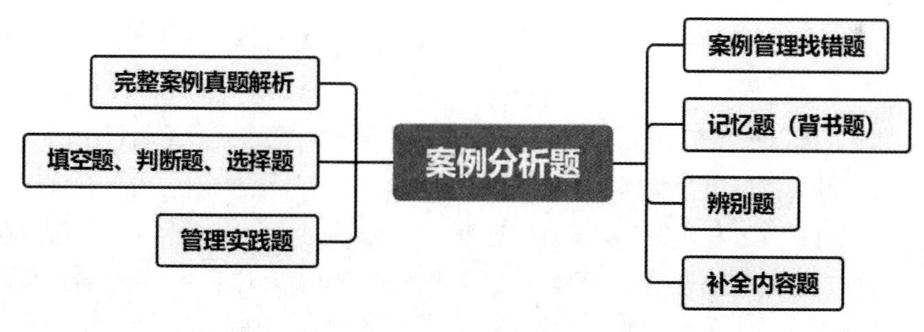

图22-1 本章的架构

【导读小贴士】

案例分析是根据试题给定的案例分析场景，应用系统集成项目管理知识对案例场景进行分析，得到相应的结论或给出建议。根据历年考试出题规律，四道案例分析题中，除了计算题以外，剩下三道是五大过程组及相关知识点，因此五大过程组是案例分析的重中之重。通常的题目类型有找错题、优化措施题、概念理解题和记忆题。对于这一类的知识点，必须牢牢掌握五大过程组、十大知识域，并理解每个过程的内容和作用，工具与技术的定义和应用，输入输出有哪些。掌握了这些知识点，做案例分析题就没有问题了。

22.1 案例管理找错题

1. 什么是找错题

所谓的找错题，就是题目给出一段材料，然后让考生通过所给材料分析管理过程中存在的问题。此类题型在历年案例考试中是必出题型，分值为 20 分左右。这类题型没有标准答案，判卷尺度不是特别严格，只需答对关键字即可。答题过程一定要分条作答，每个知识点作为一条来答，不要多个内容混在一起，如果多个内容答在一条里，可能只会给一个知识点的分。答题要点：

（1）要看清楚题目究竟是问什么问题。

（2）对于找错题，要采取列条的方式写出要点。

（3）答案要注意归纳和提炼，用词要尽量简洁，要使用专业用语。严禁长篇大论。

（4）根据题目分值合理分配答题所列条数，比如 10 分的题，一般是需要答 5 个知识点，每个知识点 2 分，答 6～7 条即可，不要太多也不要太少。十大知识域一般按管理过程顺序来作答。

（5）字迹要工整，不要超出答题范围。

2. 找错题答题思路

针对错题，在拿到题目以后，要先看问题怎么问，然后带着问题去阅读题目所给材料，这样可以节省一些时间。

（1）答题时，可以按照知识域管理过程的顺序逐个分析，把题目所给材料中的实际管理方法与教材管理理论对比，找出违背管理理论的地方。比如，题目问所给材料中的整合管理存在哪些问题，则先看制订项目章程过程，先看有没有做这个工作，即是否制订了项目章程；接着看做这个工作的人对不对，即项目章程由谁制订；再看依据是否正确，即输入对不对；接着看结果，即制订的项目章程内容是否全面，由谁发布等。每个管理过程都按这样的思路去分析。

（2）列条顺序作答，最后补充一些找错题答题技巧。如项目经理缺少管理经验、未能与干系人进行良好的沟通等。常见案例找错题答题技巧如下：

1）看到“由高级或资深程序员转型做项目经理”，就回答在信息系统工程中，开发和管理是两条不同的主线，开发人员所需要的技能与管理人员所需要的技能很不一样，需要给他培训项目经理相关知识或技能。

2）看到“身兼数职”，就要回答可能没有多少时间去学习管理知识，去从事管理工作。一人承担两个角色的工作，导致工作负荷过重、身心疲惫，其后果可能给全局带来不利影响。

3）看到“新技术”，就要想到风险，接着就是应该对项目成员进行培训，然后监控技术风险，或者找合适的人从事这项工作，实在不行就外包。

4）看到“对项目不满”，就要回答可能没有建立有效的沟通机制和方式方法，缺乏有效的项目绩效管理机制，需要加强沟通。

5）看到“变更”，就一定要注意变更控制的流程，如书面申请、审批和确认、跟踪变更过程。这几个方面缺一不可。

6）看到“验收不通过”，往往需要说明验收标准没有得到认可或确认，没有验收测试规范和方法等。

7）只要是人与人之间的问题，都可以找到沟通方面的答案。另外，有没有考虑风险方面的问题。多寻求领导帮助、多沟通、多监控、多做好配置管理，如果有监理方的项目，多找监理协调。

3. 案例分析找错题例题解析

阅读下列说明，回答问题。

【说明】某集团公司希望对总部现有信息系统进行升级改造，升级后的系统能收集整合子公司各类数据，实现总部对全集团人力资源、采购、销售信息的掌握、分析及预测。

小王担任项目经理，项目交付期为60天。小王研究了总部提出的需求后，认为项目核心在于各子公司数据收集以及数据可视化及分析预测功能。各子公司数据收集可以以总部现有系统中的数据格式模板为基础，为各子公司建立数据上传接口。针对数据的分析预测功能，由于牵涉到人工智能等相关算法，目前项目组还不具备相关方面的知识储备，因此项目组对该模块功能直接外包。小王将数据收集与可视化工作进行了WBS分解，WBS的部分内容如下：

工作编号	工作任务	工期	负责人
…	…	…	…
2	系统设计	20天	王工
3	程序编制	30天	任工
…	…	…	…
3.2.1	人力资源模块编码	25天	孙工
3.2.2	采购模块编码	20天	赵工
3.2.3	销售模块编码	20天	赵工
…	…	…	…
4	系统测试与验收	5天	张工、李工
…	…	…	…

此外，虽然总部没有提出修改界面，但小王认为旧版的软件界面不够美观，让软件研发团队重

新设计并更改了软件界面。

试运行阶段，总部人员试用后，认为已经熟悉旧版的操作模式，对新版界面的布局极其不适应；各子公司数据报送人员认为数据上报的字段内容与自己公司的业务并不相关，填写困难。总部和各子公司的试用人员大部分认为新系统不是很好用。

【问题】（8 分）

请结合案例，除 WBS 分解的问题外，项目在范围管理中还存在哪些问题。

【答题思路】本题考查的是范围管理。因此，要熟悉范围管理的相关知识，包括范围管理的主要工作内容（管理过程，各管理过程的输入、输出等）。

第一步，先分析制订范围管理计划过程，题目没有写制订范围管理过程的相关内容，就可以答：未制订范围管理计划。

第二步，分析收集需求过程，通过“小王研究了总部提出的需求后，认为项目核心在于各子公司数据收集以及数据可视化及分析预测功能。”可知，小王仅研究了总部提出的需求，所以存在项目组未全面收集客户需求的问题。收集完后，由“小王将数据收集与可视化工作进行了 WBS 分解”可知，没有形成需求文件和需求跟踪矩阵，这个是输出存在问题；接下来应该是开展范围定义的相关工作，但题目所给材料没提到，因此就可以答：范围定义存在问题，未形成范围说明书。因为题目要求回答除了 WBS 分解外的问题，所以 WBS 分解过程就不需要关注了。接下来再分析范围确认，通过题目所给材料可知，项目进行试运行阶段才发现问题，由此可以断定“未进行范围确认”。最后分析范围控制过程，通过题目中“虽然总部没有提出修改界面，但小王认为旧版的软件界面不够美观，让软件研发团队重新设计并更改了软件界面。”可知，不要求做的工作擅自去做了，这个属于范围蔓延，范围控制存在问题。

第三步，补充找错题技巧，“未与干系人进行良好的沟通”或者“小王管理经验欠缺”之类的。

【参考答案】

（1）未制订项目范围管理计划。

（2）未全面收集客户需求。

（3）未对需求进行跟踪。

（4）范围定义存在问题，未形成范围说明书。

（5）未进行范围确认。

（6）范围控制存在问题，变更未走变更管理流程。

（7）存在范围蔓延的风险。

（8）未与干系人进行良好的沟通。

（9）小王欠缺项目管理经验。

22.2 记忆题（背书题）

1. 什么是记忆题

所谓记忆题，就是要求记住的内容，题目一般会直接问某个术语的内容或作用，与题目所给材料基本上无关联，考的是记忆背诵能力。比如，范围说明书的内容是什么？质量审计的目标是什么？根据近年考试出题规律分析，这类题分值占比在逐步下降，约占 8 分。

2. 记忆题答题思路

针对记忆题，没有特别好的答题方法，靠的是死记硬背，或者在理解的基础上去记。平时需要把重要的知识点记下来，记关键字，这样在考试的时候也能拿到大部分的分值。比如，质量审计目标一般包括：①识别全部正在实施的良好及最佳实践；②识别所有违规做法、差距及不足；③分享所在组织和/或行业中类似项目的良好实践；④积极、主动地提供协助，以改进过程的执行，从而帮助团队提高生产效率；⑤强调每次审计都应对组织经验教训知识库的积累做出贡献等。

考生在记的时候，就可以简化为：审计的目标第一是识别好的，第二是识别不足，第三是分享好的，第四是执行改进、提高效率，第五是总结经验。答出关键字即可。

3. 案例分析记忆题例题解析

阅读下列说明，回答问题。

【说明】某集成公司和某地区的燃气公司签订了系统级合同，将原有的终端抄表系统升级改造，实现远程自动抄表且提供 APP 终端应用服务。

公司指定原系统的项目经理张工来负责该项目，目前张工已经升任新产品研发部经理。张工调派了原项目团队的核心骨干刘工和李工分别负责新项目的需求调研和开发工作。

刘工和李工带领团队根据以往经验完成了需求调研和范围说明书。但由于该项目甲方负责人负责多个项目，时间紧张，导致需求评审会无法召开。张工考虑到双方已经有合作基础，李工和刘工对原系统非常熟悉，为了不影响进度，张工让项目组采用敏捷开发模式，直接进入了设计和编码阶段。

在客户验收测试时，甲方负责人提出 APP 的 UI 设计不符合公司风格、不兼容新燃气表的数据接口、数据传输加密算法不符合要求等多项问题，要求必须全部实现这些需求后才能验收。此时张工把公司新产品研发部正在研发的新产品给甲方负责人展示，双方口头约定可以采用新产品部分功能实现未完善的需求。经过增加人员和加班赶工，延期 1 个月完成。项目上线后用户又发现了若干问题。

【问题】（6 分）

请写出范围说明书的内容和作用。

【答题思路】本题需要从两个方面去回答：一是范围说明书的内容；二是范围说明书的作用。因为题目的分值是 6 分，所以需要答对 6 条，每个方面答出 3 条即可满分。首先要知道范围说明书的概念，项目范围说明书是对项目范围、主要可交付成果、假设条件和制约因素的描述。然后在此基础上去理解。如有关键字或速记词的，记关键字或速记词也不失为一种好的方法。

【参考答案】

（1）范围说明书的内容：

1）产品范围描述。

2）验收标准。

3）可交付成果。

4）项目的除外责任。

（2）范围说明书的作用：

1）确定范围。

2）沟通基础。

3）规划和控制依据。

4）变更基础。

5）规划基础。

22.3 辨别题

1. 什么是辨别题

所谓辨别题，就是根据题目所给的材料，让考生去辨别材料中的管理行为或内容属于哪一类方法或哪一类内容。比如，列出一系列质量成本，让考生辨别各种成本归属质量成本中的哪一类，或者给出几种沟通行为，让考生去辨别采用了哪种沟通方法。这类题型是近年来考得比较多的一种题型，强调管理理论的实践应用，要求考生深入理解知识点。

2. 辨别题答题思路

针对辨别题，除了需要理解相关知识点外，在答题时需要掌握一些技巧。比如，题目给出几种沟通行为，让考生回答采用了哪种沟通方法。这就要求考生除了要知道沟通方法有哪些，各种沟通方法的适用场景外，还需要对题目所给的沟通行为进行对比，一般是要对号入座，也就是假如题目给出三种沟通行为，则分别对应三种沟通方法，很少有多种沟通行为对应一种沟通方法的。

3. 案例分析辨别题例题解析

阅读下列说明，回答问题。

【说明】A 公司承接某市机关事业单位养老保险信息系统，项目覆盖整个市、区、县的机关事业单位在编人员的养老保险信息，实现数据集中统一管理。公司成立了项目组，任命小王担任项目经理。

项目组对项目进行调研后，成立了风险管理小组，编写了项目管理计划和风险管理计划，明确项目风险管理过程如下图所示：

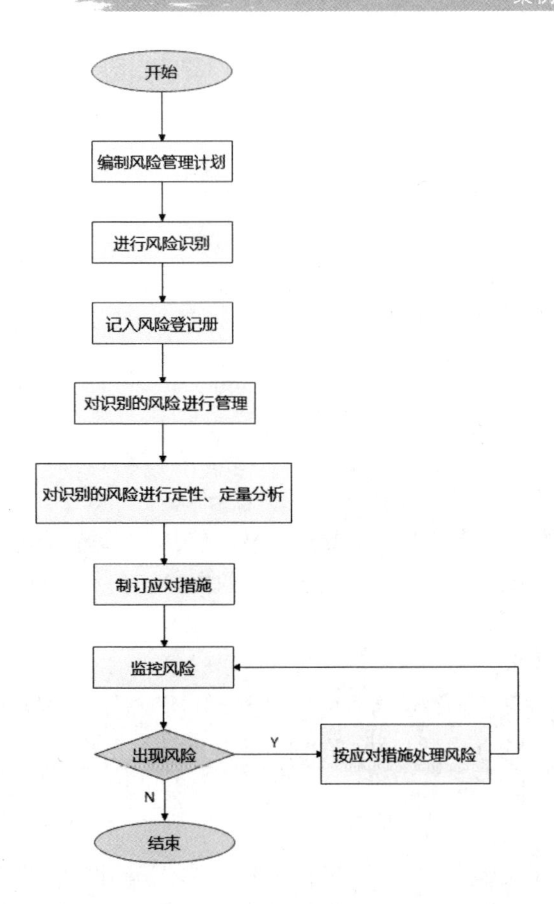

项目组对风险登记册中的各种风险制订了相应措施，部分措施如下表所示。

风险类别	风险描述	风险措施
人员风险	人员情绪风险	调离项目组
技术风险	缺少数据库设计相关技术储备	外包
	需要新的数据安全管理技术	培训
管理风险	非预期事件造成成本增加的风险	应急储备
	审批流程烦琐	加强部门沟通，建立协调配合机制

此外，在信息安全方面，养老保险数据信息涉及个人隐私，如果不法分子突破安全限制，会造成用户隐私泄露或信息篡改。因此项目组采用 PKI 技术，为系统的安全运行提供了有效的保障。

【问题】（10 分）

请指出案例中列出的风险措施分别采用的是哪种风险应对策略。

【答题思路】针对此题，首先要充分理解积极风险和消极风险如何区分，以及各类风险分别有哪些应对策略，各种应对策略的适用场景，再分析对比即可。其中，积极风险应对策略有开拓、分享、提高；消极风险应对策略有回避、转移、减轻。两者通用的应对策略有上报和接受。

【参考答案】

调离项目组：回避；

外包：转移；

培训：减轻；

应急储备：接受；

加强部门沟通，建立协调配合机制：分享。

22.4 补全内容题

1. 什么是补全内容题

补全内容题，顾名思义，就是考题内容缺少，要求考生将考题补充完整。一般题目会给出一段材料，其中某个知识点内容有遗漏，要求考生把遗漏的内容补充完整。此类题要求考生全面理解所考的知识点。

2. 补全内容题答题思路

针对这类题，首先是需要全面理解考查的知识点，其次要对题目材料所给内容进行分析，把内容进行分条梳理，最后对比分析，找出缺失的内容，进而补充完整。

3. 补全内容题例题解析

阅读下列说明，回答问题。

【说明】A公司承接了某地方政府的智慧社区云平台的基础设施建设项目，客户方对安全性和系统性能要求较高。为了实现自身业务由硬件设备提供向软件开发转型，A公司承诺免费提供一个智慧社区App小程序，并将其写入项目合同中，合同期为6个月。

项目经理小邱负责App的开发，项目周期4个月，计划2019年12月上线。因合同中没有对App给出明确的功能和性能要求，小邱首先借鉴其他项目的开发经验和成果确定了App的主要便民服务功能。之后开发团队通过走访社区居民和在社区网发放调查问卷收集相关的需求，最终确定了App的功能需求，编制了详细的功能需求说明书，并将业务目标、项目目标、范围、设计、开发、高层级需求、详细需求均纳入到需求跟踪矩阵中。

2019年7月项目组与客户共同召开了范围确认会，讨论了项目的文档交付物清单、各阶段里程碑及详细的工作进度和人员分工图表，形成会议纪要并双方签字。

后期，项目组审核了范围说明书，提交了项目代码和相关设计文档，2019年12月完成功能测试。在项目验收评审会上，与会外部专家认为该项目涉及个人隐私信息，建议请第三方测评机构对该App进行全面的测试。经第三方测评机构测试，发现多项严重的个人信息安全保护问题。经分析，漏洞修复比较困难，全面整改需要投入较大的工作量，但预算已超支。经与公司领导和客户反复协商，不得不提出项目变更。

【问题】（6 分）

结合案例，请分析在 7 月召开的范围确认会上，范围确认工作是否有遗漏？如有，请指出遗漏的内容。

【答题思路】本题考查范围确认知识，要求考生对范围确认有全面的理解，掌握范围确认工作的要求、确认的内容。项目干系人进行范围确认时，一般需要检查以下六个方面的问题：

- 可交付成果是否是确定的、可确认的。
- 每个可交付成果是否有明确的里程碑，里程碑是否有明确的、可辨别的事件。例如，客户的书面认可等。
- 是否有明确的质量标准：可交付成果的交付不但要有明确的标准标志，而且要有是否按照要求完成的标准，可交付成果和其标准之间是否有明确联系。
- 审核和承诺是否有清晰的表达：项目发起人必须正式同意项目的边界，项目完成的产品或者服务，以及项目相关的可交付成果。项目团队必须清楚地了解可交付成果是什么。所有的这些表达必须清晰，并取得一致的同意。
- 项目范围是否覆盖了需要完成的产品或服务的所有活动，有没有遗漏或错误。
- 项目范围的风险是否太高：管理层是否能够降低风险发生时对项目的影响。

考生需要比较题目给出的内容，把遗漏的内容补全，答题时，也需要分条作答。

【参考答案】项目组范围确认工作有遗漏。

项目组范围确认工作遗漏的内容如下：

（1）没有对可交付成果进行确认。

（2）没有对质量标准进行确认。

（3）没有对审核和承诺有清晰的表达确认。

（4）没有对项目范围风险进行确认。

（5）没有对项目范围是否覆盖了需要完成产品或服务进行的所有活动进行确认。

22.5 管理实践题

1. 什么是管理实践题

管理实践，顾名思义，就是管理理论的具体应用。考查考生能否把管理理论在项目管理过程中正确应用，但一般题目出得比较简单，只要认真分析后作答，就能得到大部分的分值。

2. 管理实践题答题思路

针对这类题，要求考生在理解知识点的基础上，学会运用，强调实践，所以答题的时候需要从实践的角度去作答。

3. 管理实践题例题解析

阅读下列说明，回答问题。

【说明】A 公司是提供 SaaS 平台服务业务的公司，小张作为研发流程优化经理，抽查了核心产品的配置管理和测试过程，情况如下：项目组共 10 人，产品经理小马兼任项目经理和配置管理员，还有 7 名开发工程师和 2 名测试工程师，采用敏捷的开发方式，2 周为一个迭代周期，目前刚刚完成一个 3.01 版本的上线。

小张要求看一下配置管理库，小马回复："我正忙着，让测试工程师王工给你看吧，我们 10 个都有管理权限"。小张看到配置库分为了开发库和产品库，产品库包括上线的三个大板块的完整代码和文档资料，而且与实际运行版本有偏差。小版本只能在开发库中找到代码，但没有相关文档，而且因为新需求迭代太快，有些很细微的修改，开发人员随手进行了修改，文档和代码存在一些偏差。

小张策划对产品做一次 3.01 版本的系统测试，以便更好地解决研发流程和系统本身的问题。

【问题】（10 分）

结合本案例，请帮助测试工程师从测试目的、测试对象、测试内容、测试过程、测试用例设计依据，测试技术六个方面设计核心产品 3.01 版本的系统测试方案。

【解析思路】本题属于管理实践类题目，考查考生的综合实践能力。首先要认真阅读所给材料，结合问题，系统地去分析。题目要求从"测试目的、测试对象、测试内容、测试过程、测试用例设计依据，测试技术六个方面设计核心产品 3.01 版本的系统测试方案"，那么就可以从这六个方面入手，结合这六个方面的知识去作答。本题看起来难，实际是个送分题。

【参考答案】

测试目的：发现软件缺陷、识别问题。

测试对象：3.01 测试系统。

测试内容：源代码、文档。

测试过程：测试计划—测试施行—发布测试结果。

测试用例设计依据：需求分析说明书等。

测试技术：白盒、黑盒、灰盒。

22.6 填空题、判断题、选择题

1. 什么是填空题、判断题、选择题

填空题，就是题目给出一句话，或者结合题干材料，要求填写相应的内容，与内容补全题的区别就是填空题一般要求填写专业术语，要求更高，不能错字、少字。

判断题，就是题目就一个知识点进行陈述，让考生判断陈述内容是否正确。

选择题，就是题目针对一个问题，给出很多选项，让考生把正确的选项填入相应的位置，案例分析的选择题不同于单项选择题，案例分析的选择题一般是给出很多个选项，然后把选项填入相应位置，有些选项可能会被选多次，也有可能有些选项用不上。因此难度比单项选择题大很多。

2. 填空题、判断题、选择题答题思路

填空题，一般要求填的都是字数比较少的专业术语，所以答题一定要简洁且使用专业术语。

判断题，答题时需要综合分析题目陈述内容，陈述的内容语气太绝对的一般都是错的。

选择题，答题时需要考虑是否有多余的选项，是否有一个选项多次被选的。针对多选题，答案要宁缺毋滥，没把握的不要多填，多填不得分，少填按对的个数给分。

3. 填空题、判断题、选择题例题解析

【例题 1】段 1：A 公司专门从事仿真软件产品的研发业务，近期承接了一个项目。公司任命老王担任项目经理，带领 10 人的开发团队完成该项目。老王兼任配置管理员，为方便工作，他给所有项目组成员开放了全部操作权限。

段 2：测试人员首先依据界面功能准备了集成测试用例，随后和开发人员在开发环境中交互进行集成测试并完成了缺陷修复工作。测试期间发现特定参数下仿真图形显示出现较大变形的严重错误，开发人员认为彻底修复难度较大，可以在试运行阶段再处理，测试人员表示认可。

段 3：在回归测试结束后，测试人员向项目组提交了测试报告，老王认为开发工作已圆满结束。在客户的不断催促下，老王安排开发工程师将代码从开发库中提取出来，连带测试用的用户数据一起刻盘后快递给客户。

【问题】（6 分）

请将下面（1）～（3）处空白补充完整。

典型的配置库可以分为<u>（1）</u>种类型，<u>（2）</u>又称主库，包含当前基线和对基线的变更，<u>（3）</u>包含已发布使用的各种基线的存档，被置于完全的配置管理之下。

【答题思路】本题要求填写配置库的类型。需要理解配置库的相关知识。

配置库分为开发库、受控库、产品库三种类型。

（1）开发库。开发库也称为动态库、程序员库或工作库，用于保存开发人员当前正在开发的配置实体，如新模块、文档、数据元素或进行修改的已有元素。动态中的配置项被置于版本管理之下。动态库是开发人员的个人工作区，由开发人员自行控制。

（2）受控库。受控库也称为主库，包含当前的基线以及对基线的变更。受控库中的配置项被置于完全的配置管理之下。在信息系统开发的某个阶段工作结束时，将当前的工作产品存入受控库。

（3）产品库。产品库也称为静态库、发行库、软件仓库，包含已发布使用的各种基线的存档，被置于完全的配置管理之下。

【参考答案】

（1）三　（2）受控库　（3）产品库

【例题 2】某公司开发一套信息管理系统，指定小王担任项目经理。由于项目工期紧张且数据库开发工作任务量大，小王紧急招聘了两名在校生兼职负责数据库开发工作。项目需求确定后，公司根据疫情防控要求采用居家方式办公。小王认为居家办公更强调团队成员的个人责任，让团队成员自行决策相关事宜，原定的技术交流、项目例会暂时取消。

疫情好转，公司正常办公后，小王召集团队成员开项目会议，发现项目的实际执行情况远远落后于预期进度，团队成员对需求的理解有许多不一致的地方，且数据库的设计不符合公司设计规范要求。团队成员反馈，需求文档中行业术语太多难以理解、相关规范性文件无处查询且居家办公效率太低。为赶进度，小王要求项目组全体人员加班赶工，引发部分员工不满。老张认为已经按时完成任务，加班对自己不公平，坚决不加班，引起项目组其他人员的不满，与老张在例会上直接发生了争执。因老张为核心人员，小王默许老张的这种行为。

【问题】（4分）

判断下列表述的正误（正确的填写“√”，错误的填写“×”）。

（1）虚拟团队模式使人们有可能将行动不便或残疾人纳入团队。（ ）

（2）冲突是不可避免的，是项目成员的个人问题。（ ）

（3）项目经理的权力来源包括职位权力、惩罚权力、奖励权力、专家权力和参照权力。（ ）

（4）项目团队的建设一般要经历形成、震荡、规范、发挥及解散阶段，即使团队成员曾经共事过，项目团队建设也不能跳过某些阶段。（ ）

【答题思路】作答判断题时，除了要掌握相关知识点外，还可以对字面进行分析，如果题干陈述太绝对，一般都是错误的。比如第（2）题“冲突是不可避免的，是项目成员的个人问题”，这种说法很绝对。第（4）题“项目团队的建设一般要经历形成、震荡、规范、发挥及解散阶段，即使团队成员曾经共事过，项目团队建设也不能跳过某些阶段。”这种说法也很绝对，因此这两个都是错误的。

【参考答案】

（1）√ （2）× （3）√ （4）×

【例题3】某省交通运输厅信息中心对省内高速公路部分路段的监控系统进行升级改造，该项目是省重点项目，涉及5个系统集成商、1个软件供应商、3个运维服务厂商以及10个路段管理单位。项目工期仅为两个月，沟通管理的好坏决定了项目的成败。

小张作为项目经理，在项目建设全过程中建立了项目领导小组的周例会制度，制订了详细的沟通计划，并根据项目发展阶段，识别了不同阶段的关键干系人，形成了干系人登记册，根据沟通需求不同，设置不同的沟通方式，细化了相应的沟通管理策略（见下表），并完善了沟通管理计划。项目执行中周报告采用邮件方式发布，出现的问题采用短信的方式定制发送，使项目如期完工并得到省交通运输厅的好评。

项目各阶段沟通管理策略

项目阶段	沟通管理策略
需求分析与设计	通过让系统集成商、软件供应商与路段管理单位面对面沟通，尽快获取了系统建设的详细需求和设备的具体选型，项目需求和设备方案需得到路段管理单位的签字认可
集成	系统集成商、软件供应商、路段管理单位、省交通运输厅信息中心等需要密切配合，每一个变更都需要得到路段管理单位确认，并通知省交通运输厅信息中心
测试	系统集成商、软件供应商、运维服务厂商都需要参与，路段管理单位、省交通运输厅信息中心进行验收测试

【问题】（5 分）从候选答案中选择正确选项，将题干补充完整。

工作绩效报告是__（1）__的输入，工作绩效数据是__（2）__的输入，问题日志是__（3）__的输入。制订干系人管理计划活动属于__（4）__过程，分析绩效与干系人进行沟通，提出变更请求属于__（5）__过程。

A．管理沟通　　B．控制沟通　　C．识别干系人

D．管理干系人　　E．规划干系人管理　　F．控制干系人参与

【答题思路】本题考查沟通管理和干系人管理各管理过程的输入、输出相关知识。输入、输出、工具与技术内容较多，需要在理解的基础上加以记忆才能记牢，通过输出联想到输入，再从输入联想到工具与技术。

【参考答案】

（1）A　（2）B、F　（3）A、B、D、F　（4）E　（5）F

22.7 完整案例真题解析

【例题 1】阅读下列说明，回答问题 1 至问题 4。

【说明】A 公司中标某系统集成项目，正式任命王伟担任项目经理。王伟是资深的技术专家，在公司各部门具有较高的声望。

接到任命后，王伟组建了项目团队。除服务器工程师小张是新招聘的外，其余项目组成员都是各个团队的老员工。项目中王伟经常身先士卒，亲自参与解决复杂问题，深受团队成员好评。

项目中期，服务器厂商供货比计划延迟了一周。为了保证项目进度，王伟与其他项目经理协商，借调了两名资深人员，随后召开项目会议，动员大家加班赶工。会议上，王伟向大家承诺会向公司申请额外项目奖金。大家均同意加班，只有小张以家中有事、朋友聚会等理由拒绝加班。由于小张负责服务器基础平台，他的工作进度会影响整体进度，所以大家纷纷指责小张没有团队意识。

王伟认为好的项目团队中绝对不能出现冲突现象，这次冲突与小张的个人素养有直接关系。为了避免冲突对团队产生不良影响，王伟宣布立即终止会议并请小张留下来单独谈话。

在沟通中，王伟批评小张缺乏团队合作意识。小张表示他对加班费、项目奖金等不在意，而且他技术经验丰富，很容易找到一份收入不错的工作。他不加班的原因是最近家人、朋友等各种圈子应酬太多。王伟表明如果因为小张的原因导致项目工期延误，会影响小张在团队中的个人声誉，同时更会影响整个项目团队在客户和公司内部的声誉。小张虽不情愿，但最终选择了加班。

【问题 1】（8 分）管理者的权力来源有 5 种，请指出这 5 种权力在王伟身上的具体体现。请将（1）～（4）处的答案及具体表现填写在答题纸的对应表格内。

权力来源	具体表现
___(1)___权力	
惩罚权力	
___(2)___权力	
___(3)___权力	
___(4)___权力	王伟经常身先士卒，亲自参与解决复杂问题，深受团队成员好评

【问题 2】（6 分）结合马斯洛需求层次理论，指出案例中小张已经满足的需求层次，并指出具体表现。如果想要有效激励小张，应该在哪些层次上采取措施？

【问题 3】（8 分）

（1）结合本案例，请指出王伟针对冲突的认识和做法有哪些不妥。

（2）解决冲突的方式有哪些？王伟最终采用了哪种冲突解决方式？

【问题 4】（3 分）结合案例中项目团队的人员构成，请指出该项目采用了哪些获取资源的方法。

【例题解析】

【问题 1】分析：这道题的知识点是项目资源管理知识域中的相关术语，属于记忆题和概念理解题。对于这个题目要充分理解管理者的 5 种权力，并一一对应案例题干中具体的表现。管理者的 5 种权力如下表所示。

管理者的 5 种权力

权力	内容
职位权力	来源于管理者在组织中的职位和职权。在高级管理层对项目经理的正式授权的基础上，项目经理让员工进行工作的权力。发起人任命的项目经理，其在工作中可以用职位权力安排项目团队成员的工作和职责
惩罚权力	使用降职、扣薪、惩罚、批评、威胁等负面手段的权力。惩罚权力很有力，但会对团队气氛造成破坏。滥用惩罚权力会导致项目失败，应谨慎使用。对于上班时心思总是放在要怎么偷懒、做事拖拉、上班总是迟到、无缘无故提前走、没有一点责任心的员工，项目经理动用惩罚权力，可以扣除他本月的出勤奖，以警告他不要再这样下去
奖励权力	给予下属奖励的权力。奖励包括加薪、升职、福利、休假、礼物、口头表扬、认可度、特殊的任务，以及其他的奖励员工满意行为的手段。优秀的管理者擅长使用奖励权力激励员工高水平完成工作。对于圆满完成任务、客户满意度非常高的员工，项目经理可以动用奖励权力，对该优秀员工给予奖金等
专家权力	来源于个人的专业技能。如果项目经理让员工感到他是某些领域的专业权威，那么员工就会在这些领域内遵从项目经理的意见。来自一线的中层管理者经常具有很大的专家权力。当项目出现问题，其他员工都不能解决的时候，项目经理要能妥善地处理好，这个就是项目经理的专家权力
参照权力	成为别人学习参照榜样所拥有的力量。参照权力是由于他人对你的认可和敬佩从而愿意模仿和服从你，以及希望自己成为你那样的人而产生的，这是一种个人魅力。具有优秀品质的领导者的参照权力会很大。这些优秀品质包括诚实、正直、自信、自律、坚毅、刚强、宽容和专注等。领导者要想拥有参照权力，就要加强这些品质的修炼

职位权力、惩罚权力、奖励权力来自组织的授权，专家权力和参照权力来自管理者自身。项目经理更要注重运用奖励权力、专家权力和参照权力，尽量避免使用惩罚权力。

A 公司中标某系统集成项目，正式任命王伟担任项目经理这句话，符合职位权力。

在沟通中，王伟批评小张缺乏团队合作意识，符合惩罚权力。

会议上，王伟向大家承诺会向公司申请额外项目奖金，符合奖励权力。

王伟是资深的技术专家，在公司各部门具有较高的声望，符合专家权力。

项目中王伟经常身先士卒，亲自参与解决复杂问题，深受团队成员好评，符合参照权力。

【问题 1】参考答案

权力来源	具体表现
职位权力	A 公司中标某系统集成项目，正式任命王伟担任项目经理
惩罚权力	在沟通中，王伟批评小张缺乏团队合作意识
奖励权力	会议上，王伟向大家承诺会向公司申请额外项目奖金
专家权力	王伟是资深的技术专家，在公司各部门具有较高的声望
参照权力	王伟经常身先士卒，亲自参与解决复杂问题，深受团队成员好评

【问题 2】分析：这道题考的是项目资源管理的激励理论中的马斯洛需求层次理论，属于记忆题和概念理解题，对于这个题目要充分理解马斯洛需求层次理论，并一一对应案例题干中具体的表现。马斯洛需求层次理论的重要内容如下图所示。

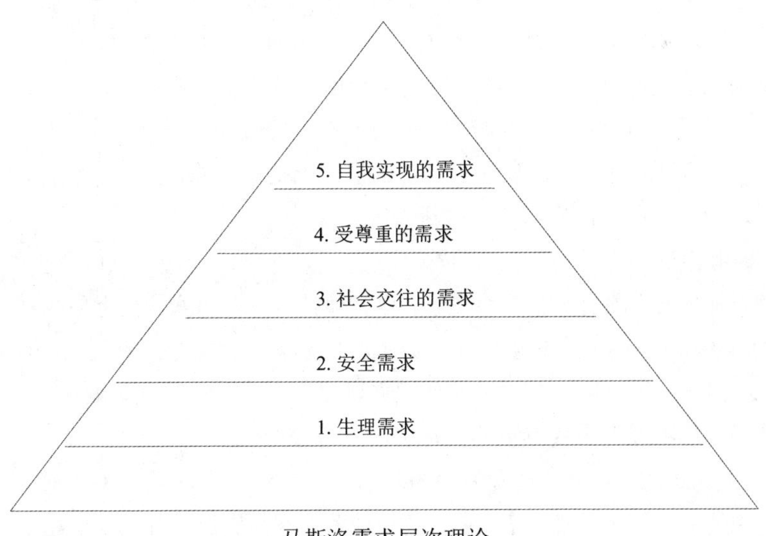

马斯洛需求层次理论

（1）生理需求：对衣食住行等的需求都是生理需求。常见的激励措施：员工宿舍、工作餐、工作服、班车、工资、补贴、奖金等。比如，刚刚大学毕业的、刚刚进入公司的员工现在就急需一份工资、奖金等，解决自己的衣食住行。

（2）安全需求：包括对人身安全、生活稳定、不至于失业，以及免遭痛苦、威胁或疾病等的需求。常见的激励措施：养老保险、医疗保障、长期劳动合同、意外保险、失业保险等。比如，员工小王已经在公司工作一段时间，但是总是觉得不踏实，生怕公司效益不好的时候自己被辞退。这个时候正好公司需要系统集成项目管理工程师，因此小王决心努力学习，要拿下证书获得一份公司的长期劳动合同。

（3）社会交往的需求：包括对友谊、爱情，以及隶属关系的需求。常见的激励措施：定期员工活动、聚会、比赛、俱乐部等。比如，已经在公司工作很长一段时间的小张，工作稳定，但是到现在还是单身，因此公司组织的各种活动可以安排他都参加，加强他的社会交往。

（4）受尊重的需求：自尊心和荣誉感。荣誉来自别人，自尊来自自己。常见的激励措施：荣誉性的奖励，形象、地位的提升，颁发奖章，作为导师培训别人等。比如，一些工程师，技术厉害，平时交往也多，公司可以采用让他带新人，为人师表，发挥自己的能力，今年年终总结大会上，给他颁发奖章。

（5）自我实现的需求：实现自己的潜力，发挥个人能力到最大限度，使自己越来越成为自己所期望的人物。常见的激励措施：给他更多的空间让他负责、让他成为智囊团、参与决策、参与公司的管理会议等。比如，项目经理小唐有能力有技术有梦想，团队成员也尊重他，因此公司可以把关键项目交给他负责，让他积极参加公司的各种会议，参与决策。

根据题干，小张表示他对加班费、项目奖金等不在意，而且他技术经验丰富，很容易找到一份收入不错的工作。他不加班的原因是最近家人、朋友等各种圈子应酬太多。

结合马斯洛需求层次理论可以知道，小张对加班费和项目奖金不在意，说明其在生理需求和安全需求层次已经没问题。他不加班是应酬太多，社会交往方面也没问题。

所以对于小张，项目经理王伟就要在受尊重的层次上采取措施，如给予小张荣誉性的奖励，形象、地位的提升，颁发奖章，作为导师培训新人等。

【问题 2】参考答案

小张表示他对加班费、项目奖金等不在意，而且他技术经验丰富，很容易找到一份收入不错的工作，说明小张已经满足了马斯洛需求层次理论中的生理需求和安全需求层次。他不加班的原因是最近家人、朋友等各种圈子应酬太多，说明小张已经满足马斯洛需求层次理论中的社会交往的需求，因此要在马斯洛需求层次理论中受尊重的需求层次上采取措施。

【问题 3】分析：这道题的知识点是项目资源管理过程组中管理项目团队工具与技术中的人际关系与团队技能中的冲突管理，属于记忆题、概念理解题和找错题。对于这个题目要充分理解冲突管理的 5 种解决方式，并一一对应案例题干中具体的表现。这 5 种解决方式如下表所示。

冲突管理的 5 种解决方式

解决方式	内容
撤退/回避	从实际或潜在冲突中退出，将问题推迟到准备充分的时候，或者将问题推给其他人员解决。双方在解决问题上都不积极，也不想合作。撤退是一种暂时性的冲突解决方法。当项目成员已经发生激烈的争吵，这个时候采取撤退/回避
缓和/包容	强调一致、淡化分歧（甚至否认冲突的存在）；为维持和谐与关系而单方面退让一步。这是一种慷慨而宽厚的做法，为了和谐和大局，而迁就对方，或者暂时放下争议点，谋求在其他非争议点与对方协作。缓和也是一种暂时性的冲突解决方法。比如，现实工作中因为加班费，财务少算了钱，项目团队成员有分歧，财务补发了工资，团队成员就包容这次事件
妥协/调解	为了暂时或部分解决冲突，寻找能让各方都在一定程度上满意的方案。双方在态度上都愿意果断解决冲突，也愿意合作。双方都得到了自己想要的东西，但只是一部分，而不是全部。双方都做了让步，都有得有失。妥协是双方面的包容，包容是单方面的妥协。因为工程进度落后，为了赶进度，两个小组负责人发生了一次争吵，因为他们都有急需的工作要做，但是人员就这么多，没办法，最后他们相互理解，都是为了更好地完成项目，大家都急需人员，最后把人员平均分配
强迫/命令	以牺牲其他方为代价，推行某一方的观点；只提供赢输方案。通常是利用权力来强行解决紧急问题。一方赢，一方输。新来的员工总是偷懒，做事拖拖拉拉，上班总是迟到，无缘无故地提前走，没有一点责任心，项目经理私下找他谈了几次，警告他再这样下去，直接走人，他才改变
合作/解决问题	综合考虑不同的观点和意见，采用合作的态度和开放式对话引导各方达成共识和承诺。这是冲突双方最理想的结果，前提是双方要相互尊重、愿意合作、愿意倾听对方。项目经理和项目团队成员，在发生分歧的时候大家都提出自己的方案，选择一起更好地完成工作，因为团队力量大于个人

【问题 3】（1）分析：本案例题干中王伟认为好的项目团队中绝对不能出现冲突现象，这次冲突与小张的个人素养有直接关系，为了避免冲突对团队产生不良影响，王伟宣布立即终止会议并请小张留下来单独谈话。一个项目中有些冲突是无法避免的，但如果管理得当，冲突也可以帮助团队找到更好的解决方案，因此王伟认为好的项目团队绝对不能出现冲突现象是不妥的。

在项目环境下管理冲突，项目经理必须能够找到冲突的原因，然后积极地管理冲突，从而尽量降低潜在的负面影响，需要在所有参与方之间建立基本信任，各方开诚布公地寻求解决冲突的积极方案，在沟通的时候要采取良好的沟通技巧，避免冲突升级，根据题干中“大家均同意加班，只有小张以家中有事、朋友聚会等理由拒绝加班。由于小张负责服务器基础平台，他的工作进度会影响整体进度，所以大家纷纷指责小张没有团队意识”“为了避免冲突对团队产生不良影响，王伟宣布立即终止会议并请小张留下来单独谈话”“在沟通中，王伟批评小张缺乏团队合作意识”的表述，当大家都指责小张的时候，王伟应该降低冲突的负面影响。不应该立即终止会议并请小张留下来单独谈话，而应该采取开诚布公地寻求解决冲突的积极方案。在沟通中，王伟不能直接批评小张缺乏团队合作意识，应采取良好的沟通技巧，避免冲突的升级。

【问题 3】（2）分析：解决冲突的方式有：撤退/回避、缓和/包容、妥协/调解、强迫/命令、合作/解决问题。根据题干中“王伟表明如果因为小张的原因导致项目工期延误，会影响小张在团队中的个人声誉，同时更会影响整个项目团队在客户和公司内部的声誉。小张虽不情愿，但最终选择了加班”的表述，这个解决冲突的方式是强迫/命令，王伟利用自己的权力，强迫/命令小张接受加班。

【问题 3】参考答案

（1）王伟认为好的项目团队绝对不能出现冲突现象是不妥的。做法不妥的表现有：当大家都指责小张的时候，王伟应该降低冲突的负面影响。不应该立即终止会议并请小张留下来单独谈话，而应该采取开诚布公地寻求解决冲突的积极方案。在沟通中，王伟不能直接批评小张缺乏团队合作意识，应采取良好的沟通技巧，避免冲突的升级。

（2）解决冲突的方式有：撤退/回避、缓和/包容、妥协/调解、强迫/命令、合作/解决问题。

王伟最终采用的冲突解决方式是：强迫/命令。

【问题 4】分析：这道题的知识点是项目资源管理知识域中获取资源的工具与技术，属于记忆题和概念理解题。对于这个题目要充分理解获取资源的工具与技术有哪些，并一一对应案例题干中具体的表现。获取资源的方法如下表所示。

获取资源的方法

工具与技术	内容
决策	适用于获取资源过程的决策技术是多标准决策分析。选择标准常用于选择项目的实物资源或项目团队。使用多标准决策分析工具制定出标准，用于对潜在资源进行评级或打分（例如，在内部和外部团队资源之间进行选择）。根据标准的相对重要性对标准进行加权，加权值可能因资源类型的不同而发生变化
预分派	预分派指事先确定项目的实物或团队资源，在如下情况时可采用预分派：①在竞标过程中承诺分派特定人员进行项目工作；②项目取决于特定人员的专有技能；③在完成资源管理计划的前期工作之前，制定项目章程过程或其他过程已经指定了某些团队成员的工作
人际关系与团队技能	适用于获取资源过程的人际关系与团队技能是谈判。很多项目需要针对所需资源进行谈判
虚拟团队	具有共同目标、在完成角色任务的过程中很少或没有时间面对面工作的一群人。比如，我们需要的人没有时间，他们都有自己的工作，不能来到项目现场，我们可以通过组建微信群，不时地讨论相关问题

根据题干，服务器工程师小张是新招聘的，采用的获取资源的方法为人际关系与团队技能；其余项目组成员都是各个团队的老员工，采用的获取资源的方法为预分派。

【问题 4】参考答案

采用获取资源的方法有：人际关系与团队技能、预分派。

【解题思路】针对系统集成项目管理工程师案例分析中理解题的解题思路如下：

（1）首先仔细阅读案例和问题。

（2）针对问题，找到案例中的重要题干，并对应相关的知识点，理解分析，得到答案。

【例题 2】阅读下列说明，回答问题 1 至问题 4。

【说明】某公司中标医院的信息管理系统。公司指派小王担任项目经理，并组建相应的项目团队。由于人手有限，小王让负责项目质量工作的小杨同时担当配置管理员。小杨编写并发布了质量管理计划和配置管理计划。

小杨利用配置管理软件对项目进行配置管理，为了项目管理方便，小杨给小王开放所有的配置权限，当有项目组成员提出配置变更需求时，小杨直接决定是否批准变更请求，小杨为项目创建了三个文件夹，分别作为存放开发、受控、产品文件的目录，对经过认定的文档或经过测试的代码等能够形成配置基线的文件，存放到受控库中，并对其编号，项目研发过程中，某软件人员打算对某段代码作一个简单修改，他从配置库检出待修改的代码段，修改完成并检测没问题后，检入配置库，小杨认为代码改动不大，依然使用之前的版本号，并移除了旧的代码。公司在质量审计过程中，发现项目管理方面的诸多问题。

【问题 1】（10 分）

请结合案例，简要分析该项目在配置管理方面存在的问题。

【问题 2】（8 分）

请结合案例，描述在软件升级过程中的配置库变更控制流程。

【问题 3】（5 分）

请简述质量审计的目标。

【问题 4】（2 分）

请将（1）与（2）中的空白补充完整。

（1）所有配置项的操作权限应由（　　）严格管理。

（2）（　　）决定是否接受变更，并将决定通知相关人员。

【问题 1】分析：这是一道找错题，针对此类题目，先要认真阅读题干，结合项目管理知识分析项目经理安排的工作是否合理，项目团队所执行的工作是否正确。本题中，质量管理计划和配置管理计划由小杨一个人制订，且未经审批即发布，明显违背项目管理理论。同时，小杨直接批准变更，没有经过 CCB 审批，也不符合变更管理流程，小杨给所有人开放权限，不符合配置库权限管理规定。

【问题 1】参考答案

1. 小杨不能一个人编制质量管理计划和配置管理计划，需要相关干系人参与。
2. 小杨不能直接发布质量管理计划和配置管理计划，需要相关领导的审批。
3. 小杨不能给小王开放所有的配置权限。
4. 小杨不能直接决定是否批准变更请求。
5. 小杨不能删除旧的代码。
6. 没有按照配置控制中的变更流程处理相关变更。
7. 软件人员不能随意地从配置库中提取要修改的代码段。

8．修改完成的并经过测试的代码段不能随意放入配置库，也需要经过审批通过后才能放入。

9．对经过认定的文档或经过测试的代码等能够形成配置基线的文件，不能随意地存入受控库中，需经过批准与审批。

【问题 2】分析：此题属于理解加记忆的题目类型。软件升级过程中的配置库变更控制流程前面 6 步不能少，第 7 步需要详细描述，先从产品库取出，放入受控库，再检出到开发库修改，同时在受控库锁定，修改完成检出到受控库，解锁，最后存入产品库。注意需要把版本变化情况也进行说明。

【问题 2】参考答案

配置控制即配置项和基线的变更控制，包括下述任务：标识和记录变更申请，分析和评价变更，批准或否决申请，实现、验证和发布已修改的配置项。

1．变更申请。

2．变更评估。

3．通告评估结果。

4．变更实施。

5．变更验证与确认。

6．变更的发布。

7．基于配置库的变更控制流程如以下文字及图所示。

（1）将要升级的基线从产品库取出，放入受控库。

（2）程序员将经修改的代码段从受控库检出，放入自己的开发库中进行修改；代码被 Check out 后即被“锁定”，以保证同一段代码只能同时被一个程序员修改，如果甲正对其进行修改，乙就无法 Check out。

（3）程序员将开发库中修改好的代码段检入（Check in）受控库，检入（Check in）后，代码的“锁定”被解除，其他程序员可以 Check out 该段代码了。

（4）软件产品的升级修改工作全部完成后，将受控库中的新基线存入产品库（软件产品的版本号更新，旧的版本并不删除，继续在产品库中保存）。

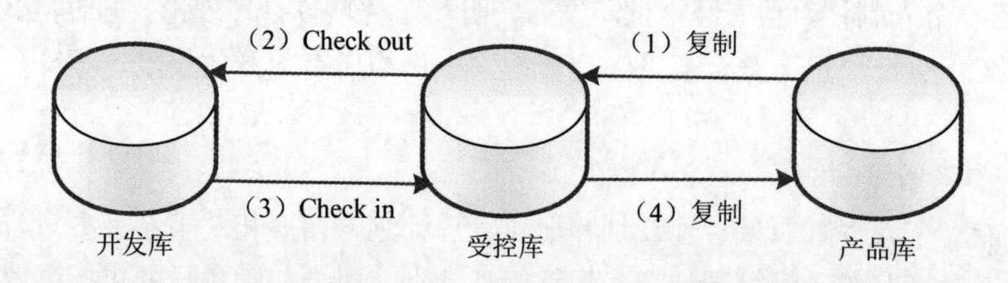

【问题 3】分析：这也是一道记忆题，也就是背书题，需要把知识点背下来。可以简化记忆，审计的目标第一是识别好的，第二是识别不足，第三是分享好的，第四是执行改进、提高效率，第五是总结经验。答出关键字即可。

【问题 3】参考答案

质量审计的目标是：

（1）识别全部正在实施的良好及最佳实践。

（2）识别全部违规做法、差距及不足。

（3）分享所在组织或行业中类似项目的良好实践。

（4）积极、主动地提供协助，以改进过程的执行，从而帮助团队提高生产效率。

（5）强调每次审计都应对组织经验教训的积累做出贡献。

【问题4】分析：本题是案例分析中的填空题，相对而言难度较大，需要熟练掌握该考点知识。本题考查的是配置管理中的角色与职责相关知识。

配置管理相关角色包括：变更控制委员会（Change Control Board，CCB）、配置管理负责人、配置管理员（Configuration Management Officer，CMO）和配置项负责人等。

（1）CCB，负责组织对变更申请进行评估并确定：①变更对项目的影响；②变更的内容是否必要；③变更的范围是否考虑周全；④变更的实施方案是否可行；⑤变更工作量估计是否合理。CCB决定是否接受变更，并将决定通知相关人员。

（2）配置管理负责人，也称配置经理，负责管理和决策整个项目生命周期中的配置活动。

（3）配置管理员，负责在整个项目生命周期中进行配置管理的主要实施活动，具体有：①建立和维护配置管理系统；②建立和维护配置库或配置管理数据库；③配置项识别；④建立和管理基线；⑤版本管理和配置控制；⑥配置状态报告；⑦配置审计；⑧发布管理和交付。

（4）配置项负责人，确保所负责的配置项的准确和真实：①记录所负责配置项的所有变更；②维护配置项之间的关系；③调查审计中发现的配置项差异，完成差异报告；④遵从配置管理过程；⑤参与配置管理过程评估。

【问题4】参考答案

（1）配置管理员/CMO　（2）变更控制委员会/CCB

22.8 考点实练

试题一

阅读下列说明，回答问题1至问题3。

【说明】为实现空气质量的精细化治理，某市规划了智慧环保项目。该项目涉及网格化监测、应急管理、执法系统等多个子系统。作为总集成商，A公司非常重视，委派李经理任项目经理，对公司内研发部门与项目相关的各产品线研发人员及十余家供应商进行统筹管理。李经理明确了关键时间节点，识别出项目干系人为客户和供应商后，开始了项目建设工作。

项目开始建设5个月后，公司高层希望了解项目情况，要求李经理进行阶段性汇报。李经理对各方面工作进展进行汇总，发现3个问题：一是原本该到位的服务器、交换机，采购部门迟迟没有采购到位，部分研发完成的功能无法部署到客户现场与客户进行演示确认；二是S公司作为A公司的供应商，承担空气质量监测核心算法工作，一直与客户方直接对接，其进度已经不受李经理掌控，且 S 公司作为核心算法国内唯一权威团队，可以确保算法工作按期交付，因此其认为不需要向李经理汇报工作进展；三是公司研发部门负责人因其他项目交付紧迫性更高，从该项目抽调走了 2 名研发人员张工、王工，项目目前研发人员的空缺需要后续补充。

李经理忧心忡忡，向公司汇报完项目进展情况后，公司政策研究院相关领导表示国家在环境执法方面的法律法规本月初已经进行了较大改版，项目相关子系统会有关联；营销副总裁听完项目汇报后表达不满：该项目作为公司的重点项目，希望作为全国性的标杆项目进行展示和推广，但当前各子系统的研发成果基本照搬了公司现有产品，没有任何创新性的体现，不利于公司后期的宣传推广，PMO 提醒李经理依据财务部门推送的数据，公司对部分供应商已经根据进度完成了第二节点款项支付，但当前 A 公司作为总集成商，与客户的第二个合同付款节点还未到，项目的成本支出和收益方面将面临较大的压力。人力资源负责人提醒李经理，项目成员张工和王工的本月绩效评价还未提交，截止日期为 2 天以后。

【问题 1】（12 分）

结合案例，请指出李经理在资源管理和沟通管理方面存在的问题。

【问题 2】（3 分）

结合案例，请帮助李经理补充他没有识别到的其他干系人。

【问题 3】（5 分）

请写出项目资源管理包含的过程，并描述每个过程的主要作用。

【参考答案】

【问题 1】李经理在资源管理方面存在的问题：

（1）没有制订资源管理计划。

（2）没有进行资源估算。

（3）没有及时获取项目所需资源，导致项目研发人员空缺。

（4）团队建设存在问题，未及时提交绩效评价。

（5）没有做好控制资源的工作，原本该到位的服务器、交换机，采购部门迟迟没有采购到位。

（6）李经理欠缺管理经验。

李经理在沟通管理方面存在的问题：

（1）没有制订沟通管理计划。

（2）没有分析干系人的沟通需求。

（3）管理沟通存在问题，没有主动地向公司高层作阶段性的汇报，以满足干系人的信息需求。

（4）控制沟通存在问题，李经理没有做好与 S 公司的沟通工作，不能让 S 公司直接与客户对接，也不能为确保算法能够按期交付就不进行工作汇报等。

【问题 2】

没有识别到的干系人有：用户、高层领导、项目团队、项目管理办公室（PMO）、采购部门负责人、研发部分负责人、人力资源负责人、公司政策研究院相关领导、团队成员家属等。

【问题 3】

资源管理包含的过程和每个过程的主要作用如下：

（1）规划资源管理：定义如何估算、获取、管理和利用实物以及团队项目资源。本过程的主要作用是根据项目类型和复杂程度确定适用于项目资源的管理方法和管理程度。

（2）估算活动资源：估算执行项目所需的团队资源，材料、设备和用品的类型和数量。本过程的主要作用是明确完成项目所需的资源种类、数量和特性。

（3）获取资源：获取项目所需的团队成员、设施、设备、材料用品和其他资源。本过程的主要作用：一是概述和指导资源的选择；二是将选择的资源分配给相应的活动。

（4）建设团队：提高工作能力，促进团队成员互动，改善团队整体氛围提高绩效。本过程的主要作用是改进团队协作、增强人际关系技能、激励员工、减少摩擦以及提升整体项目绩效。

（5）管理团队：跟踪团队成员工作表现，提供反馈，解决问题并管理团队变更，以优化项目绩效。本过程的主要作用是影响团队行为、管理冲突以及解决问题。

（6）控制资源：确保按计划为项目分配实物资源，以及根据资源使用计划监督资源实际使用情况，并采取必要的纠正措施。本过程的主要作用：一是确保所分配的资源适时、适地可用于项目；二是资源在不再需要时被释放。

试题二

阅读下列说明，回答问题 1 至问题 3。

【说明】A 公司为提升市场竞争力，计划针对制造业数字化转型的需求，新开发一套数字化软件，实现在工业产品生产和制造过程中数据采集、分析和决策功能。公司让产品部前期对市场需求进行调研。产品部对软件预期能产生的经济效益和社会效益进行了详细的分析，并针对这两部分，编制了“可行性分析报告”。公司高层领导看了报告后，认为该软件未来会为公司带来巨大的收益，当场拍板决定启动项目，要求产品部补充编制“项目建议书”，并组建项目团队。

小王作为某名校计算机专业刚毕业的研究生，被公司委以重任，担任该项目的项目经理。研发负责人向小王建议为配置管理设置一名专职配置管理员，但小王认为有配置管理工具，对代码进行控制，大家只要对程序代码做好版本控制就可以了，考虑到项目组人员紧张，没必要再安排专人负责配置管理工作。开发过程中，为避免多人同时修改代码导致冲突，研发人员要先将服务器上的代码下载，待编码完成后，使用文本对比工具将代码中修改的部分进行上传整合。

软件研发完成测试通过后，研发人员将最终版本软件和软件使用说明书提供给产品部，产品部人员发现说明书描述和内容与软件不完全一致，于是将问题反馈给小王，小王经检查发现提交的说明书并不是最新的说明书。

【问题 1】（8 分）

请结合案例，分析项目在可行性研究和配置管理中存在哪些问题。

【问题 2】（6 分）

请写出项目建议书的内容，说明项目建议书的作用。

【问题 3】（6 分）

请结合案例说明，项目组在软件研发工作完成后，移交给产品部之前，应完成哪些项目结项相关工作。

【参考答案】

【问题 1】可行性研究方面存在的问题：

（1）未形成项目建议书，缺少可行性研究的依据。

（2）可行性研究缺少机会可行性研究和初步可行性研究。

（3）可行性研究内容不够全面，产品部仅对软件预期能产生的经济效益和社会效益进行研究，还应该包括技术可行性、运行环境可行性以及法律可行性等进行研究。

（4）缺少项目评估环节，项目评估是项目投资前期进行决策管理的重要环节，公司高层直接拍板启动项目。

配置管理方面存在的问题：

（1）项目经理小王欠缺项目管理和配置管理的经验。

（2）没有设置专职的配置管理员。

（3）没有制订一套完整的配置管理计划，并按计划实施。

（4）没有建立有效的统一规范的配置项管理制度。研发人员先将代码下载，使用文本对比工具将修改部分上传整合，进度缓慢。

（5）没有进行有效的配置审计，出现说明书描述和内容与软件不完全一致的情况。

（6）版本管理混乱，检查发现提交的说明书并不是最新的说明书。

【问题 2】

项目建议书的内容：项目的必要性；项目的市场预测；产品方案或服务的市场预测；项目建设必需的条件。

项目建议书的作用：项目建议书是项目发展周期的初始阶段，是国家或上级主管部门选择项目的依据，也是可行性研究的依据，涉及利用外资的项目，在项目建议书批准后，方可开展对外工作。

【问题 3】结束项目或阶段过程所需执行的活动包括：

（1）为达到阶段或项目的完工或退出标准所必需的行动和活动。

（2）为关闭项目合同协议或项目阶段合同协议所必须开展的活动。

（3）为完成收集项目或阶段记录、审计项目成败、管理知识分享和传递、总结经验教训、存档项目信息以供组织未来使用等工作所必须开展的活动。

（4）为向下一个阶段，或者向生产和（或）运营部门移交项目的产品、服务或成果所必须开展的行动和活动。

（5）收集关于改进或更新组织政策和程序的建议，并将它们发送给相应的组织部门。

（6）测量干系人的满意程度等。